一歩ずつ学ぶ ゲーム理論

数理で導く戦略的意思決定

渡辺隆裕 著

裳華房

A Step-by-Step Approach to Basic Game Theory

by

Takahiro WATANABE

SHOKABO
TOKYO

まえがき

　これまで経済学を中心に発展してきたゲーム理論は，現在では，社会科学（政治学，社会学，経営学，国際関係論など）の分野はもちろんのこと，工学系（都市計画，土木工学，経営工学，管理工学）の広い分野にも応用されている．特に近年は，人工知能やデータサイエンスなどの計算機科学や情報系の分野でも盛んに応用・研究されており，非常に重要な理論の一つとなっている．個人や企業の行動を分析し，社会をモデル化する一般的な枠組を与えるゲーム理論は，統計学やプログラミング，最適化の数学と同様に，あらゆる分野に必要とされる理論であり，今後，ゲーム理論を学びたいという人たちは益々増えてくると思われる．

　ゲーム理論の基本的な考え方は，数式を用いなくても「図解」や「おはなし」で，ある程度は理解できる．このアイディアをもとにして，著者は 2004 年に一般の読者向けに『図解雑学 ゲーム理論』（ナツメ社）を，2008 年には経済学部を中心とした社会科学系の読者向けに『ゼミナール ゲーム理論入門』（日本経済新聞出版社）を執筆した．これらの本は，当時，著者が講義していた学部生やビジネススクールの大学院生からの「数式をなるべく使わずにゲーム理論について知りたい」という声も取り入れて工夫したものである．ありがたいことに，これらの本は今でも多くの方々に読まれ，わかりやすいという評価を頂いており，著者として嬉しい限りである．

　しかし，単にゲーム理論を「知る」というだけではなく，「数式を用いて簡潔にしっかりと理解したい」，「自分の研究分野に応用してみたい」と考える方々にとってはこれらの本は物足りない面があったり，やや曖昧で冗長だったようである．また，これらの本を執筆してから 10 年の間に，社会人や学生の数学に対する抵抗感も，以前よりは少なくなったように感じている．当時は，「なるべく数式は使わないでほしい」という声が圧倒的に多かったが，現在では，理工系の学生と同様に，数式を使って"正確に，簡潔に"理解したいと望む方々が多くなってきた．これはおそらく，冒頭にも書いたように，ゲーム理論が社会科学以外の様々な分野で応用・研究され始めたこととも関係しているのではないかと思われる．

　しかしながら，ゲーム理論に出てくる数学は，微分積分や線形代数のような計算ではなく，集合や命題・論理，二項関係などを中心とした「言葉としての数学」であるために，初学者にとっては，思った以上にハードルが高いようである．著者も，数式を使った講義を何度か試みたことがあるが，学生たちは思わぬところで躓いてしまったりする．また，従来のゲーム理論の本は，「数式で概念が定義され，それに関する命題と定理が示され，その証明が続き，省略された行間を自分で考えて埋める」という，一般的な数学の本に見られる形式がとられているものが多く，初学者がこうした本を読みこなして独学で理解するには，それなりの訓練やサポートがなければ難しいようであった．

　そこで本書では，初めてゲーム理論を学ぶ方でも数式で理解できるように，わかりやすい言葉で，なるべく省略することなく丁寧に解説することで，読者が一歩ずつ学んでいけることを目指して執筆した．そのために，数式による定義は最小限にした上で，その数式の意味を必ず言葉で言い換えて，例や例題を使って解説した．また，理解を深めるための図もできるだけ多く取り入れるように心がけた．なお，ゲーム理論を応用したいと考える読者も想定し，厳密な証明に深入りすることは避けた．また，集合の用語など，数学に慣れた者には当たり前であっても，初学者にとってはわかりにくい概念には，**数学表現のミニノート**として解説をその都度加えた．

　さらに，本書で何を学ぶのかについて最初の第0章に示すと共に，読者がどこまで学習したかがわかるように**ガイドマップ**を作り，各章のタイトルの下に，そのマップで現在の位置を示すようにした．また，各章の冒頭にはその章の**キーワード**，章の終わりには**本章のまとめ**を入れると共に，本文の中で特に重要な部分は太字や色を変えて強調し，**CHECK**マークのアイコンを付けた．

　ゲーム理論の理解を深めるためには，学んだ知識を使って実際に手を動かして問題を解いてみることがとても大切である．そこで本書では，章末の**演習問題も充実**させて，解答をつけるのはもちろんのこと，**難しいと思われる問題や，詳しい解説が必要と考えられる問題**については，**本書のWebページに解説（PDF）も用意した**（下記参照）．

　以上のように本書は，「ゲーム理論を研究する人たちにとっての専門書ではなく，分野を超えた多くの人たちが自分で一歩ずつ学んでいけるテキストにしたい．」との思いで，さまざまな工夫をしたつもりである．

　本書の Web ページに用意した演習問題の解説の PDF などはダウンロード
もできるので，各自の必要に応じて参照してほしい．また，著者個人の Web
ページ「nabenavi.net ゲーム理論のナビゲータ」には，ゲーム理論に関する
有益な情報があり，本書のためのページや動画もある．

● 裳華房の Web ページ

　https://www.shokabo.co.jp/mybooks

　/ISBN978-4-7853-1593-1.htm

● nabenavi.net　ゲーム理論のナビゲータ

　http://nabenavi.net/gametheory/

● nabenavi.net の本書の Web ページ

　http://nabenavi.net/shokabo/

これらも合わせて活用してほしい．

　本書の執筆に当たっては，東京都立大学（旧 首都大学東京）の渡辺ゼミの
メンバーや大学院のビジネススクールと経済学プログラムの学生から，たくさ
んの協力とコメントを頂いた．感謝の意を表したい．裳華房の小野さんには，
構想から 6 年間の長きに亘って，遅々として進まぬ私の執筆を辛抱強く励まし
て頂き，たくさんの有益な助言を頂いた．また裳華房の團さんにも原稿を丁寧
に読んで頂き，いろいろなコメントを頂いた．本当にありがとうございまし
た．最後に，日頃から著者の研究活動と執筆活動を支えてくれている妻と 2 匹
の猫たちにも深く感謝したい．

　2021 年 10 月

渡辺隆裕

目　　次

0.　ゲーム理論の鍵となる概念と本書の構成

1.　戦 略 形 ゲ ー ム

2.　戦略形ゲームの応用例

3.　混　合　戦　略

4.　展開形ゲーム

5.　展開形ゲームの応用例

6.　展開形ゲームにおける不確実性と混合戦略

7.　不完備情報の戦略形ゲーム

8.　不完備情報の展開形ゲーム

9.　協 力 ゲ ー ム

記 号 一 覧

◆ 戦略形ゲーム

N：プレイヤーの集合

S_i：プレイヤー i の戦略の集合

u_i：プレイヤー i の利得関数

s_i：プレイヤー i の戦略

s_{ij}：プレイヤー i の j 番目の戦略

s：プレイヤーの戦略の組 $s = (s_1, \cdots, s_n)$

s_i', s_i''：プレイヤー i の s_i と異なる戦略

s_{-i}：戦略の組 s における，プレイヤー i 以外の戦略の組

(s_i', s_{-i})：戦略の組 $s = (s_1, \cdots, s_n)$ から，プレイヤー i だけが戦略を s_i から s_i' に変えた戦略の組．または，プレイヤー i 以外が戦略の組 s_{-i} を選んでいるときに，プレイヤー i が戦略 s_i' を選んでいることを表す．

◆ 混 合 戦 略

Φ_i：プレイヤー i の混合戦略の集合

ϕ_i：プレイヤー i の混合戦略

$\phi_i(s_i)$：混合戦略 ϕ_i において，s_i を選ぶ確率

ϕ：プレイヤーの混合戦略の組 $\phi = (\phi_1, \cdots, \phi_n)$

ϕ_i'：プレイヤー i の ϕ_i と異なる混合戦略

(ϕ_i', ϕ_{-i})：プレイヤー i 以外が混合戦略の組 ϕ_{-i} を選んでいるときに，プレイヤー i が混合戦略 ϕ_i' を選んでいることを表す．

(s_i, ϕ_{-i})：プレイヤー i 以外が混合戦略の組 ϕ_{-i} を選んでいるときに，プレイヤー i が純粋戦略 s_i を選んでいることを表す．

◆ 展開形ゲーム

X：点の集合

E：枝の集合

x_i：i 番目の意思決定点

z_i：i 番目の終点

x_{ij}：プレイヤー i の j 番目の意思決定点

X_i：プレイヤー i の意思決定点の集合

h_i：プレイヤー i の情報集合

h_{ij}：プレイヤー i の j 番目の情報集合

a_i：プレイヤー i の行動

H_i：プレイヤー i の情報集合の集合

$v_i(z)$：プレイヤー i の終点 z における利得

◆ 繰り返しゲーム

δ：割引因子

a_i^t：t 回目のプレイヤー i の行動

a^t：t 回目のプレイヤーの行動の組 $a^t = (a_1^t, \cdots, a_n^t)$

h^t：t 回目までの履歴

$s_i^t(h^{t-1})$：プレイヤー i が，t 回目に履歴が h^{t-1} であるときに選ぶ行動

◆ 不確実性のあるゲーム，不完備情報ゲーム

$P(X)$：事象 X が起こる確率

$P(X \,|\, Y)$：事象 Y が起こったという条件のもとで，事象 X が起こる条件付き確率

γ_i：プレイヤー i の行動戦略

$\gamma_i(h_i)(a_i)$：行動戦略 γ_i において，情報集合 h_i で行動 a_i を選ぶ確率（情報集合 h_i に 1 つの点 x しかない場合は，意思決定点と情報集合を同一視して $\gamma_i(x)(a_i)$ と書くこともある）

$\gamma_i(h_i)$：情報集合 h_i における局所戦略（行動戦略 γ_i における，情報集合 h_i での確率分布）

γ：プレイヤーの行動戦略の組 $\gamma = (\gamma_1, \cdots, \gamma_n)$

$P_\gamma(x)$：行動戦略の組 γ が与えられたもとでの，初期点から点 x への到達確率

$P_\gamma(z \,|\, x)$：行動戦略の組 γ が与えられたときで，点 x が実現したという条件のもとでの，点 z への到達確率（条件付き確率）

$P(x)$：初期点から点 x への到達確率．文脈から γ がわかるときは，行動戦略の組 γ を省略して書く．以下も同じ．

$P(h)$：初期点から情報集合 h への到達確率

$P(x \,|\, h)$：情報集合 h が実現したという条件のもとでの，点 x への到達確率

t_i：不完備情報ゲームにおけるプレイヤー i のタイプ

t：不完備情報ゲームにおけるタイプの組 $t = (t_1, \cdots, t_n)$

t_i'：プレイヤー i の t_i と異なるタイプ

t_{-i}：タイプの組 t における，プレイヤー i 以外のタイプの組

T_i：不完備情報ゲームにおけるプレイヤー i のタイプの集合

$s_i(t_i)$：不完備情報ゲームにおけるプレイヤー i の戦略 s_i において，タイプ t_i が選ぶ行動

$u_i(s, t)$：不完備情報ゲームにおいて，戦略の組 s が選ばれ，タイプの組が t であるときの利得

μ：信念

$\mu(x)$：信念における点 x の実現確率

◆ シグナリングゲーム

T：先手のタイプの集合

$p(t)$：タイプ t が実現する事前確率

S：先手のシグナルの集合

A：後手の行動の集合

$u_1(s, a, t)$, $u_2(s, a, t)$：先手のタイプが t であるときに，シグナル s と行動 a が選ばれ
たときの先手と後手の利得

$\sigma_1(s|t)$：先手のタイプ t がシグナル s を選ぶ確率

$\sigma_2(a|s)$：後手がシグナル s を観察したときに行動 a を選ぶ確率

$\mu(t|s)$：シグナル s を観察したときに，そのシグナルをタイプ t が選んだと後手が考
える確率

◆ 協力ゲーム

v：協力ゲームにおける特性関数

S, T：協力ゲームにおける提携で，プレイヤーの集合 N の部分集合

x_i：協力ゲームにおけるプレイヤー i の利得

x：協力ゲームにおけるプレイヤーの利得の組 $x = (x_1, \cdots, x_n)$

$v(S)$：協力ゲームにおける提携 S の特性関数値（提携 S の利益や利得）

$C(S)$：費用分担ゲームにおける提携 S の費用

$e(S, x)$：利得の組 $x = (x_1, \cdots, x_n)$ に対する提携 S の不満

w：ゼロ正規化された特性関数

ゲーム理論の鍵となる概念と
本書の構成

　ゲーム理論は，社会・経済・ビジネスにおけるさまざまな問題について，そこに登場する個人・企業・政府などをプレイヤーとみなし，各プレイヤーがどのような戦略や行動を選ぶのかを分析する理論である．プレイヤー全員が戦略を選ぶと，各プレイヤーの利得（＝うれしさ，効用，好み）が決まり，プレイヤーは，その利得をできるだけ大きくするための最良の戦略を選ぶと仮定する．このように考えて問題を数理的なモデルで表すと，さまざまな現実の問題は将棋やボードゲームのようなゲームと同じように考えることができるのである．

　ゲーム理論はいくつかの理論によって構成され，それが1つの体系をなしている．本章では，まずゲーム理論がどのような理論や考え方から構成されているのかについて記す．さらに，それらの理論や考え方がどのように作られてきたのか，ゲーム理論の歴史[1]に沿って説明していく．これにより読者は，ゲーム理論の**鍵となる概念とその歴史**についても大まかに知ることができる．

　また本章では，それらの理論と概念を，本書のどこでどのように学ぶのかも記し，最後には，本書の構成と学びの道しるべとなる「ガイドマップ」も提示する．そして，このガイドマップを各章の最初に示して，その章の全体における位置を確認できるようにもしている．

　それでは，ゲーム理論のはじまりから出発し，その基本的な概念について記していこう．

0.1　ゲーム理論のはじまり

　ゲーム理論は，数学者のフォン・ノイマンと経済学者のモルゲンシュテルンが1944年に出版した『ゲームの理論と経済行動』を出発点としている．もっとも，その源流は，フォン・ノイマンが1928年に発表した「社会的ゲームの理論について」とよばれる論文にある．

---

　1)　ゲーム理論の歴史については，岡田（1996），鈴木（2014）を参考にした．さらに詳しく知りたい読者は，これらの本を参考にするとよい．

0.2 非協力ゲームと協力ゲーム

『ゲームの理論と経済行動』は，大きく2つの部分に分かれており，各部分が**非協力ゲーム**と**協力ゲーム**という理論に分かれて発展を遂げた．名前から誤解を受けやすいが，協力ゲームは「協力すること」を，非協力ゲームは「協力しないこと」や「競争すること」を扱っているわけではない．

非協力ゲームでは，1人1人のプレイヤーが基礎単位となり，さらに各プレイヤーが選ぶ「行動」と，すべてのプレイヤーが行動を選択した結果に対する各プレイヤーの「利得（結果に対する好みや利益や効用）」が与えられる．そして，この状況でプレイヤーがどのような行動を選ぶのかを明らかにすることが，非協力ゲームの目的であるといえる．これは，社会や経済のあらゆる現象や問題は，**1人1人のプレイヤー**がどんな行動を選んだかで決まるという考え方である．

これに対し協力ゲームは，プレイヤー同士の提携（集合，結託，グループなどとよばれる）が基礎単位となる．協力ゲームでは，「各々の提携が獲得する利益」だけが与えられ，プレイヤーや提携が行動を選ぶようにはなっていない．協力ゲームの焦点は，提携ごとの利益が決められた後に，全体で得た利益が，各提携が獲得する利益（＝提携の力）に影響を受けて，どのように分配されるかにある．ここには，社会のさまざまな問題は，個々のプレイヤーの行動の集約ではなく，提携やグループがどのような利益を得るかによって決まる，という考えがあるように思える．

しかし，協力ゲームにおける「各々の提携が獲得する利益」は，提携内のプレイヤーが提携の利益のために行動するという仮定（これを**拘束的合意**という）の上にあり，この仮定は協力ゲームの問題点とされてきた．また非協力ゲームが大きく発展し，提携や協力の分析も（拘束的合意の仮定なしに），すべて個人行動の帰結として記述できるようになってきた．このことから，現在は経済学をはじめとする社会科学分野では，非協力ゲームが主流になっている．これらの分野で単に**ゲーム理論**というと，**それは非協力ゲームを指す**ことが多い[2]．

しかし協力ゲームは，全体の利益や費用をどのように分配・分担すべきかという制度設計や提案のような規範的問題に対して大変有用な理論であり，オペ

---

2) 例えば，代表的なゲーム理論のテキストである Fudenberg and Tirole（1991），Tadelis（2012）には協力ゲームの記述はない．

レーションズ・リサーチや情報学の分野などでは，協力ゲームの研究や応用も盛んである．本書は，その読者層も考慮に入れ，第1章から第8章までは非協力ゲームを扱い，第9章で協力ゲームを扱う．

0.3 ゼロサムゲームとナッシュ均衡

フォン・ノイマンとモルゲンシュテルンによって研究されたゲームは，ゼロサムゲームとよばれ，チェスや将棋のように，一方のプレイヤーが勝てば，一方のプレイヤーが負けるようなゲームであった．しかし社会において，多くの場合に問題となることは，勝ち負けがあるゲームではなく，人々が協力することで共に利益があるようなゲーム，いわゆる「ウィン‐ウィン」となる可能性があるゲームである．このようなゲームはノンゼロサムゲームとよばれる．

ナッシュは1950年と1951年に発表した論文において，ノンゼロサムゲームの解としてナッシュ均衡を定義し，**すべての有限ゲームにおいて，ナッシュ均衡が存在する**ことを示した．非協力ゲームにおいて最も重要な概念は，このナッシュ均衡である．本書では第1章において，ナッシュ均衡の考え方を学ぶ．また第3章では，ゼロサムゲームを学び，そこではフォン・ノイマンがゼロサムゲームの解と考えた**マキシミニ戦略**とナッシュ均衡との関係についても学ぶ．

0.4 完備情報と不完備情報

非協力ゲームにおいてプレイヤーは，誰がプレイヤーで，自分を含めたプレイヤーがどんな行動を選べて，その結果に対して，自分を含めた全プレイヤーが個々に得る利得が何であるかということを，お互いによく知っていると仮定されている．このような状況を**完備情報**であるとよぶ．

しかし現実の世界では，私たちを取り巻く状況は不確実であり，それが意思決定に影響を及ぼす．その中には，一方のプレイヤーは確実な情報を得ているのに対し，他方のプレイヤーは情報が不足して不確実性下にあるときもあるだろうし，不確実な状況に対して各プレイヤーが異なる情報をもっているときもあるだろう．このような場合に，それが結果にどのような影響を及ぼすかが大きな問題となる．このような，プレイヤーがもっている情報が非対称な状況を**不完備情報**とよぶ．

情報を意思決定にどのように取り入れるかは，確率論の**ベイズの定理**が中心

的な役割を果たす．これは近年大きく発展を遂げた，データサイエンスや機械学習などの分野と同じと考えてよい．このベイズの概念をゲーム理論に取り入れ，不完備情報ゲームの理論を構築したのはハルサニー[3]であり（Harsanyi, 1967, 1968），これによって，プレイヤーが異なる情報をもつ**情報の非対称性**による問題が分析可能になったのである．

本書では，第1章から第6章まで完備情報ゲームを扱い，第7章と第8章では不完備情報ゲームを扱う．ベイズの定理については，第6章で学ぶ．なお第6章は，各プレイヤーがもっている情報は共通ではあるが（完備情報），その環境が不確実なゲームを扱う．これは，完備情報ゲームから不完備情報ゲームへの橋渡しとなる．そのため，後に示す「ガイドマップ」では，そのことが見た目にもわかるように，完備情報と不完備情報の間にあえて置くことにした．

0.5　戦略形ゲームと展開形ゲーム

非協力ゲームには，**戦略形ゲーム**と**展開形ゲーム**という2つの表現がある．「表現」というとわかりにくいが，大まかには「戦略形ゲームと展開形ゲームという2つの理論がある」と考えてよい．戦略形ゲームは，じゃんけんのように「プレイヤーが同時に行動するゲーム」であるのに対し，展開形ゲームは，将棋や囲碁のように「プレイヤーが順番に行動する状況」を含み，すべての状況を表せるゲームである．

本書では，第1章から第3章までは完備情報の戦略形ゲーム，第4章から第6章までは完備情報の展開形ゲーム，第7章は不完備情報の戦略形ゲーム，第8章は不完備情報の展開形ゲームを扱う．なお展開形ゲームの中で，将棋や囲碁のように各プレイヤーが1人ずつ順番に行動して，あるプレイヤーが行動する前の情報（各プレイヤーがどのような行動を選んでいるか）がすべてわかるゲームを**完全情報ゲーム**とよぶ．

すべての状況を表せる展開形ゲームは，戦略形ゲームを含んでいる．しかし，その展開形ゲームも戦略形ゲームに変換することができるということを第4章で学ぶ．つまり，**すべての問題は展開形ゲームで書け，それは戦略形ゲームへ変換できる．そしてナッシュ均衡がその解となり，それは必ず存在する**といえる．

---

3)　オーマンやクレプスとウィルソンなども，ベイズ的概念とゲーム理論を結び付けるために大きな役割を果たしている．

　これはゲーム理論が，社会や経済のさまざまな問題の答を統一的な方法と原理で導くことができるということを示している．

0.6 混合戦略と均衡の精緻化

　このように，ゲーム理論を学ぶときの目標の1つ目は，**すべての問題は展開形ゲームで書け，それは戦略形ゲームへ変換することができて，ナッシュ均衡がその解となる**ことを理解することである，と著者は考えている．それでは，他にどのようなことがゲーム理論で問題となり，本書では他に何を学ぶのであろうか．

　「ナッシュ均衡は必ず存在する」と述べたが，じゃんけんのようなゲームにおいては，例えば「グーを選ぶ」というような確定的な戦略のナッシュ均衡が存在しない．じゃんけんでは「グー，チョキ，パーを1/3で選ぶ」という「確率的な行動の選択」が答になるのである．フォン・ノイマンらが考えたゲーム理論の出発点においては，このような確率的な行動の選択こそが，研究の焦点であったといえるだろう．「グーを選ぶ」という確率を用いない戦略を**純粋戦略**とよび，確率的な選択を用いる戦略を**混合戦略**とよぶ．本書では，第1章で戦略形ゲームにおける純粋戦略だけを学び，第2章でその応用も学んだ後に，第3章で混合戦略を学ぶ．

　また，展開形ゲームにおける確率的な選択を考えるときには，戦略形ゲームに変換して混合戦略を考えるのではなく，展開形ゲームに沿った考え方をした方が良い場合もある．このような考え方を**行動戦略**とよび，第6章で学ぶ．

　このように純粋戦略だけではなく，混合戦略や行動戦略に戦略の考え方を拡張してナッシュ均衡を考えれば，すべてのゲームは一応，解くことができる．しかし，ゲーム理論の研究が発展するにつれて，ナッシュ均衡は複数存在して，その中には解として妥当ではないものが含まれているということがわかってきた．さらにそれは，展開形ゲームを戦略形ゲームに変換した場合に多く生じる．

　ナッシュ均衡の中から，良いナッシュ均衡を絞り込んでいくことを**均衡の精緻化**とよぶ．**ゲーム理論を学ぶときの2つ目の目標は，ナッシュ均衡の中で「さらに良い解」がどのようなものであるかを学ぶこと**，すなわちナッシュ均衡の精緻化を学ぶことであると考えてよいだろう．本書では，各章で以下のようなナッシュ均衡を精緻化した解を学ぶ．

支配されないナッシュ均衡（第1章）：戦略形ゲームにおいて基本となるナッシュ均衡の精緻化.

バックワードインダクションによる解（第4章）：完全情報の展開形ゲームの解.

部分ゲーム完全均衡（第4章）：不完全情報の展開形ゲームにおける基本的な解. バックワードインダクションによる解は，その完全情報における解.

ベイズナッシュ均衡（第7章）：不完備情報の戦略形ゲームにおける解.

完全ベイズ均衡（第8章）：不完備情報の展開形ゲームにおける解.

直観的基準（第8章）：シグナリングゲーム（不完備情報の展開形ゲームの代表例）における均衡の精緻化.

ナッシュ均衡の精緻化という考え方は，ゼルテンによって示されたものである（Selten, 1975）．均衡の精緻化は，他にも**完全均衡**（Selten, 1975），**強完全均衡**（Okada, 1984），**逐次均衡**（Kreps and Wilson, 1982）とよばれる概念があり，これらの3つの概念は精緻化されたナッシュ均衡の決定版ともいえる概念で重要なものであるが，初学者には難しいと考えて，本書では扱わなかった．本書の読後に岡田（1996），Tadelis（2012），Vega - Redondo（2003）などで学んで欲しい.

フォン・ノイマンたちの枠組みを，ナッシュ，ゼルテン，ハルサニーが発展させ，1980年頃にはゲーム理論の基本的な枠組みは完成した．この3人が，1994年に「ゲーム理論に対する貢献」でノーベル経済学賞を受賞したことが，まさにそれを表している.

0.7　プレイヤーの合理性とその緩和

ここまでに述べたゲーム理論の枠組みでは，プレイヤーは自分の利得（好み，効用）をしっかりと理解し，それを最大にするように行動し，不確実な状況では利得の「期待値」を最大にすると仮定されている．またプレイヤーは，完全な計算能力をもっていると仮定されている．これは将棋やオセロであれば，何手先でも完全に読み切って計算する能力があるということになる．すなわち，プレイヤーは完全に合理的であると仮定されているのである.

完全に合理的なプレイヤーを仮定した伝統的なゲーム理論はナッシュ，ゼルテン，ハルサニーらによって確立され，1980年以降は，この「合理性の仮定」を緩和する方向でゲーム理論が研究されるようになった．その1つの大きな潮

流は，**進化ゲーム理論**である．進化ゲーム理論では，プレイヤーは予め遺伝的
に決められた行動を選ぶと考え，高い利得（進化ゲームでは適応度とよぶこと
が多い）を獲得したプレイヤーが多くの子孫を残し，淘汰と選択を繰り返して
「進化的に安定」な状態になると考える．このような進化の考え方は，生物や
動物行動だけではなく，社会科学にも適用できると考えられ，社会慣習や制度
がどのように形作られていくのかという分析に発展している．

進化ゲーム理論については，本書では取り扱うことができなかったが，現在
ではゲーム理論の大きな領域を占めている．Weibull (1997)，生田目 (2004)，
大浦 (2008) などのテキストもあるので，それらで学んで欲しい．

また，プレイヤーは自分の利得を最初から知って合理的に行動している訳で
はなく，試行錯誤と学習を繰り返して，適切な行動を探していくと考える理論
もある．このような，プレイヤーに学習理論を結び付けたゲーム理論は，機械
学習など，人工知能分野と結び付き，近年，盛んに研究されている．

ゲーム理論の基礎となるのは個人の意思決定理論である．不確実な状況で
は，個人は利得の「期待値」を最大にするという仮定は，以前の意思決定理論
では一般的なものであった．しかし，近年は実験経済学や行動経済学とよばれ
る分野において，個人の意思決定を実験によって検証し，人間行動をより現実
的なものに近づけていくために理論を再構成したり，改訂したりする試みも盛
んである．このような新しい意思決定理論をゲーム理論に取り入れる試みは，
ゲーム理論の新しい研究の1つの方向性である．

特に実験経済学においては，ゲーム理論のさまざまなゲームを実際に実験
し，それを検証することで理論を見直していこうという動きもある．このよう
な研究を**行動ゲーム理論**とよぶこともある．本書では，これらの潮流に対して
体系的に説明してはいないが，実験経済学における実験結果は，いくつか紹介
するように心がけた．このことによって読者は理解を深め，ゲーム理論をより
現実に照らして考えることができるであろう．

0.8 さぁ出発だ！ ―本書で学ぶためのガイドマップ―

ここまで，ゲーム理論の歴史を振り返りながら，基本的な概念と鍵となる用
語を説明した．これをもとに，本書でゲーム理論を学んで行こう．図 0.1 は，
本書の構成を表す「ガイドマップ」である．

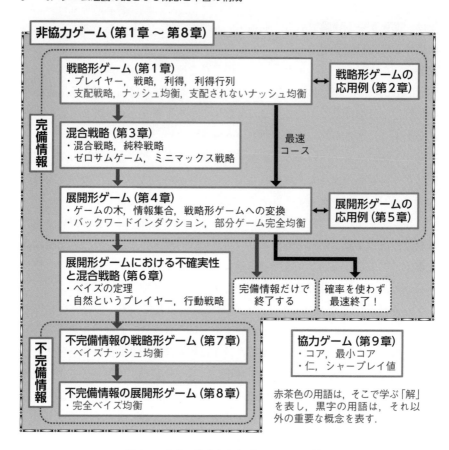

図 0.1　本書の構成を表す「ガイドマップ」

「ガイドマップ」について，簡単に説明しよう．本書の第1章から第8章までは非協力ゲーム，第9章は協力ゲームである．協力ゲームの理論は，全く独立に別の理論として学ぶこともでき，第9章だけを先に読むことも可能である．

非協力ゲームは，大きく2つの部分に分かれている．第1章から第6章までは完備情報ゲーム，第7章と第8章では不完備情報ゲームを学ぶ．読者の中には，完備情報ゲームだけを学びたい方もいるかも知れない．そのような読者は，第4章までで一通りの勉強を終えることができる．

完備情報ゲームは，理論（第1章，第3章，第4章）とその応用（第2章，第5章）とに分かれている．第1章，第3章，第4章だけを読んで理論だけを学んだり，第2章と第5章の応用部分は必要なところだけを読む，なども可能

である．

　確率を用いた選択である混合戦略は，第3章で学ぶ．混合戦略はゲーム理論の中心となる概念であると共に，出発点となった理論であり，これに伴って第3章では，ゲーム理論の出発点であるゼロサムゲームとミニマックス戦略についても学ぶ．しかしながら，扱う問題によっては，混合戦略を必要としないこともある．混合戦略も不完備情報も学ばないのであれば，「確率」という概念を用いずに第1章と第4章だけを読んで，「ゲーム理論をとりあえず理解した！」とすることも可能である．このような「最速コース」も，図0.1のガイドマップには一応記しておいた（が，あまりお勧めはしない）．

　第6章は不完備情報と完備情報を橋渡しするための章で，ゲーム理論が不確実性や情報をどのように扱うかについて学ぶ部分である．ここでは「自然」という仮想的なプレイヤーによって不確実性が表されて，そこまでの理論と整合的になることや，ベイズの定理について学ぶ．そこで必要な確率論の基礎については，付録でおさらいできるようになっている．

　第7章からは，不完備情報ゲームを学ぶ．第7章は同時に行動する不完備情報ゲームとして戦略形ゲームが中心となり，第8章は逐次的に行動する不完備情報ゲームとして展開形ゲームが中心となる．

　さぁ，これで準備は整った．ガイドマップを手にして，ゲーム理論を学ぶ旅に出かけよう！

1

戦略形ゲーム

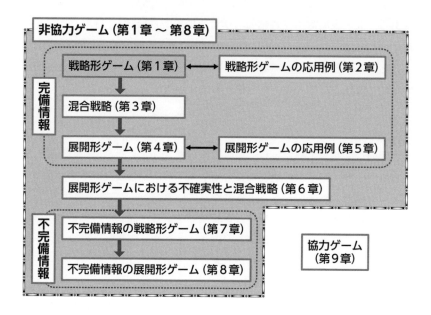

非協力ゲーム (第1章 〜 第8章)

完備情報

戦略形ゲーム (第1章) ⟷ 戦略形ゲームの応用例 (第2章)

混合戦略 (第3章)

展開形ゲーム (第4章) ⟷ 展開形ゲームの応用例 (第5章)

展開形ゲームにおける不確実性と混合戦略 (第6章)

不完備情報

不完備情報の戦略形ゲーム (第7章)

不完備情報の展開形ゲーム (第8章)

協力ゲーム (第9章)

　戦略形ゲームの理論は，ゲーム理論の最も基本となる理論である．本章では，戦略形ゲームとその解き方について学ぶ．

本章のキーワード

戦略形ゲーム，プレイヤー，戦略，利得，利得関数，戦略の組，n 人ゲーム，2×2 ゲーム，強支配，弱支配，戦略的同等，強支配 (弱支配) された戦略，支配戦略，弱支配戦略，支配可解，最適反応戦略，ナッシュ均衡，混合戦略，均衡選択，支配されないナッシュ均衡，均衡の精緻化

1.1　戦略形ゲームの考え方

1.1.1　戦略形ゲームの定義と表現

　戦略形ゲームは，じゃんけんのようにプレイヤーが同時に行動するゲームである．ただし「同時に行動する」とは，「同じ時刻に行動する」という狭い意

味ではない. これを理解するために, 最初に次のモデルを考えよう. このモデルは重要であり, 本書では, この後も何度か引用する.

モデル1　面倒なじゃんけん

　2人でじゃんけんをするときに, 一方が相手にわからないようにグー, チョキ, パーのどれかを先に紙に書いて伏せておく. その後で, もう一方がグー, チョキ, パーを選び, 先の紙を開けて勝負をする. この「面倒なじゃんけん」は, 通常のじゃんけんと同じと考えられるだろうか. ただし, 先に紙に書いた方は, 後から選ぶ相手にどんな情報も与えないとする.

　このじゃんけんは, 通常のじゃんけんと同じように勝負がつく. ただし重要なことは, 先にグー, チョキ, パーを選んだ方は, どんな情報も相手に与えていない, ということだ. 先手が何を書いたかが顔に出てしまったり, 逆に「グーを出したよ」などと相手をだまそうとしたりすると, 同時のじゃんけんとは異なってしまう.

　モデル1は, **たとえ同時ではなく時間的に前後して行動しても, 各プレイヤーが他のプレイヤーの行動について何ら情報を知ることなく自分の行動を決定する場合は, 同時に行動することと同じであり, 戦略形ゲームとして考えられる**ということを示している. 「同時」という意味をこのように捉えれば, 戦略形ゲームはかなり広い問題に応用できることがわかるだろう. 他人に知られることなく票を入れる投票や入札などは, 戦略形ゲームの例である.

　では, 戦略形ゲームとは何かを定義するために, 次のモデルを考えよう.

モデル2　和菓子屋出店競争 PART1

　ある街に, 一ノ瀬と二子山という名前の2つの和菓子屋があり, どちらもなかなか繁盛していた. 2つのお店は, その地域の2つの駅, 赤葉台駅（以下A駅）と馬場駅（以下B駅）のどちらかに新しい店を出そうと考えている. 1日に和菓子を買う利用客は, A駅では600人, B駅では300人である. 両店舗が別々の駅に出店すれば, その利用客をすべて獲得できる. しかし, 両店舗が同じ駅に出店すれば利用客の奪い合いとなり, この場合は二子山が一ノ瀬の2倍の客を獲得できるものとする. 一ノ瀬と二子山はどちらか1駅のみに出店するものとし, 両駅に出店したり, どちらにも出店しないことは考えないとする.

　このとき, 利用客を多く獲得するためには, 一ノ瀬と二子山はどちらの駅に出店すればよいだろうか. なお, ここで2つの店は同時に立地場所を決めるとする.

戦略形ゲームは，プレイヤー，戦略，利得の3つの要素からなる．モデル2を例にして，これを説明しよう．

プレイヤー：ゲームをする主体であり，個人・企業・政府などがプレイヤーとなる．モデル2では，一ノ瀬と二子山がプレイヤーである．

戦略：戦略形ゲームでは，プレイヤーが選択する行動を戦略とよぶ．モデル2では，一ノ瀬も二子山も戦略は「A駅に立地する」，「B駅に立地する」の2つである．

利得：すべてのプレイヤーが戦略を選んだ組合せに対して，各プレイヤーの好みや利益を数値で表したものを利得とよぶ．モデル2では，利用客数を利得として考える．例えば，一ノ瀬も二子山もA駅に立地したとき，一ノ瀬の利得は200で，二子山の利得は400である．

2人プレイヤーの戦略形ゲームは，**利得行列**とよばれる表にすることができる．モデル2の利得行列は図1.1のようになる．

図1.1の利得行列では，一ノ瀬は行（横の並び）を選び，二子山は列（縦の並び）を選ぶと考える．各プレイヤーが選択した行と列が交差したセルには各プレイヤーの利得が表されており，左に行を選んだプレイヤー（一ノ瀬）の利得，右に列を選んだプレイヤー（二子山）の利得が書かれている．例えば，一ノ瀬がBを選び，二子山がAを選べば，一ノ瀬は300，二子山は600の利得を獲得できることがわかる．

一ノ瀬 ＼ 二子山	A	B
A	(200,400)	(600,300)
B	(300,600)	(100,200)

図1.1　モデル2の利得行列

1.1.2　ゲームと1人の意思決定との違い

このように問題をゲームで表現し，各プレイヤーがどの戦略を選択するかを考えることが，ゲーム理論の大きな目的であるといえる．このとき，その解を導くために，**各プレイヤーは，自分の利得が一番高くなる行動を選択すると考える**．

第0章で述べたように，ゲーム理論にはさまざまな理論がある．近年は，プレイヤーの選ぶ行動は遺伝的に決まっていたり，周囲の戦略を模倣したり，学習のために試行錯誤して行動したり，他者の利得を考慮して行動を選んだり，さまざまな理論がある．このような理論については，本書では扱わない．

さて，各プレイヤーは自分の利得が一番高くなる行動を選択すると考えたときには，自分以外のプレイヤーの行動に依存して，利得が高くなる行動が異なることが問題となる場合がある．モデル2を使って，次の例題を考えてみよう．

[例題 1.1]　モデル2（図1.1）について，一ノ瀬の立場になって次の問いに答えよ．

(1)　もし二子山が A を選ぶならば，一ノ瀬は A と B のどちらを選んだ方が良いか．

(2)　もし二子山が B を選ぶならば，一ノ瀬は A と B のどちらを選んだ方が良いか．

(3)　一ノ瀬は，二子山の選択に関係なく A と B のどちらが良いかを決めることはできるか？

[解]　(1)　もし二子山が A を選ぶならば，一ノ瀬は A（利得は200）を選ぶよりも B（利得は300）を選んだ方が良い．

(2)　もし二子山が B を選ぶならば，一ノ瀬は B（利得は100）を選ぶよりも A（利得は600）を選んだ方が良い．

(3)　一ノ瀬が A と B を選んだときにどちらが良いかは，二子山の選択に依存するため，二子山の選択に関係なく A と B のどちらが良いかを決めることはできない（図1.2）．

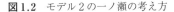

二子山　　一ノ瀬	A	B
A	(200, 400)	(600, 300)
B	(300, 600)	(100, 200)

二子山　　一ノ瀬	A	B
A	(200, 400)	(600, 300)
B	(300, 600)	(100, 200)

(1)　もし二子山が A を選ぶならば，一ノ瀬は A を選ぶよりも，B を選んだ方が良い．

(2)　もし二子山が B を選ぶならば，一ノ瀬は B を選ぶよりも，A を選んだ方が良い．

図1.2　モデル2の一ノ瀬の考え方

例題1.1からわかるように，プレイヤーにとっての良い選択は，他のプレイヤーの選択に依存し，プレイヤーは自分の選択を決定するために，相手の選択を予測しなければならない．このような状況をゲーム理論は問題とするのである．

では，一ノ瀬は何を選択すると予測できるだろうか．この問題を，もしゲーム的状況ではない一ノ瀬だけの意思決定と捉えれば，以下の3つの考え方をもとに「一ノ瀬は A を選ぶ」と予測できるかもしれない．

マキシミニ基準（悲観的意思決定）：一ノ瀬が A を選ぶと利得は最悪で 200，B を選ぶと最悪で 100 なので，最悪の利得を考慮したときに一番利得が高い A を選択する．

マックスマックス基準（楽観的意思決定）：一ノ瀬が A を選ぶと利得は最高で 600，B を選ぶと最高で 300 なので，最良の利得を考慮したときに一番利得が高い A を選択する．

平均値基準（ラプラス基準）：利得の平均を考えると A は 400，B は 200 となるので，平均が高い A を選択する．

上記の 3 つの基準は，どれも個人の意思決定を考える上で妥当な基準とされており，どの基準においても，一ノ瀬は A を選ぶことが答となる．しかし，ゲーム理論では，一ノ瀬は B を選ぶことが解になる（1.4 節）．（なぜそうなるかは，次節以降で学ぶ．）

モデル 2 は「1 人の意思決定」と「複数のプレイヤーの意思決定の相互作用であるゲーム」との違いを説明する良い例である．もし二子山を意思決定するプレイヤーではなく，お天気のような単なる不確実な事象として一ノ瀬が見ている場合は，上記の基準も悪くはない．しかしゲーム理論では，一ノ瀬が「二子山は自分と同じように，利得を最大にする行動を選択するプレイヤーである」と考えるため，異なった考え方になるのである．

1.2　戦略形ゲームの数式表現

ゲーム理論は数学で理論が作られており，その厳密な表現によって，曖昧さが排除されている．これにより，同じ問題を解けば，すべての人が同じ答を導くことができる．ゲーム理論を理解するには，この数式による表現に慣れることが必要であり，その数学は微分や積分などの「計算」ではなく「論理」を表す数式表現であるために，文系・理系を問わず，ここで躓くことも多い．

本節では，戦略形ゲームを数式で表す方法について丁寧に解説する．特に，

「他のプレイヤーの戦略はそのままで，自分の戦略だけを変える」という表現は重要である．

1.2.1　戦略形ゲームの定義

戦略形ゲームは，プレイヤー，戦略，利得の 3 つの要素で表す．本書では，第 1 の要素であるプレイヤーの集合は N とし，第 2 の要素である戦略につい

ては，プレイヤー i の戦略の集合を S_i と
する．また戦略形ゲームの第3の要素であ
る利得は，**利得関数**で表す．プレイヤー i
の利得関数は u_i とする．

　以下では，数学の用語や使い方に関する
解説も含め，p.12 図 1.1 を例に，数式で表
してみよう．ただし，「一ノ瀬」，「二子山」

図 1.3　モデル 2 の利得行列
（記号化）

という名前を式で使うのは面倒なので，それぞれのプレイヤーを1と2のよう
に記号化する．図 1.3 は，図 1.1 を記号化した利得行列である．

　図 1.3 において，プレイヤーの集合は $N = \{1, 2\}$，各プレイヤーの戦略の集
合は $S_1 = S_2 = \{A, B\}$ と表される．なお，プレイヤーの戦略の集合の集合を
$\{S_i\}_{i \in N}$ で表すことにすると，

$$\{S_i\}_{i \in N} = \{S_1, S_2\} = \{\{A, B\}, \{A, B\}\}$$

となる．

📖 数学表現のミニノート（1）

　問題を数式でモデル化するときは，見やすい記号を適切に選ぶことが大切だ．例
えば，プレイヤーが「アリス」と「文太」のような場合は，アリスを A，文太を B
のような頭文字で表し，$N = \{A, B\}$ とした方が $N = \{1, 2\}$ よりもわかりやすい．こ
の場合，アリスと文太の戦略の集合は S_A，S_B と表すべきである．

　$\{S_i\}_{i \in N}$ という書き方は，添字集合 N のすべての $i \in N$ に対する S_i を要素とする
集合を表す．例えば，$N = \{1, 2, 3\}$ のとき $\{S_i\}_{i \in N}$ は $\{S_1, S_2, S_3\}$ となり，$N = \{A, B\}$
のとき $\{S_i\}_{i \in N}$ は $\{S_A, S_B\}$ となる．プレイヤーの戦略の集合の集合を $\{S_1, \cdots, S_n\}$ や
$\{S_i\}_{i=1}^{n}$ と表すときもある．しかしこの方法は，プレイヤーが自然数で表されていると
きだけに使え，文字などの場合には順番に並べることができないので使えない．
$\{S_i\}_{i \in N}$ と書くと，どちらの場合も整合的に使うことができる．

　このように，プレイヤーの集合 N は，必ずしも $1, 2, \cdots$ のような自然数とする必要
はない．しかし，本書では簡単にするために，特に断りのない限り，プレイヤーの
集合は $N = \{1, \cdots, n\}$ のような自然数であるとする．　¶

　すべてのプレイヤーの戦略をプレイヤーの順番に並べたものを**戦略の組**とよ
び，これがゲームの結果に対応する．例えば，戦略の組 (A, B) は「プレイ
ヤー1が A，プレイヤー2が B を選ぶ」という結果に対応する．ここで，プレ
イヤーの戦略の組の集合は，各プレイヤーの戦略の集合の直積 $S_1 \times \cdots \times S_n$
である．p.11 モデル 2 では，$S_1 \times S_2 = \{(A, A), (A, B), (B, A), (B, B)\}$ となる．

8

📖 数学表現のミニノート (2)

集合 A と集合 B が与えられたとき，2つの集合の要素を1つずつ選んで順番に並べた集合を A と B の**直積**とよび，$A \times B$ と書く．例えば，$A = \{x, y\}$，$B = \{1, 2\}$ のとき，$A \times B = \{(x, 1), (x, 2), (y, 1), (y, 2)\}$ である．¶

プレイヤー i の利得関数 u_i は，戦略の組の集合 $S_1 \times \cdots \times S_n$ から，実数への関数である．[p.11] モデル2では，プレイヤー1の利得関数 u_1 は $u_1(A, A) = 200$，$u_1(A, B) = 600, \cdots$，プレイヤー2の利得関数 u_2 は $u_2(A, A) = 400$，$u_2(A, B) = 300, \cdots$，のように表すことができる．

📖 数学表現のミニノート (3)

集合 A と集合 B が与えられたとき，A の要素を B の要素に対応させる規則を A から B への関数とよぶ．A から B への関数を f とするとき，$f: A \to B$ と書き，A の要素 a が B の要素 b に対応するときに $f(a) = b$ と書く．

例えば，私たちがよく知っている関数 $f(x) = x^2$ などは，実数の集合から実数の集合への関数である（以下，実数の集合を $\mathbb{R}$ と書く）．1には1が，2には4が対応し，$f(1) = 1$，$f(2) = 4$ である．

モデル2のプレイヤー1の利得関数は $u_1: S_1 \times S_2 \to \mathbb{R}$ である．$S_1 \times S_2$ の各要素 (A, A), (A, B), (B, A), (B, B) に1つの実数が対応していることを確認しよう．¶

プレイヤーが n 人の戦略形ゲームを **n 人ゲーム**とよぶ．2人ゲームはプレイヤーの数が最も少ないゲームである．その中でも，モデル2のような各プレイヤーの戦略が2つずつのゲームは，最も簡単な戦略形ゲームであり，これを **2×2 ゲーム**とよぶ（「ツー・バイ・ツー・ゲーム」と読む）．戦略形ゲームの基本をなす 2×2 ゲームについては，2.3節で詳しく扱う．

例題 1.2 戦略形ゲーム $(N, \{S_i\}_{i \in N}, \{u_i\}_{i \in N})$ が $N = \{1, 2\}$，$S_1 = \{U, M, D\}$，$S_2 = \{L, R\}$，$u_1(U, L) = u_1(D, R) = u_2(U, L) = 2$，$u_1(M, L) = u_1(U, R) = u_2(M, L) = u_2(D, R) = 1$，$u_1(D, L) = u_1(M, R) = u_2(D, L) = u_2(M, R) = 0$，$u_2(U, R) = 3$ であるとき，このゲームの利得行列を書け．

[解] 図1.4の利得行列になる．

	L	R
U	(2, 2)	(1, 3)
M	(1, 1)	(0, 0)
D	(0, 0)	(2, 1)

図 1.4 例題 1.2 の利得行列

改めて，戦略形ゲームを定義すると，次のようになる．

定義 1.1　n 人の戦略形ゲーム $(N, \{S_i\}_{i \in N}, \{u_i\}_{i \in N})$ は，プレイヤーの集合 $N = \{1, \cdots, n\}$，プレイヤー i $(i = 1, \cdots, n)$ の戦略の集合 S_i，プレイヤーの戦略の集合の直積 $S_1 \times \cdots \times S_n$ から実数への利得関数 u_i の 3 つの要素で表される．　¶

ゲーム理論においては，**プレイヤーの戦略とすべてのプレイヤーの戦略の組を区別すること**は，**とても重要**である．プレイヤーの利得は戦略の組によって決まり，プレイヤーの戦略だけでは決まらない．例えば図 1.4 において，「プレイヤー 1 の戦略が U のとき，プレイヤー 1 の利得は 2 である」とはいえない．「戦略の組が (U, L) のときプレイヤー 1 の利得は 2，戦略の組が (U, R) のときプレイヤー 1 の利得は 1 である」のように，**戦略の組に対して利得が決まる**のである．**戦略の組**という言葉と記号を適切に使えずに，それを戦略とよんでしまうことで，混乱が生じることがあるので注意しよう．

1.2.2　ゲーム理論において重要な数式の表現

ゲーム理論では，「他のプレイヤーの戦略はそのままで，特定のプレイヤーだけが戦略を変える」という考え方が非常に重要である．本項では，それについて学ぶ．

n 人ゲームにおいて，プレイヤー i が戦略 s_i を選んだときの戦略の組は，$(s_1, \cdots, s_n)$ となる n 次元ベクトルで表される．このとき $s = (s_1, \cdots, s_n)$ のように，添字をとった s によって戦略の組を表すことにする．例えば図 1.4 において，$s_1 = U$，$s_2 = L$ とすると，$s = (U, L)$ となる．プレイヤー i の戦略 s_i と戦略の組 s を区別することが非常に重要であることは，すでに述べたとおりである．

プレイヤーの戦略の組を s とするとき，「他のプレイヤーの戦略は s と同じままで，プレイヤー i だけが戦略 s_i' を選ぶ」という戦略の組を (s_i', s_{-i}) と表す．つまり，

$$(s_i', s_{-i}) = (s_1, \cdots, s_{i-1}, s_i', s_{i+1}, \cdots, s_n) \tag{1.1}$$

である．ここで s_{-i} は，「プレイヤー i 以外の（$n-1$ 人の）戦略の組」を意味している．

(s_i, s_{-i}) は，s と同じであることに注意したい．本書では，特にプレイヤー i の戦略 s_i を強調したいときに，s をわざわざ (s_i, s_{-i}) と表すことがある．また，(1.1) 式のようにプレイヤー i だけが戦略を変える場合は，元の戦略を s_i で表

し，変更する戦略を s_i', s_i'' などの記号で表すことにする．(1.1) 式の (s_i', s_{-i}) という表記は，「他のプレイヤーの戦略は s と同じままで，プレイヤー i の戦略だけを s_i' に変える」ということを表し，伝統的に広く用いられているため，ゲーム理論の文献を読みこなすために必要なものである．

この表記は，多人数のゲームにおいて重要な表記となるので，次の 3 人ゲームの例題を考えてみよう．これは，3 人ゲームの利得行列の読み方の練習も兼ねている．

例題 1.3　図 1.5 は，$N = \{1, 2, 3\}$, $S_1 = \{U, D\}$, $S_2 = \{L, R\}$, $S_3 = \{X, Y\}$ である 3 人ゲームの利得行列である．プレイヤー 3 が X を選べば左の利得行列が，Y を選べば右の利得行列が選ばれる．セルの利得は左から順にプレイヤー 1, 2, 3 を表している．例えば，$u_1(U, L, X) = 0$, $u_2(U, L, X) = 2$, $u_3(U, L, X) = 3$ である．次の問いに答えよ．

		3				
	X				Y	
2 / 1	L	R		2 / 1	L	R
U	(0,2,3)	(2,3,0)		U	(2,1,4)	(1,0,1)
D	(1,0,1)	(1,1,0)		D	(1,1,2)	(2,0,2)

図 1.5　例題 1.3 の利得行列（3 人ゲーム）

(1)　$s = (U, L, X)$, $s_2' = R$ とすると，(s_2', s_{-2}) はどんな戦略の組となるか．

(2)　$s = (U, L, X)$, $s' = (D, L, Y)$ とするとき（$s_2 = s_2' = L$ となっていることに注意），$i = 1, 2, 3$ に対して (s_i', s_{-i}) はどんな戦略の組となるか．

[解]　(1) $(s_2', s_{-2}) = (U, R, X)$　　(2) $(s_1', s_{-1}) = (D, L, X)$, $(s_2', s_{-2}) = (U, L, X)$, $(s_3', s_{-3}) = (U, L, Y)$ ✑

s_{-i} は，プレイヤー i 以外の（$n - 1$ 人の）戦略の組を意味すると述べた．例えば図 1.5 で $s = (U, L, X)$ とすると，s_{-2} は「プレイヤー 2 以外の戦略の組」，すなわち $s_{-2} = (U, X)$ と考えられ，$s_2' = R$ では $(s_2', s_{-2}) = (U, R, X)$, $s_2 = L$ では $s = (s_2, s_{-2}) = (U, L, X)$ となる．

このように，(s_i', s_{-i}) と書くときは，「s_i' は前に，s_{-i} は後に」という規則で統一して書くため，**戦略が並ぶ順序は本来のものとは異なることになり，正確ではないが，そこは目をつぶって欲しい．**(s_1, s_2', s_3) を (s_2', s_{-2}) と書いても，(s_{-2}, s_2') と書いても，正しく書けないので，これはしょうがない．

これを念頭に置き，2 人の場合についても，おさらいしておこう．例えば図 1.4 において，$s = (U, L)$，$s_1' = M$ とすると (s_1', s_{-1}) は (s_1', s_2) を意味し[1]，(M, L) となる．また，$s_2' = R$ とすると (s_2', s_{-2}) は (s_1, s_2') を意味し[2]，(U, R) であり，$(s_1, s_{-1}') = (U, R)$ であり，$(s_2, s_{-2}') = (M, L)$ である．$(s_1', s_2') = (M, R)$ であり，これは s' とも表す．

1.3　戦略の支配

戦略形ゲームの分析の目標は，各プレイヤーがどの戦略を選ぶかを予測することである．各プレイヤーが選ぶと予測される戦略の組を**ゲームの解**とよび，その解を求めることを「ゲームを解く」という．ここからは，戦略形ゲームをどのように解くかということについて学ぶが，まず本節では，その考え方の 1 つである，戦略の支配について学ぶ．

1.3.1　戦略の支配 ―2 つの戦略を比べる―

p.12 図 1.1 のゲームでは，一ノ瀬の選択は二子山の選択に依存し，二子山の選択に関係なく A と B のどちらが良いかを決めることはできなかった．では，同じ問題を，今度は二子山の立場で考えてみよう．

[例題 1.4]　図 1.1 のゲームについて，二子山の立場で次の問いに答えよ．

（1）　もし一ノ瀬が A を選ぶならば，二子山は A と B のどちらを選んだ方が良いか．

（2）　もし一ノ瀬が B を選ぶならば，二子山は A と B のどちらを選んだ方が良いか．

（3）　二子山は，一ノ瀬の選択に関係なく A と B のどちらが良いかを決めることはできるか？

[解]　（1）　もし一ノ瀬が A を選ぶならば，二子山は A（利得は 400）を選ぶ方が B（利得は 300）を選ぶより良い．

（2）　もし一ノ瀬が B を選んでも，二子山は A（利得は 600）を選ぶ方が B（利得は 200）を選ぶより良い．

（3）　二子山は，一ノ瀬の選択に関係なく，A の方が B より良いと決めることができる（図 1.6）．

---

1)　プレイヤーが 2 人なので，$s_{-1} = s_2$ となる．

2)　$s_{-2} = s_1$ であるから．本来の順序で書くと (s_{-2}, s_2') であるが，そうは書かない．

一ノ瀬 ＼ 二子山	A	B
➡ A	$(200, 400)$	$(600, 300)$
B	$(300, 600)$	$(100, 200)$

一ノ瀬 ＼ 二子山	A	B
A	$(200, 400)$	$(600, 300)$
➡ B	$(300, 600)$	$(100, 200)$

(1) もし一ノ瀬が A を選ぶならば，二子山は B を選ぶよりも，A を選んだ方が良い．

(2) 一ノ瀬が B を選んでも，二子山は B を選ぶよりも，A を選んだ方が良い．

図 1.6 モデル 2 における二子山の考え方　

二子山の戦略 A と B を比較したときに，相手の一ノ瀬が何を選んできても，A は B より高い利得を与える．このとき，二子山の戦略 A は戦略 B を**強支配**するという．

一般的には，あるプレイヤー i の 2 つの戦略 s_i と s_i' を比較したとき，他のプレイヤーがどんな戦略を選んでも，s_i が s_i' より高い利得を与えるとき，s_i は s_i' を強支配するという．

定義 1.2　プレイヤー i の戦略 s_i が戦略 s_i' を強支配するとは，i 以外のプレイヤーのすべての戦略の組 s_{-i} に対して

$$u_i(s_i, s_{-i}) > u_i(s_i', s_{-i})$$

が成り立つことをいう．　¶

2 つの戦略が，お互いに一方の戦略を強支配していないときは，「2 つの戦略に強支配の関係はない」という．

戦略の強支配によって，プレイヤーは戦略間の優劣を決めることができる．**ある戦略 A が戦略 B を強支配すれば，プレイヤーは B を選ぶことはない．**どんなときでも A が B よりも良いので，B を選ぶより A を選んだ方が良いからである．

戦略が 2 つしかなければ，A が B を強支配すれば，プレイヤーは A を選ぶといえる．しかし，戦略が 3 つ以上ある場合は，A が B を強支配した場合に，「プレイヤーは B を選ぶことはない」といえても，「A が選ばれる」とは必ずしもいえない．このことを確認するために，次の例題を考えてみよう．

例題 1.5　p.16 図 1.4 について，次の問いに答えよ．
(1) プレイヤー 1 の U と M に強支配の関係はあるか．
(2) プレイヤー 1 は「M を選ばない」と考えて良いか．
(3) プレイヤー 1 は「U を選ぶ」と考えて良いか．

[解]　(1)　プレイヤー1の U は M を強支配している.

(2)　プレイヤー2がどの戦略を選んでも, M を選ぶよりは U を選ぶ方が良いのだから, プレイヤー1は「M を選ばない」といえる.

(3)　プレイヤー1の U と D を比較すると, プレイヤー2が L を選べば U の方が良く, R を選べば D の方が良い（U と D には強支配の関係はない）. したがって U と D では, どちらが選ばれるかはまだわからない. つまり, プレイヤー1は「U を選ぶ」とは, まだ結論できない[3).

しかし, 戦略が3つ以上あるときも, ある戦略がすべての戦略を強支配していれば, その戦略が選ばれると考えてよいだろう. このようなすべての戦略を強支配する戦略を**支配戦略**とよぶ[4).

例えば, p.12 図1.1において, 戦略 A は二子山の支配戦略である.

定義 1.3　プレイヤー i の戦略 s_i が, その戦略以外のすべての戦略を強支配しているとき, s_i をプレイヤー i の支配戦略という.　¶

1.3.2　戦略の弱支配 ― 強支配より弱い意味での比較 ―

戦略の支配を考えるときには, 利得が等しい場合について注意しなければならない. 本項では, 利得が等しい場合も考慮した支配の概念である, 弱支配について学ぶ.

図1.7を考えてみよう. このゲームでは, プレイヤー2が L を選んでも R を選んでも, プレイヤー1にとっては, U は D より高い利得を与えている. すなわち, U は D を強支配している.

これに対して, プレイヤー2の L を考えると, プレイヤー1が U を選んだときは R より高い利得を与えるのに対して, D を選んだときは R の利得と等しい. しかし, プレイヤー1がどんな戦略を選んだとしても, プレイヤー2にとって R を選ぶより L を選んだ方が悪くはない（良いか同じ利得）. すべてに高い利得を与える「強支配」ほど強くはないけれども, プレイヤー2にとって L は R よりも良い戦略といってよいだろう. このとき, プレイヤー2の戦略 L は戦略 R を**弱支配**するという.

2 1	L	R
U	(2,1)	(1,0)
D	(1,2)	(0,2)

図1.7　戦略の弱支配

---

3)　1.4.1項で, このゲームではプレイヤー1は D を選ぶことが示される.

4)　強支配戦略とよぶこともあるが, 本書では単に支配戦略とよぶ.

　一般的には，あるプレイヤー i の2つの戦略 s_i と s_i' を比較したとき，他の
プレイヤーがどんな戦略を選んでも，s_i が s_i' 以上の利得を与えるならば，s_i は
s_i' を弱支配するという．ただし s_i と s_i' が，すべての場合に対して同じ利得を
与えるときは優劣がつけられないので，少なくとも1つの他のプレイヤーの
戦略に対しては，s_i が s_i' より高い利得を与えているという条件が必要である．

定義1.4　　プレイヤー i の戦略 s_i が戦略 s_i' を弱支配するとは，i 以外のプレイ
ヤーのどんな戦略の組 s_{-i} に対しても

$$u_i(s_i, s_{-i}) \geq u_i(s_i', s_{-i}) \tag{1.2}$$

が成り立ち，かつ，少なくとも1つの s_{-i} に対して

$$u_i(s_i, s_{-i}) > u_i(s_i', s_{-i}) \tag{1.3}$$

が成り立つことをいう．　¶

　ここで，(1.2) 式の条件だけが成り立ち，(1.3) 式の条件が成り立たなけれ
ば，すべての s_{-i} に対して $u_i(s_i, s_{-i}) = u_i(s_i', s_{-i})$ となる．この場合は s_i と s_i' は
戦略的同等であるといい，プレイヤー i は s_i と s_i' のどちらを選ぶかは決めら
れない状況になる．

　あるプレイヤーの2つの戦略が戦略的同等で
あっても，そのプレイヤーの選択が他のプレイ
ヤーに影響を及ぼす場合もある．例えば，図1.8
は，プレイヤー1の U と D も，プレイヤー2の
L も R も，どちらも戦略的同等である．このよ
うに，プレイヤーの戦略がすべて戦略的同等で自

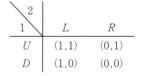

図1.8　戦略的同等

分には無差別であっても，選んだ行動が相手に影響を及ぼし，結果がすべて異
なることがありうる．

　弱支配は強支配より弱い概念であり，次の命題が成り立つことは明らかである．

命題1.1　　プレイヤー i の戦略 s_i が戦略 s_i' を強支配するならば，s_i は s_i' を弱支
配する．　¶

　例えば，図1.7のプレイヤー1のように U が D を強支配しているならば，
U は D を弱支配しているともいえる．

例題1.6　　p.18 図1.5について，次の問いに答えよ．
(1)　プレイヤー1の D は U を強支配するか．また，弱支配するか．
(2)　プレイヤー2の R は L を強支配するか．また，弱支配するか．

(3) プレイヤー3のYはXを強支配するか. また, 弱支配するか.

[解] (1) 強支配も弱支配もしない. (2) 強支配も弱支配もしない. (3) Y
はXを強支配している. したがって, 弱支配もしている.

弱支配の概念は強支配より弱いが, やはり2つの戦略の優劣を決めると考え
てよいだろう. そこでゲーム理論では,

プレイヤーは何かの戦略に弱支配された戦略は選ばない

と考える. 弱支配された戦略より常に悪くない戦略があるので, 合理的なプレ
イヤーならば, その悪くない戦略を必ず選ぶと考えよう, ということである.

ある戦略に注目したとき, その戦略を強支配 (弱支配) する戦略が1つでも
存在すれば, その戦略を**強支配 (弱支配) された戦略**とよぶ.

定義1.5 プレイヤーiのある戦略s_iが戦略s_i'を強支配するとき, s_i'のことを
強支配された戦略とよぶ. ある戦略s_iが戦略s_i'を弱支配するとき, s_i'のことを弱支
配された戦略とよぶ. ¶

ここで「強支配 (弱支配) された戦略」というよび方は, 2つの戦略の「関
係」ではなく, 1つの戦略に対して使われる言葉であることに注意したい. 例
えば, 図1.7において, プレイヤー2のRはLに弱支配された戦略であるが,
単に「Rは弱支配された戦略」とよぶこともできる (「Lに」を付けないで).
プレイヤー1のDはUに強支配された戦略であるが, このときも単に「Dは
強支配された戦略」とよぶ[5]. 「支配された戦略」という言葉は「その戦略が
選ばれない」ということを強調したよび方で, 「何に」強支配 (弱支配) され
ているかを付けない.

また, 強支配のときと同じように, 戦略s_iが戦略s_i'を弱支配するときに,
プレイヤーiの戦略が2つしかなければ, s_iが選ばれると考えられるのに対
し, 戦略が3つ以上ある場合, 必ずしもs_iが選ばれるとは限らない. しかし,
もしs_iがすべての戦略を弱支配していれば, その戦略が選ばれると考えてよ
い. このような戦略を**弱支配戦略**とよぶ.

定義1.6 プレイヤーiの戦略s_iが, その戦略以外のプレイヤーiのすべての戦
略を弱支配しているとき, s_iをプレイヤーiの**弱支配戦略**とよぶ. ¶

弱支配戦略があれば, プレイヤーはその弱支配戦略を選ぶと考えられる.

---

5) 強支配された戦略は, 弱支配された戦略でもある.

また，弱支配は強支配より弱い概念なので，明らかに次の命題が成り立つ．

命題 1.2　プレイヤー i の戦略 s_i が支配戦略ならば，s_i は弱支配戦略でもある．

¶

p.21 図 1.7 においては，プレイヤー 1 の U は支配戦略であり，弱支配戦略でもある．これに対し，プレイヤー 2 の L は弱支配戦略であるが，支配戦略ではない．

例題 1.7　図 1.9 のゲームについて，次の問いに答えよ．

（1）　プレイヤー 1 に支配戦略，もしくは弱支配戦略はあるか．

（2）　プレイヤー 2 に支配戦略，もしくは弱支配戦略はあるか．

（3）　このゲームの解は何か．

1 ＼ 2	L	R
U	$(2,2)$	$(1,2)$
D	$(0,1)$	$(0,0)$

図 1.9　例題 1.7 の利得行列

[**解**]　（1）　プレイヤー 1 の支配戦略は U であり，弱支配戦略でもある．

（2）　プレイヤー 2 の弱支配戦略は L である．支配戦略はない．

（3）　ゲームの解は，「プレイヤー 1 が U を選び，プレイヤー 2 が L を選ぶ」である．

◊

図 1.9 では，すべてのプレイヤーに弱支配戦略があることから，各プレイヤーが選ぶ戦略の組であるゲームの解を求めることができたといえる．戦略の組は，プレイヤー 1，2 の順にカッコで並べて (U, L) のように書く．

このように，すべてのプレイヤーに弱支配戦略があればゲームの解を求めることができる．しかし，強支配と同じように，すべての戦略間に弱支配の関係があるわけではないことに注意しておこう．p.12 図 1.1 では，一ノ瀬の A と B はどちらか一方が他方を強支配しているわけでも，弱支配しているわけでもない．**このときは A と B に支配関係がない**という．支配関係がなければ，プレイヤーは自分の利得を考えるだけでは戦略に優劣をつけることができない．

この節では，弱支配，強支配という 2 つの考え方について学んだ．その中でも，「プレイヤーは弱支配された戦略（＝何かの戦略に弱支配された戦略）は選ばない」という考え方は，最も重要である．

1.4　強支配された戦略の繰り返し削除

本節では，戦略の支配による解の求め方を，さらに発展させる．

1.4.1　モデル 2 のゲームの解

　1.3 節で，すべてのプレイヤーに支配戦略があれば，その戦略の組がゲームの解になることを学んだ．では，^p.11 モデル 2（図 1.1）のゲームは，どうだろうか．このゲームでは，二子山の戦略 A は戦略 B を強支配している．したがって，二子山は支配戦略である A を選ぶ．これに対して，一ノ瀬の戦略 A と B には支配関係がないため，どちらを選択するかは一ノ瀬だけでは決められない．

　しかし，「二子山は支配戦略である A を選ぶ」と一ノ瀬が推測するならば，どうだろうか．このとき，一ノ瀬は B を選んだ方が A を選ぶよりも利得が高い．このことから，一ノ瀬は B を選ぶと考えられ，ゲームの解は「一ノ瀬は B を選び，二子山は A を選ぶ」となるのである．1.1.2 項で先取りして述べた「個人の意思決定と考えれば，一ノ瀬は A を選ぶかもしれないが，ゲーム理論では一ノ瀬は B を選ぶことが解になる」という理由は，ここにある．

　このように，2 人ゲームにおいて一方のプレイヤーに支配戦略があれば，そのプレイヤーは支配戦略を選び，もう一方のプレイヤーは相手の支配戦略に対して，利得が一番高い戦略を選ぶことが解になると考えられる．

　この考え方をもう少し発展させてみよう．

　^p.16 図 1.4 を考えよう．この例では，どちらのプレイヤーにも支配戦略がない．しかし，プレイヤー 1 の M は強支配された戦略であり（U に強支配されている），プレイヤー 1 は M を選ぶことはない．したがって，選ばれることのない M は考えなくてよいため，削除してみよう．

　M が削除されたゲームは図 1.10 のようになる．図 1.10 は，プレイヤー 2 が「プレイヤー 1 は M を選ぶことはない」と推測して，選択を考えるゲームであるといえよう．

1 ＼ 2	L	R
U	(2,2)	(1,3)
D	(0,0)	(2,1)

図 1.10　図 1.4 の M を削除したゲームの利得行列

　図 1.10 では，プレイヤー 2 の L は強支配された戦略である（R に強支配されている）．したがって，プレイヤー 2 は L を選ばずに R を選ぶ．さらに，このことをプレイヤー 1 が推測すると，プレイヤー 1 は U を選ばずに D を選ぶ．結果として，ゲームの解は (D, R) となることがわかる．図 1.11 に，この過程を示した．

　このように，プレイヤーの強支配された戦略を選択されないものとして削除

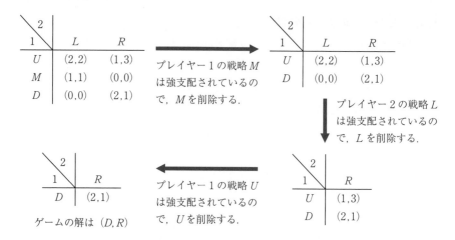

図 1.11 強支配された戦略の繰り返し削除

したゲームを考えると，その新しいゲームにおいて，さらに強支配される戦略が現れることがある．そして，強支配された戦略の削除を繰り返すことで，たった 1 つの戦略の組に辿り着くことがあれば，それがゲームの解であると考えられる．このようなゲームを**支配可解**とよぶ．

定義 1.7 n 人の戦略形ゲーム G が与えられたとき，$k = 0, 1, \cdots$ に対して，プレイヤー i の戦略の集合だけが異なるゲームの列 $G^k = (N, \{S_i^k\}_{i \in N}, \{u_i\}_{i \in N})$ を，以下のように作る．

- $k = 0$ のとき $S_i^0 = S_i$ とし，ゲーム G^0 はもとのゲーム G と同じとする．
- $k \geq 1$ において，ゲーム G^k のプレイヤー i の戦略の集合 S_i^k は，ゲーム G^{k-1} のプレイヤー i の戦略 S_i^{k-1} の中の強支配されない戦略の集合とする．G^k の利得関数 u_i は，もとのゲームの利得関数と同じである[6]．

このとき $S_i^0 \supseteq S_i^1 \supseteq S_i^2 \cdots$ であるので，ゲームの戦略の集合 S_i が有限であれば，それ以上戦略が削除できない段階が来る．この段階を $m \, (m \geq 1)$ とする[7]．このとき，すべての i について S_i^m の要素が 1 つの戦略 s_i であれば，そのゲームは支配可解であるといい，このときの $(s_1, \cdots, s_n)$ をゲームの解と考える．また，m を解が得られるレベルとよぶ．¶

例 1.1 図 1.12 は，[p.16] 図 1.4 における強支配された戦略の削除を，定義にあ

---

6) 正確には，もとのゲームの利得関数の定義域をもとの関数の部分集合 $S_1^k \times \cdots \times S_n^k$ に制限した関数であり，u_i の S^k への**制限**とよばれる．

7) m は，$k \geq m$ となる任意の k に対して $S^m = S^k$ を満たすような最小の数．

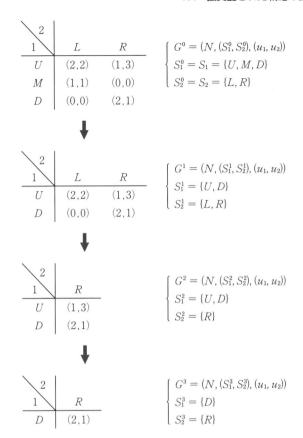

図 1.12 強支配された戦略の繰り返し削除（数式表現）

る記号を用いて表したものである．もとのゲームであるゲーム G^0 において，プレイヤー 1 の M は強支配された戦略なので削除され，$S_1^1 = \{U, D\}$，$S_2^1 = \{L, R\}$ となるゲーム G^1 が作られる．ゲーム G^1 において，プレイヤー 2 の L は強支配された戦略なので削除され，$S_1^2 = \{U, D\}$，$S_2^2 = \{R\}$ となるゲーム G^2 が作られる．ゲーム G^2 において，プレイヤー 1 の U は強支配されるので，$S_1^3 = \{D\}$，$S_2^3 = \{R\}$ となるゲーム G^3 が作られる．このゲーム G^3 は戦略が 1 つずつのゲームであり，ゲームは支配可解となる．ゲームの解は (D, R) で，解が得られるレベルは 3 である． ¶

例 1.2 p.15 図 1.3 では，$S_1^0 = \{A, B\}$，$S_2^0 = \{A, B\}$ である．プレイヤー 2 の B は強支配された戦略である（A に強支配される）．したがって，削除されて $S_1^1 = \{A, B\}$，$S_2^1 = \{A\}$ となる．ここで，プレイヤー 1 の A は強支配された戦略である（B に強支配される）ので，$S_1^2 = \{B\}$，$S_2^2 = \{A\}$ となる．ゲームは支配可解であり，

ゲームの解は (B, A) で，解が得られるレベルは 2 である． ¶

　プレイヤーに支配戦略があるときは，支配戦略以外の戦略はすべて 1 回で削除される．すなわち，すべてのプレイヤーに支配戦略があるゲームはレベル 1 の支配可解であり，支配可解のゲームとしてゲームの解が得られていることがわかる．

　支配された戦略を繰り返し削除する考え方は，弱支配でも "ほぼ" 成り立つ．しかし弱支配の場合は，複数の弱支配された戦略が存在するときに，どの戦略を削除するかによって残る戦略が異なったり，戦略的に同等な戦略を支配されていると考えるかどうか，などによって問題が生じることがある．一方，強支配で考える場合は，あるレベルで複数の強支配された戦略が存在するときにおいて，それを全部削除しても，一部を削除しても，最終的な結果は同じになることが証明されている（演習問題 1.6 を参照）．

1.4.2　プレイヤーの合理性と共有知識

　p.11 モデル 2（図 1.1）のゲームにおいて，「二子山が A を選ぶ」ということが成り立つためには，「二子山は自分の利得を知っており，その利得を最大にするプレイヤーであり，そのために支配戦略を選ぶという適切な推論ができる程度に合理的である」ということが必要である．また，「一ノ瀬が B を選ぶ」ということが成り立つためには，「一ノ瀬が自分の利得を知っており，それを最大にし，その戦略を推論できるほど合理的である」ことに加えて，「一ノ瀬が『二子山が自分の利得を知っており，その利得を最大にするプレイヤーであり，そのために支配戦略を選ぶという適切な推論ができる程度に合理的である』ということを知っている」ということが必要である．

　二子山は一ノ瀬の利得を知らなくても，A を選ぶことができる．しかし，一ノ瀬は二子山の利得を知らなければ，自分の行動を選択できない．さらに，一ノ瀬が B を選ぶことが良いと推論できるためには，二子山が二子山自身の利得を知っているだけではなく，二子山が利得を最大にするプレイヤーで，その推論ができる程度には合理的であることもわかっていなければならない．

　上記のようなことから，どのプレイヤーが何をどの程度知っているか，どのくらいの推論能力があるならば，どのようなゲームの解が成り立つか，という研究も行われている．

　しかし入門書である本書では，これについてはあまり深くは立ち入らない．

少しボンヤリと「プレイヤーは自分の利得を最大にするように行動し，それを推論できるほどに合理的である」と仮定し，なおかつ「誰がプレイヤーで，すべてのプレイヤーの戦略や利得が何であるかということをお互いに良く知っている」（これをゲームが**共有知識**であるという）と仮定することにする．

プレイヤーが，強支配された戦略を繰り返し削除するような推論を現実に行うかどうかについては，多くの実験もなされている．経済理論を実験などで検証する分野を**実験経済学**とよび，特にゲーム理論の解や推論について実験を用いて検討する分野を，**行動ゲーム理論**とよぶこともある[8]．ここでは，その実験の中から1つを紹介しよう．

Beard and Beil (1994) は，図 1.13 を，利得1に対して1ドルを与えることで210人を対象に実験を行った[9]．このゲームでは，プレイヤー2の弱支配戦略が r である．ただし，その利得は l を選んだときとそれほど差がない．プレイヤー2が弱支配戦略である r を選ぶならば，プレイヤー1は L より R を

図 1.13 戦略の繰り返し削除の実験

選ぶ方が良い．その利得の差はわずかであるが，ここでのゲームの解は (R, r) である．これに対して，プレイヤー2が l を選ぶならば，プレイヤー1は R より L を選ぶ方が良く，R を選ぶと利得がかなり下がってしまう．

結果は，98％の人がプレイヤー2のとき弱支配戦略である r を選んだ．これに対し，プレイヤー1で R を選んだのは34％であり，66％は L を選んだ．これについて論文では，「被験者の約98％が自分の報酬を最大化する選択をすることが観察されたのに対して，実験参加者の大多数は他人が報酬を最大化する行動に頼ろうとしないことが明らかになった」としている．

さらに，この研究では9.75である利得を9や7などに変えた実験も行っている．ここでは，R を選ぶ被験者はそれぞれ35％と80％に増加した．このことから被験者は，相手が支配戦略を選ばなかったときに自分が被る潜在的なリスクが低くなれば，支配戦略の繰り返し削除による考え方をする傾向があることがわかる．

---

8) これらの分野については Camerer (2003)，川越 (2020) などが詳しい．

9) 実際に使われたのは，この戦略形ゲームではなく，これと同値の展開形ゲームである．ここでは，それを戦略形ゲームとして解釈している．

1.5　ナッシュ均衡

　1.4.1 項で学んだように，もしゲームが支配可解であれば，ゲームの解を求めることができる．しかし，すべてのゲームが支配可解とは限らない．そのようなゲームの解はどうなるのだろうか．本節では，ゲーム理論の解の中心となる概念であるナッシュ均衡について学ぶ．

1.5.1　最適反応戦略とナッシュ均衡

　本項では，最適反応戦略とナッシュ均衡という考え方を学ぶ．以下のモデルについて考えてみよう．

モデル3　和菓子屋出店競争 PART2

　[p.11] モデル2の和菓子屋出店競争 PART1 と同じ問題を，A駅での利用客は600人，B駅を750人と変えて考えてみよう．両店舗が別々の駅に出店すれば，その利用客をすべて獲得でき，同じ駅に出店すれば，二子山が一ノ瀬の2倍の客を獲得できるという設定は同じである．2つの和菓子屋は，どちらに出店するだろうか．

　モデル3の利得行列は，図1.14のように表される．このゲームでは，どちらのプレイヤーも同じ駅で客を奪い合わないように相手と異なる駅に立地する方が良い．一ノ瀬は，二子山が A を選ぶなら B を選

一ノ瀬＼二子山	A	B
A	$(200, 400)$	$(600, 750)$
B	$(750, 600)$	$(250, 500)$

図1.14　モデル3の利得行列

ぶ方が良く，B を選ぶなら A を選ぶ方が良い．したがって，一ノ瀬の戦略 A と B に支配関係はない．同じように，二子山の戦略 A と B にも支配関係がないことがわかる．このようなゲームでは，戦略の支配の考え方でゲームを解くことはできない．

　このような場合，各プレイヤーは相手がどの戦略を選ぶかを推測し，その推測のもとで自分の利得が最大になるように行動すると考える．相手の戦略に対して自分の利得を最大にする戦略を，その相手の戦略に対する**最適反応戦略**とよぶ．例えば，もし二子山が A を選ぶなら，一ノ瀬が利得を最大にする戦略は B であり，これを「二子山の戦略 A に対する一ノ瀬の最適反応戦略は B である」という．

　一般的にはプレイヤー i 以外の戦略の組 s_{-i} に対して，プレイヤー i の戦略 s_i が利得を最大にするとき，s_i を s_{-i} に対する最適反応戦略であるとよぶ．

> **定義 1.8**　プレイヤー i の戦略 s_i が，
> $$u_i(s_i, s_{-i}) = \max_{\hat{s}_i \in S_i} u_i(\hat{s}_i, s_{-i})$$
> を満たすとき，s_i は s_{-i} に対する最適反応戦略であるという．　¶

📝 数学表現のミニノート（4）

　$\max_{\hat{s}_i \in S_i} u_i(\hat{s}_i, s_{-i})$ の $\hat{s}_i$ は max の「引数」なのでどんな記号を用いてもよく，$\max_{s_i \in S_i} u_i(s_i, s_{-i})$ や $\max_{x \in S_i} u_i(x, s_{-i})$ と書いても同じである．しかし，引数を s_i や s_i' とすると他の同一記号と混乱する可能性があるため，本書では max などの引数は，＾を付けた記号を用いることにする．　¶

> **例 1.3**　図 1.14 において
> - 二子山の A に対する一ノ瀬の最適反応戦略は B
> - 二子山の B に対する一ノ瀬の最適反応戦略は A
>
> である．また，
> - 一ノ瀬の A に対する二子山の最適反応戦略は B
> - 一ノ瀬の B に対する二子山の最適反応戦略は A
>
> である．　¶

　各プレイヤーは相手が選ぶ戦略を推測して，その最適反応戦略を選ぶ．では，各プレイヤーは相手がどの戦略を選ぶと推測するのだろうか？　ここが最大のポイントである．各プレイヤーは，相手の戦略を推測してその戦略に対する最適反応戦略を選ぶのはもちろんのこと，相手も自分の戦略を推測してその最適反応戦略を選ぼうとしていると考える．その結果，ゲームの解では各プレイヤーが最適反応戦略を選び合っていると考えられる．この最適反応戦略を選び合う戦略の組を**ナッシュ均衡**とよぶ．

> **定義 1.9**　戦略の組 $s = (s_1, \cdots, s_n)$ において，すべてのプレイヤー i の戦略 s_i が他のプレイヤーの戦略の組 s_{-i} に対して最適反応戦略となっているとき，s をナッシュ均衡とよぶ．　¶

　ナッシュ均衡は，「すべてのプレイヤーが，共通する1つの戦略の組を実現する結果として予測」し，かつ「その予測された戦略の組に対して，すべてのプレイヤーが最適反応戦略を選ぶ」という考え方に基づいている．もし，上記の考えに基づくならば，それはナッシュ均衡でなければならない．図 1.14 を

例に，それを考えてみよう．

　例えば，(A, A)はナッシュ均衡ではない．なぜなら一ノ瀬のAは，二子山のAに対する最適反応戦略ではないからである．ここで，すべてのプレイヤーが(A, A)を実現する結果として予測したとしよう．一ノ瀬は二子山がAを選ぶと予測するならば，利得を最大にするBを選ぶはずである．したがって，一ノ瀬はAを選ぶことはないため，もはや(A, A)は実現しない（この予測は当たらない）．

　このように，ナッシュ均衡ではない戦略の組がすべてのプレイヤーに共通して結果として予測されるならば，最適反応戦略を選んでいないプレイヤーが最適反応戦略に戦略を変更するため，もはやその戦略の組は実現しない．このことから，ナッシュ均衡以外が，ゲームの結果で実現する戦略の組としてプレイヤーに予測されることはないといえる．

　これに対して，(A, B)はナッシュ均衡である．一ノ瀬にとってAは二子山のBに対する最適反応戦略であり，二子山にとってBは一ノ瀬のAに対する最適反応戦略である．ここで，すべてのプレイヤーが(A, B)を実現する結果として予測したとしよう．一ノ瀬は二子山がBを選ぶと予測すると，利得を最大にするAを選ぶ．二子山も同じであり，すべてのプレイヤーが共通してゲームの結果として(A, B)を予測すれば，それは実現されることがわかる．

　このように，各プレイヤーが共通して1つの戦略の組をゲームの結果として予測するならば，それはナッシュ均衡でなければならない．このことからゲーム理論では，戦略形ゲームの解はナッシュ均衡でなければならないと考えられている．また第3章で学ぶように，確率で戦略を選ぶ**混合戦略**という考えを用いれば，プレイヤーが何人いても，戦略がいくつであっても，必ずナッシュ均衡は存在する．必ず存在するということも，ナッシュ均衡が解として考えられる理由の1つといえるであろう．

　一方，図1.14においては，(B, A)もナッシュ均衡である．すなわち，このゲームには(A, B)と(B, A)の2つのナッシュ均衡がある[10]．このように，ナッシュ均衡は1つとは限らず，複数存在することもある．ナッシュ均衡がゲームの解として成り立つためには，ただ1つのナッシュ均衡がすべてのプレイヤーに共通して予測されなければならない．図1.14において，一ノ瀬は

---

10)　第3章で学ぶ混合戦略（確率を用いた戦略）まで考えると，3つある．

ナッシュ均衡 (A, B) が実現すると予測し，二子山が (B, A) が実現すると予測したならば，ナッシュ均衡は実現せずに (A, A) が実現してしまう．

　ナッシュ均衡が複数あるときに，その中のどれが実現するかは重要であるが難しい問題である．これは**均衡選択**の問題とよばれ，ゲーム理論の大きな研究テーマの1つになっている．2.2節において，もう少し詳しくこの問題について扱う．

1.5.2　2人ゲームのナッシュ均衡を求める

　本項では，利得行列からナッシュ均衡を求める方法について学ぶ．

　まず，ある戦略の組がナッシュ均衡であるかどうかをチェックする方法を，次の例を用いて確認しておこう．

$\diagdown$ 2 1	L	R
U	$(2,1)$	$(1,2)$
M	$(1,0)$	$(0,1)$
D	$(3,3)$	$(1,2)$

図1.15　例1.5の利得行列

例1.4　図 1.15 について，次の各戦略の組がナッシュ均衡であるかどうかを確かめてみよう．

- (U, L) はナッシュ均衡であろうか？　プレイヤー2が L を選んでいるもとで，プレイヤー1は U から D に自分だけが戦略を変えると，利得が2から3に増加するので，プレイヤー1は最適反応戦略を選んでいない．したがって，(U, L) はナッシュ均衡ではない．

- (D, L) はナッシュ均衡であろうか？　プレイヤー1は，プレイヤー2が L を選んでいるもとでは，D を選ぶことが利得を最大にしている．つまり，D は L に対する最適反応戦略である．一方，プレイヤー2もプレイヤー1が D を選んでいるもとでは，L を選ぶことが利得を最大にする最適反応戦略である．したがって，(D, L) はナッシュ均衡である．

- (U, R) はナッシュ均衡であろうか？　プレイヤー1は，プレイヤー2が R を選んでいるもとでは，同じ利得を与える戦略 D はあるものの，利得が高くなる戦略はない（U も D もどちらも利得を最大にしている）．したがって，U は R に対する最適反応戦略である．一方，プレイヤー2はプレイヤー1が U を選んでいるもとでは，R を選ぶことが最適反応戦略である．したがって，(U, R) はナッシュ均衡である．このようにナッシュ均衡であっても，最適反応戦略が複数あるときは，同じ利得を与える戦略が存在する．　¶

　ある戦略の組がナッシュ均衡であるかどうかは，上記の例のように確かめればよいことがわかった．それでは，与えられたゲームに対してナッシュ均衡を求めるにはどうすればよいだろうか？　すべての戦略の組に対して，1つずつナッシュ均衡かどうかを確認していけばよいが，それでは効率が悪そうであ

る. 2人ゲームの利得行列における簡便なナッシュ均衡の求め方を, 次の手順1に示す.

手順1　2人ゲームのナッシュ均衡の求め方

STEP.1　プレイヤー1の視点に立つ. プレイヤー2のすべての戦略に対して, プレイヤー1の利得が最大になるところに下線を引く（最大となる利得が複数あるときは, すべてに下線を引く）.

STEP.2　プレイヤー2の視点に立つ. プレイヤー1のすべての戦略に対して, プレイヤー2の利得が最大になるところに下線を引く.

STEP.3　すべてのプレイヤーの利得に下線が引かれている箇所に対応する戦略の組がナッシュ均衡である.

例1.5　図1.15のナッシュ均衡を上記の方法で求めてみよう（図1.16）.

まず, プレイヤー1の視点に立つ. プレイヤー2が L を選んだときに最大となる利得の下に線を引く（図1.16の(1)）. 次に, プレイヤー2が R を選んだときに最大となる利得の下に線を引く. このときは最大となる利得が複数あるので, すべて

2 1	L	R
U	(2,1)	(1,2)
M	(1,0)	(0,1)
D	(3,3)	(1,2)

(1)　プレイヤー1の視点に立つ. プレイヤー2が L を選んだときに最大となる利得の下に線を引く.

2 1	L	R
U	(2,1)	($\underline{1}$,2)
M	(1,0)	(0,1)
D	(3,3)	($\underline{1}$,2)

(2)　同様に, プレイヤー2が R を選んだときに最大となる利得の下に線を引く（最大となる利得が複数あるので, すべてに下線を引く）.

2 1	L	R
U	(2,1)	($\underline{1}$,2)
M	(1,0)	(0,1)
D	(3,3)	($\underline{1}$,2)

(3)　プレイヤー2の視点に立つ. プレイヤー1が U を選んだときに最大となる利得の下に線を引く.

2 1	L	R
U	(2,1)	($\underline{1}$,$\underline{2}$)
M	(1,0)	(0,$\underline{1}$)
D	($\underline{3}$,$\underline{3}$)	($\underline{1}$,2)

(4)　プレイヤー1が M, D を選んだときも同様にする. 両プレイヤーの利得に下線が引かれている (U, R), (D, L) がナッシュ均衡.

図1.16　図1.15のナッシュ均衡の求め方

に下線を引く（図 1.16 の (2)）．これでプレイヤー 1 については終わりで，次に，プレイヤー 2 の視点に立つ．プレイヤー 1 が U を選んだときに最大となる利得の下に線を引く（図 1.16 の (3)）．M, D に対しても同じようにする（図 1.16 の (4)）．

両プレイヤーの利得に下線が引かれている (U, R)，(D, L) が，このゲームのナッシュ均衡である．　¶

ナッシュ均衡がないようにみえるゲームもあり，その代表例は「じゃんけん」である．じゃんけんの利得行列は図 1.17 のようになり（利得は勝ちが 1，負けが -1，あいこを 0 とした），手順 1 に従って，両プレ

1＼2	グー	チョキ	パー
グー	$(0,0)$	$(1,-1)$	$(-1,1)$
チョキ	$(-1,1)$	$(0,0)$	$(1,-1)$
パー	$(1,-1)$	$(-1,1)$	$(0,0)$

図 1.17　じゃんけんの利得行列

イヤーの最適反応戦略に下線を引いてみると，両プレイヤーの利得に下線が引かれる戦略の組がない．

第 3 章では，確率で戦略を選ぶ混合戦略という考え方を導入する．この考え方を用いれば，じゃんけんはグー，チョキ，パーを 1/3 ずつ選択することがナッシュ均衡であることが示される．

1.5.3　ナッシュ均衡を理解する

p.31 定義 1.9 では，最適反応戦略という言葉によってナッシュ均衡を定義した．この定義を別の形に言い換えることによって，ナッシュ均衡の理解を深めることができる．

定義 1.9 の最適反応戦略という言葉を p.31 定義 1.8 を使って書き下してみると，ナッシュ均衡は，次のような命題に言い換えることができる．

命題 1.3　戦略の組 $s = (s_1, \cdots, s_n)$ がナッシュ均衡であることは，すべてのプレイヤー i に対して，

$$u_i(s) = \max_{\tilde{s}_i \in S_i} u_i(\tilde{s}_i, s_{-i})$$

が成り立つことと同値である．　¶

この命題 1.3 は，2.5 節で学ぶベルトラン競争やクールノー競争でナッシュ均衡を求めるために役に立つ．さらに，次のような命題にも書き換えることができる．

命題1.4 戦略の組 $s = (s_1, \cdots, s_n)$ がナッシュ均衡であることは，すべてのプレイヤー i のすべての戦略 s_i' に対して，

$$u_i(s) \geq u_i(s_i', s_{-i})$$

であることと同値である．¶

命題 1.4 が意味することは

> ナッシュ均衡では，どのプレイヤーも，他のプレイヤーの戦略が
> 変わらないもとでは，ナッシュ均衡の戦略 s_i から他のどんな s_i'
> に戦略を変えても，利得は高くならない（同じか低くなる）

ということである．

ナッシュ均衡の定義は，このようにいろいろな形に書き換えることができ，扱う問題によってわかりやすい定義を用いるとよい．これは次の例題を解いてみるとわかるだろう．

例題1.8 次のゲームにおいて，選択肢の中からナッシュ均衡となるものをすべて選べ．複数あるときは複数答え，選択肢の中にナッシュ均衡がない場合は「なし」を選択せよ．

(1) 多数派が勝つゲーム：5人で「海」か「山」を選ぶ．多い人数が選んだ方を選ぶと勝ちで利得は $+1$，少ない人数が選んだ方を選ぶと負けで利得は -1.

    (A)　なし

    (B)　全員が「海」を選ぶ

    (C)　4人が「海」，1人が「山」を選ぶ

    (D)　3人が「海」，2人が「山」を選ぶ

    (E)　2人が「海」，3人が「山」を選ぶ

    (F)　1人が「海」，4人が「山」を選ぶ

    (G)　全員が「山」を選ぶ

(2) 少数派が勝つゲーム：5人で「海」か「山」を選ぶ．少ない人数が選んだ方を選ぶと勝ちで利得は $+1$，多い人数が選んだ方を選ぶと負けで利得は -1.

    (A)　なし

    (B)　全員が「海」を選ぶ

    (C)　4人が「海」，1人が「山」を選ぶ

    (D)　3人が「海」，2人が「山」を選ぶ

    (E)　2人が「海」，3人が「山」を選ぶ

    (F)　1人が「海」，4人が「山」を選ぶ

    (G)　全員が「山」を選ぶ

(3) 7人でじゃんけんをする．利得は勝つと $+1$，負けると -1，あいこは0とする．

    (A)　なし

(B)　7人ともにグーを出す

(C)　3人がグー，4人がパーを出す

(D)　1人がグー，2人がパー，4人がチョキを出す

(E)　2人がグー，2人がパー，3人がチョキを出す

(F)　3人がグー，2人がパー，2人がチョキを出す

[**解**]　(1)　正解は（B）と（G）。命題1.4からわかるように，ある戦略の組が
**ナッシュ均衡であることを示すには，すべてのプレイヤーが，自分だけどんな戦略
に変えても利得が増加しないことを示せばよい．**（B）と（G）では，どの人も自分だ
けが戦略を変えると，利得が +1 から −1 へと低くなるので，ナッシュ均衡である．

（B）と（G）以外の選択肢では，少数派になっている人は，自分だけが戦略を変え
ると多数派となり，利得が −1 から +1 へと高くなるので，ナッシュ均衡ではない．
このように，**ナッシュ均衡でないことを示すには，ある1人のプレイヤーが，別の
戦略に変えると利得が増加することをいえばよい．**

（2）　正解は（D）と（E）．それ以外の選択肢では，多数派になっている人は，自
分だけが戦略を変えると少数派となり，利得が −1 から +1 へと高くなるので，
ナッシュ均衡ではない．一方，（D）と（E）では，多数派の人が自分だけ戦略を変
えても，やはり多数派になってしまい，利得は −1 から −1 で変わらない．また少
数派となったプレイヤーは，自分の戦略を変えると多数派になり，利得が +1 から
−1 に下がる．したがって，すべてのプレイヤーが自分だけ戦略を変えても利得が高
くならないので，（D）と（E）はナッシュ均衡になる．

（3）　答えは（E）と（F）．（B）や（C）では，グーの人がパーに変えることで
（負けから勝ちに転じて）利得が高くなる．また（D）の場合は，グーの人がチョキ
に手を変えると，あいこから勝ちに転じて利得が高くなる．したがって，ナッシュ
均衡ではない．しかし，（E）や（F）の場合は，すべての人が自分だけ手を変えて
も，あいこからあいこになるだけで，利得は高くならない．よって，（E）と（F）は
ナッシュ均衡である．

1.5.4　戦略の支配とナッシュ均衡

本節では，ゲームの解をナッシュ均衡としたのに対して，1.3節や1.4節で
は，戦略の支配によってゲームの解を求めた．この2つは矛盾しないのだろう
か．本項では，戦略の支配とナッシュ均衡の関係について学ぶ．

ナッシュ均衡では，各プレイヤーは相手がナッシュ均衡の戦略を選ぶと予想し
て利得を最大にする戦略を選ぶ．これに対し弱支配戦略は，相手のすべての
戦略に対して利得を最大にしている戦略である．したがって，以下の命題が成
り立つ．

命題 1.5 すべてのプレイヤーが弱支配戦略を選ぶ戦略の組はナッシュ均衡である． ¶

また，支配戦略は弱支配戦略であるから，支配戦略を選ぶ戦略の組もナッシュ均衡であることがわかる．

例 1.6 [p.21] 図 1.7 において，(U, L) はナッシュ均衡． [p.24] 図 1.9 において，(U, L) はナッシュ均衡． ¶

さらに，次のことが成り立つ[11]．

命題 1.6 支配可解なゲームで，強支配された戦略を繰り返し削除して得られる戦略の組はナッシュ均衡である． ¶

例 1.7 [p.15] 図 1.3 の (B, A) はナッシュ均衡． [p.16] 図 1.4 の (D, R) はナッシュ均衡． ¶

このように戦略の支配によって得られたゲームの解は，ナッシュ均衡でもある．したがって，**戦略の支配を考えずにナッシュ均衡だけをゲームの解としても問題はないようにもみえる**．しかし，戦略の支配を用いて得られるゲームの解は，プレイヤーがどのように推論してその解に辿り着くのかが明確であるのに対し，戦略の支配では得られないようなナッシュ均衡は，プレイヤー自身がどのようにしてその戦略の組を解と予測するかを明らかにすることが難しい．大まかにいえば，**戦略の支配によって得られるナッシュ均衡は，そうではないナッシュ均衡よりも実現しやすい，と考えることができる**のである[12]．この点で，戦略の支配という概念は重要である．

戦略の支配を考える理由は，もう 1 つある．それは，戦略の支配を用いることで，複数のナッシュ均衡の中から，実現する結果として妥当でないものを排除できるということである．

図 1.18 において，(U, L) と (D, R) は共にナッシュ均衡である（確認せよ）．しかし，プレイヤー 2 の戦略 R は L を弱支配（R は L と同じか，

2 1	L	R
U	(3,2)	(1,2)
D	(2,0)	(2,1)

図 1.18　支配されないナッシュ均衡

---

11)　命題 1.6 は自明ではなく，証明が必要であろう．読者は考えてみよ．

12)　これは著者の感想のようなものであって，厳密な事実や研究結果ではない．1.4.2 項で学んだように，戦略の支配による解も成り立ちにくいことが実験で示されている．

高い利得を与える）している．すなわち，L は弱支配された戦略である．「プレイヤーは弱支配された戦略を選ばない」という考えに従うならば，プレイヤー 2 は L を選ぶことはなく，(D, R) だけを解とするべきであろう（(U, L) は (D, R) より両プレイヤーにとって利得が高くなっているにもかかわらず）．

　このように，ナッシュ均衡の中でも，弱支配された戦略を用いたナッシュ均衡は実現しないと考えれば，複数あるナッシュ均衡の中から，弱支配されない戦略のみを用いたナッシュ均衡をゲームの解として絞り込むことができる．このようなナッシュ均衡を**支配されないナッシュ均衡**とよぶ[13]．図 1.18 では，(D, R) だけが支配されないナッシュ均衡である．

> **定義 1.10**　すべてのプレイヤーが弱支配された戦略を用いていないナッシュ均衡を，支配されないナッシュ均衡とよぶ．　¶

　実際に，投票やオークションなどのゲームでは，多くのナッシュ均衡が現れるが，弱支配されないナッシュ均衡を求めることで，解を絞り込むことができる（2.4 節で，その応用例を学ぶ）．

　このような複数あるナッシュ均衡の中から妥当でないものを取り除く考え方を，**均衡の精緻化**とよぶ．

本章のまとめ

- 戦略形ゲームは，プレイヤー，戦略，利得の 3 つの要素からなり，2 人ゲームは利得行列で表す．
- 各プレイヤーは自分の利得を最大にするように行動する．
- ゲーム理論が問題とする状況では，自分にとっての良い選択が，相手の選択に依存する．
- 戦略と戦略の組との区別は重要．
- プレイヤーの戦略の組を s とするとき，「他のプレイヤーの戦略は s と同じままで，プレイヤー i だけが戦略 s_i' を選ぶ」という戦略の組を (s_i', s_{-i}) と書く．
- 上記の表記 (s_i', s_{-i}) は，プレイヤー i 以外の戦略の組 s_{-i} とプレイヤー i の戦略 s_i' からなる戦略の組と考えることもできる．

13）「弱支配されないナッシュ均衡」とよばないのは，強支配された戦略はナッシュ均衡の戦略となることはないため，支配されないナッシュ均衡は，「弱支配」されないナッシュ均衡であると確定できるからである．

- プレイヤーの2つの戦略には,強支配・弱支配という関係で優劣をつけることができるときがある(定義1.2, 定義1.4).ただし,すべての場合に支配関係がつくわけではない.
- 強支配していれば,弱支配もしている(命題1.1).
- **プレイヤーは弱支配された戦略(=何かの戦略に弱支配された戦略)は選ばないと考える.** したがって,強支配された戦略も選ばない.
- すべての戦略を弱支配している戦略は,弱支配戦略とよばれる(定義1.6).弱支配戦略があれば,プレイヤーはそれを選ぶ.
- すべての戦略を強支配している戦略は,支配戦略とよばれる(定義1.3).支配戦略は弱支配戦略でもある.プレイヤーは支配戦略があれば,それを選ぶ.
- プレイヤーは強支配された戦略は選ばないので,それを削除したゲームを考えると,そのゲームに新たに強支配された戦略が現れる場合がある.その強支配された戦略を削除して,同じ過程を繰り返していくことで1つの戦略の組が残れば,それがゲームの解となる.このようなゲームを,支配可解であるという.
- 2人ゲームで,少なくとも一方のプレイヤーに支配戦略があれば,ゲームは支配可解であり,支配戦略をもつプレイヤーは支配戦略を,もう一方のプレイヤーは相手の支配戦略に対して利得が一番高い戦略を選ぶことが解になる.
- 同じようなことは,弱支配でも「ほぼ」成り立つ.
- プレイヤー i 以外の戦略の組 s_{-i} に対して,プレイヤー i の戦略 s_i' が利得を最大にするとき,s_i' は s_{-i} に対する最適反応戦略であるという.
- **最適反応戦略を選び合う戦略の組をナッシュ均衡とよぶ.**
- ナッシュ均衡は複数存在する場合があり,その場合はどれをゲームの解と考えるかが難しくなる.
- 利得行列から,手順1でナッシュ均衡を求めることができる.
- 弱支配戦略を選び合うゲームの解や支配可解のときのゲームの解もナッシュ均衡であり,これらの解は,その解が実現するためのプレイヤーの推論が明確になっている.
- 弱支配を考えることで,複数のナッシュ均衡の中から,解として妥当でないものを排除できる(均衡の精緻化).弱支配された戦略を用いないナッシュ均衡は,支配されないナッシュ均衡とよばれる.

演習問題

1.1 図1.19の各ゲームについて,次の問いに答えよ.ただし,確率を用いる混合戦略(第3章で学ぶ)は考えない.

(1) 各ゲームの各プレイヤーに支配戦略はあるか.ある場合は(各プレイヤーごとに)その戦略を答え,ない場合は「なし」と答えよ.

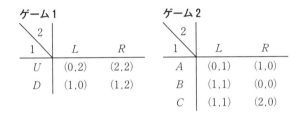

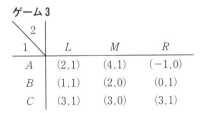

図 1.19 演習問題 1.1 の利得行列

(2) 各ゲームの各プレイヤーに弱支配戦略はあるか．ある場合は（各プレイヤーごとに）その戦略を答え，ない場合は「なし」と答えよ．

(3) 各ゲームの各プレイヤーに弱支配された戦略はあるか．ある場合は（各プレイヤーごとに）その戦略を答え，ない場合は「なし」と答えよ．

1.2 次の戦略形ゲーム $(N, \{S_i\}_{i \in N}, \{u_i\}_{i \in N})$ の利得行列を書け．

(1) $N = \{1, 2\}$, $S_1 = \{U, D\}$, $S_2 = \{L, R\}$, $u_1(U, L) = u_2(D, L) = 0$, $u_1(D, L) = u_1(D, R) = 1$, $u_1(U, R) = u_2(U, L) = u_2(U, R) = u_2(D, R) = 2$.

(2) $N = \{1, 2\}$, $S_1 = \{A, B, C\}$, $S_2 = \{L, R\}$, $u_1(A, L) = u_1(B, R) = u_2(A, R) = u_2(B, R) = u_2(C, R) = 0$, $u_1(B, L) = u_1(C, L) = u_1(A, R) = u_2(A, L) = u_2(B, L) = u_2(C, L) = 1$, $u_1(C, R) = 2$.

1.3 次ページの図 1.20 の各ゲームについて，ナッシュ均衡を求めよ．ただし，確率を用いる混合戦略は考えない．

1.4 次ページの図 1.21 の各ゲームについて，次の問いに答えよ．ただし，確率を用いる混合戦略は考えない．

(1) 各ゲームの各プレイヤーに支配戦略はあるか．ある場合は（各プレイヤーごとに）その戦略を答え，ない場合は「なし」と答えよ．

(2) 各ゲームの各プレイヤーに弱支配戦略はあるか．ある場合は（各プレイヤーごとに）その戦略を答え，ない場合は「なし」と答えよ．

(3) ナッシュ均衡を求めよ．答は，各プレイヤーの戦略をカッコに並べて答えよ．

(4) 次の文章のうち，正しいものをすべて選べ．

　(A) ゲーム 1 において，プレイヤー 1 の支配戦略は (D, R)

　(B) ゲーム 1 において，支配戦略は (D, R)

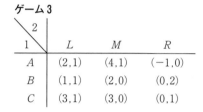

ゲーム1

1＼2	L	R
U	(0,1)	(2,3)
D	(1,2)	(3,2)

ゲーム2

1＼2	L	R
A	(0,1)	(1,2)
B	(−1,8)	(0,3)
C	(2,1)	(0,0)

ゲーム3

1＼2	L	M	R
A	(2,1)	(4,1)	(−1,0)
B	(1,1)	(2,0)	(0,2)
C	(3,1)	(3,0)	(0,1)

図1.20 演習問題1.3の利得行列

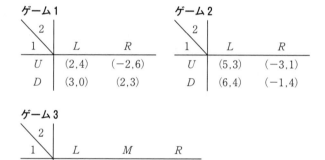

ゲーム1

1＼2	L	R
U	(2,4)	(−2,6)
D	(3,0)	(2,3)

ゲーム2

1＼2	L	R
U	(5,3)	(−3,1)
D	(6,4)	(−1,4)

ゲーム3

1＼2	L	M	R
U	(6,0)	(2,2)	(2,3)
D	(5,1)	(−1,2)	(3,4)

図1.21 演習問題1.4の利得行列

(C) ゲーム1において，プレイヤー1の支配戦略は D

(D) ゲーム1において，ナッシュ均衡は (D,R)

(E) ゲーム1において，プレイヤー1のナッシュ均衡は D

(F) ゲーム1のナッシュ均衡において，プレイヤー1の戦略は D

1.5 図1.22は3人のプレイヤーの利得行列である．以下の問いに答えよ．ただし，混合戦略は考えない．

(1) 各ゲームの各プレイヤーに支配戦略はあるか．あるときはその戦略を答え，ないときは「なし」と答えよ．

(2) 各ゲームについて，ナッシュ均衡を求めよ．

ゲーム1

3	A			B	
2			2		
1	L	R	1	L	R
U	(1,1,−1)	(3,3,0)	U	(0,2,0)	(2,3,1)
D	(0,0,−3)	(4,2,1)	D	(2,1,0)	(−1,2,0)

ゲーム2

3	F			G	
2			2		
1	D	E	1	D	E
A	(5,2,1)	(0,3,1)	A	(0,−2,0)	(−2,−1,2)
B	(1,1,3)	(1,2,1)	B	(0,7,0)	(−1,8,2)
C	(6,4,1)	(2,9,1)	C	(1,4,0)	(0,7,2)

図 1.22　演習問題 1.5 の利得行列

1.6　1.4 節において，強支配された戦略の繰り返し削除は，弱支配された戦略の繰り返し削除でも「ほぼ」成り立つが，少し問題がある，と述べた．これについて考える．

（1）　1.4 節において，強支配された戦略を繰り返し削除するときは，強支配された戦略を「すべて」削除した．ここでは，1 回のステップで常に「1 人のプレイヤーの 1 つの強支配された戦略だけが削除される」と考え，強支配される戦略を繰り返し削除す

2		
1	L	R
U	(1,0)	(1,1)
M	(2,0)	(2,0)
D	(1,1)	(1,0)

図 1.23　演習問題 1.6 の
利得行列

ることを考える．図 1.23 では，プレイヤー 1 の U と D の 2 つの戦略が強支配されている（プレイヤー 2 に強支配された戦略はない）．このとき，最初に U だけを削除した場合と，D だけを削除した場合で，「強支配される戦略の繰り返し削除」の結果は変わらないことを示せ．プレイヤー 1 の強支配される戦略を削除しても，プレイヤー 2 には，弱支配された戦略は現れるが，強支配される戦略は現れない（削除できない）ことに注意せよ．

（2）　今度は，1 回のステップで常に「1 人のプレイヤーの 1 つの弱支配された戦略だけが削除される」と考え，弱支配される戦略を繰り返し削除する．このときは，最初に U だけを削除した場合と，D だけを削除した場合で，弱支配される戦略の繰り返し削除の結果が異なる可能性があることを示せ．

1.7　次の問いについて，各プレイヤーに支配戦略はあるか．ある場合にはその戦略を答え，ないと確定できる場合にはなしと答えよ．なお，弱支配戦略であっても，

支配戦略ではないものは，ここでは支配戦略と考えない．

（1）　アリスと文太は，ショッピングに行く（戦略 S）か，座禅に行く（戦略 Z）かを，同時に別々に決める．アリスは座禅に行くと利得2，ショッピングに行くと利得0であり，文太と同じ戦略を選べば，さらに利得が1増加する．文太は座禅に行くと利得0，ショッピングに行くと利得1であり，アリスと同じ戦略を選ぶと利得が2増加する．

（2）　アリスと文太は，ショッピングに行く（戦略 S）か，座禅に行く（戦略 Z）かを同時に宣言する．2人の意見が一致すると，その場所へ2人で行くことになる．意見が異なると，アリスが行きたい場所へ2人で行くことになる．アリスは座禅に行くと利得1，ショッピングに行くと利得0．文太は座禅に行くと利得0，ショッピングに行くと利得1．

（3）　2人のゲームで，各プレイヤーは1万円を出すか，出さないかを決める．どちらかがお金を出した場合は，各プレイヤーに3万円が配分される（1人出しても，2人出しても同じ3万円）．どちらもお金を出さない場合は，何も配分されない．各プレイヤーの利得は，配分されたお金から，自分が出したお金を引いた金額とする．

（4）　n 人のゲームで，各プレイヤーは0円から1万円まで，自分が出すお金を決めて出し合う．各プレイヤーが出したお金の合計は $n-1$ 倍され，それが均等に n 人に配分される．各プレイヤーの利得は，配分されたお金から，自分が出したお金を引いた金額とする．

（5）　上記において，各プレイヤーが出したお金の合計が $n+1$ 倍され，それが均等に n 人に配分される場合はどうか．

1.8　次のゲームにおけるナッシュ均衡をすべて求めよ．複数あるときは，複数答えよ．ただし，確率を用いて戦略を選ぶ「混合戦略」は考えない．ナッシュ均衡がない場合は「なし」と答えよ．

（1）　アリスと文太は，禅寺かショッピングモールへ行く．アリスは，まず禅寺に行く方がショッピングモールに行くよりも好ましいと考えており，次に禅寺に行く（もしくはショッピングモールに行く）という条件の中では，2人が一緒に会えることが良いと思っている．文太は，まず2人が一緒に会えることが会えないことよりも良いと考えており，次に2人が会える（もしくは会えない）という条件のもとでは，ショッピングモールに行く方が禅寺に行くよりも良いと考えている．

（2）　アリスと文太は，禅寺かショッピングモールへ行く．アリスも文太も，まず2人が一緒に会えることが会えないことよりも良いと考えており，次に2人が会える（もしくは会えない）という条件の中では，アリスはできるなら禅寺の方が良いと考えており，文太はショッピングモールの方が良いと考えている．

（3）　秋葉社と馬場社の2つの企業が，競合する新しい製品を高価格で売るか，低価格で売るかを考えている．両社とも，相手が高価格で売るならば，高価格より低価格で売った方が顧客を獲得できて高い利益を得ることができる．一方，相手が低価格で売ってきても，高価格より低価格で売って対抗した方が利益が高くなる．

しかし，お互いが低価格で売るよりも，お互いが高価格で売った方が，両者共に利益が高い．

　(4)　秋葉社と馬場社の2つの企業が，新しい市場に参入するかどうか考えている．両社とも相手が参入しないならば，共に参入しないより参入した方が利益が高い．しかし，両社とも相手が参入した場合には，自分が参入すると市場を奪い合って共に赤字になり，最悪の結果となる．それよりは，自分は参入しない方が良い．

　(5)　アリスと文太は，新しいゲーム機「PC9」か「SW」のどちらかを買う．一緒に遊びたいので，異なるゲーム機を買うのは最悪の選択である．ただ「PC9」の方が面白いので，2人とも一緒に「PC9」を買う方が，一緒に「SW」を買うよりも良い．

　(6)　愛子と文蔵は，大学の第1食堂か第2食堂で昼食を食べる．愛子は文蔵と一緒に会えることが会えないことよりも良く，文蔵と会う（もしくは会わない）という条件の中では，第1食堂を好む．文蔵は愛子と違う食堂に行きたいと考えており，愛子と会う（もしくは会わない）という条件の中では第2食堂で食べたい．

1.9　図1.24の各ゲームについて，次の問いに答えよ．ただし，確率を用いる混合戦略は考えない．

　(1)　各ゲームについて，ナッシュ均衡をすべて答えよ．答は各プレイヤーの戦略をカッコに並べて答えよ．

　(2)　(1) において，「支配されないナッシュ均衡」をすべて答えよ．

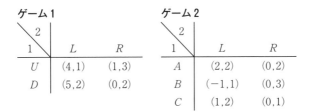

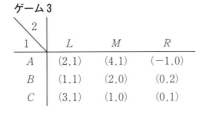

図1.24　演習問題1.9の利得行列

2

戦略形ゲームの応用例

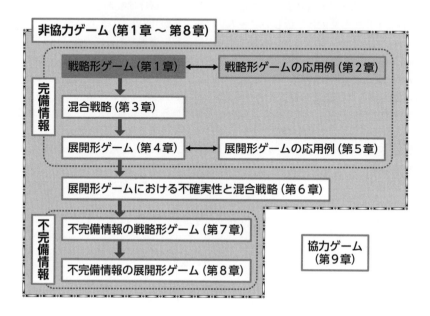

　本章では，第1章で学んだ戦略形ゲームの応用例として，囚人のジレンマ，調整ゲーム，2×2ゲーム，投票，企業の価格競争と生産量競争，多人数のゲーム，混雑ゲームなどについて学ぶ．それを通じて，パレート最適，3人以上のゲーム，支配されないナッシュ均衡の応用，戦略が無限であるゲーム，などについても学ぶ．

本章のキーワード

囚人のジレンマ，パレート優位，パレート劣位，パレート最適，共有地の悲劇，調整ゲーム，女と男の戦い，フォーカルポイント，リスク支配，ナッシュ積，逸脱損失，2×2ゲーム，混合戦略，純粋戦略，弱虫ゲーム，コインの表裏合わせ，戦略的投票，ベルトラン競争，最適反応関数，クールノー競争，最適反応曲線，戦略的補完性，戦略的代替性，混雑ゲーム，ポテンシャルゲーム，ポテンシャル関数，無秩序の代償

2.1 囚人のジレンマ

本節では，囚人のジレンマを例に，パレート最適という概念について学ぶと共に，ゲームの解が，プレイヤー全員にとって必ずしも良い状態ではないことを学ぶ．

2.1.1 囚人のジレンマとは？

囚人のジレンマは，おそらくゲーム理論において，最もよく知られた例であり，次のようなストーリーである[1]．

モデル4　囚人のジレンマ

共犯で重い犯罪を犯した2人（囚人1と囚人2）が，別件で逮捕された．警察は2人を別室で取り調べ，「もし相手が黙秘し，お前だけが重罪を自白したのなら無罪にしてやろう」と取引をもちかけている．この取引に乗らず，共に黙秘したままならば，現在の別件の罪で共に1年の懲役である．もし一方だけが黙秘し，もう一方が自白したならば，自白した方は無罪で釈放，黙秘した方は協力しないという理由で罪が重くなり，10年の懲役となる．

両者が自白した場合は，自分だけ黙秘したときよりは良いものの，重い罪で5年の懲役である．あなたが囚人ならば，黙秘するか？　自白するか？

2人が共に黙秘を続けていれば1年の懲役で済むが，自分だけが自白すれば釈放される．重要なことは，相手が自白しても，自分は自白した方が良いという点である．したがって，相手が黙秘しても自白しても，どちらでも，自分は自白した方が良い結果となる．かくして，両者とも自白をすることが解となるが，その結果は，両者が黙秘をしたときよりも悪い結果となる．これが「ジレンマ」となるので，この名前がついているというわけである．

これを利得行列で表してみよう．無罪で釈放されたときの利得を c，懲役1年，懲役5年，懲役10年のときの利得をそれぞれ a, d, b とすると，$c > a > d > b$である．このとき，囚人のジレンマの利得行列は図2.1のように表すことができる．

各囚人は，それぞれ

囚人1 ＼ 囚人2	黙秘	自白
黙秘	(a, a)	(b, c)
自白	(c, b)	(d, d)

図2.1　囚人のジレンマの利得行列

---

1)　タッカー(Albert W. Tucker)が作ったといわれている．Poundstone（1993）などを参照せよ．

- 相手が黙秘するとき，黙秘する（利得 a）より自白する（利得 c）方が良い．
- 相手が自白するとき，黙秘する（利得 b）より自白する（利得 d）方が良い．

ので，自白することが両プレイヤーの支配戦略であり，両プレイヤーが自白することがゲームの解となっている．しかし，その利得 d は，両者が黙秘する利得 a より悪い．

囚人のジレンマは，プレイヤーの「協力」に関するジレンマを扱う問題で，応用範囲は広い．ここで，「黙秘」を選ぶことは相手に協力していること，「自白」を選ぶことは相手に協力していないことと考え，「協力する」，「協力しない」という言葉を使うと，囚人のジレンマは，以下の3つの特徴で表せる．

特徴1. どちらのプレイヤーも，相手が協力するときに，自分は協力するより協力しない方が利得が高い．

特徴2. どちらのプレイヤーも，相手が協力しないときも，自分は協力するより協力しない方が利得が高い．

特徴3. しかしどちらのプレイヤーも，お互いが協力しないより，お互いが協力したときの方が利得が高い．

囚人のジレンマでは，プレイヤーは自分にとって利得が高くなる合理的な選択をしたはずだが，それがプレイヤー全体にとっては良くない結果を導くことになる．

2.1.2 パレート最適

囚人のジレンマの結果は「プレイヤー全体にとって良くない」としたが，ゲームが与えられたときに，プレイヤー全体にとって何が良い結果で，何が悪い結果になるかを定義しなければ，厳密な議論はできない．本項では，それについて学ぶ．

囚人のジレンマでは，一見すると，2人が協力する（モデル4では黙秘する）ことが一番良い結果に思えるかもしれない．しかし，1人のプレイヤーが協力せず（モデル4では自白する），もう1人のプレイヤーだけが協力したときは，2人が協力したときと比べると，協力したプレイヤーの利得は下がるが，協力しないプレイヤーの利得は上がっている．このことから，2人が協力する結果と，1人が協力し，もう1人が協力しない結果を比較すると，「2人が協力することがプレイヤー全体にとって良い結果である」とは必ずしもいえない．しかしながら，2人が協力することは，2人が協力しないことに比べて，

すべてのプレイヤーの利得が高くなっていることから「2人が協力しないという結果は，プレイヤー全体にとって良くない結果である」ことは結論できる．

　ここで，「ゲームの結果」とは「戦略の組」であることに注意し，上記の考え方を一般化してみよう．2つの戦略の組 s と s' が与えられたとき，すべてのプレイヤーに対して s が s' 以上の利得を与え，少なくとも1人のプレイヤーに対しては s が s' よりも高い利得を与えるとき，戦略の組 s は s' よりプレイヤー全員に対して良い結果であるといえる．このとき，s は s' より**パレート優位**である，s' は s より**パレート劣位**である，という．

定義2.1　2つの戦略の組 s と s' が与えられたとき，すべてのプレイヤー i に対して $u_i(s) \geq u_i(s')$ であり，少なくとも1人のプレイヤー j に対しては $u_j(s) > u_j(s')$ が成り立つならば，s は s' よりパレート優位である，s' は s よりパレート劣位である，という．　¶

例題2.1　図2.2において，以下の文章は正しいか？

	L	R
U	(4,0)	(2,3)
M	(2,3)	(1,2)
D	(4,1)	(0,2)

図2.2　例題2.1の利得行列

(1)　(U, R) は，(M, R) よりパレート優位である．
(2)　(M, R) は，(D, R) よりパレート優位である．
(3)　(U, L) は，(M, R) よりパレート優位である．
[解]　(1)　正しい．　　(2)　正しい．　　(3)　正しくない．
s が s' よりパレート優位で<u>ない</u>ことを示すには，s に対して s' では，少なくとも1人のプレイヤーの利得が高くなっていること（もしくは全プレイヤーの利得が同じであること）をいえばよい．(3) の場合，(U, L) と比べて (M, R) はプレイヤー2の利得が高くなっていることから，(U, L) はパレート優位ではない．

　この考え方をもとにしたプレイヤー全体にとっての良い結果（戦略の組）を，**パレート最適**であるという．

定義2.2　ある戦略の組 s がパレート最適であるとは，s よりパレート優位な戦略の組が存在しないことをいう．　¶

定義 2.2 の「s よりパレート優位な戦略の組が存在しない」という表現を言い換えれば，s 以外のすべての戦略の組に対して，

(1) s の方が少なくとも 1 人のプレイヤーの利得が高くなる．

または，

(2) すべてのプレイヤーの利得が s と同じになる．

ということになる．すなわち，(1) か (2) が成り立てば，s はパレート最適である．

一般には，パレート最適な結果は複数存在することがある．

例 2.1 [p.47] モデル 4 においてパレート最適な結果は，「囚人 1 も囚人 2 も黙秘する」，「囚人 1 が黙秘し，囚人 2 が自白する」，「囚人 1 が自白し，囚人 2 が黙秘する」，の 3 つである．ゲームの解である「囚人 1 も囚人 2 も自白する」は，パレート最適ではない． ¶

例題 2.2 図 2.2 においてパレート最適な結果をすべて挙げよ．また，ナッシュ均衡はどれか？

[解] (M, R) と (D, R) に対しては (U, R) が，(U, L) に対しては (D, L) がパレート優位である．これに対して，(U, R)，(M, L)，(D, L) にはパレート優位な戦略の組が存在しない．よって，(U, R)，(M, L)，(D, L) がパレート最適である．

ナッシュ均衡は (U, R) である．囚人のジレンマとは異なり，ナッシュ均衡がパレート最適な結果の 1 つとなっている． ◇

囚人のジレンマは，ゲームの解であるナッシュ均衡が，全体にとって良い結果であるパレート最適に，必ずしもならないことを示しているのである．

2.1.3 n 人囚人のジレンマと共有地の悲劇

囚人のジレンマは，2 人のプレイヤーのゲームであるのに対して，その多人数のゲームに対応するものとして，共有地の悲劇がある．

モデル 5 共有地の悲劇

n 人のプレイヤー $(n \geq 2)$ が，共有している土地を良くするため，1 単位のお金を投資する（協力する）か，しない（協力しない）かを選ぶ．投資の合計金額は g 倍になって，共有した土地から利益となって返ってくる．しかしその利益は，協力したかしないかに関わらず，n 人のプレイヤーに均等に配分されるものとする．ここで，g は 1 と n の間の数であるとする $(1 < g < n)$．プレイヤーは，協力することと協力しないことのどちらが良いだろうか．

このゲームの解を求めてみよう．いま，あるプレイヤー i に注目し，そのプレイヤー i 以外で「協力」を選んだ人数を k 人 $(0 \leq k \leq n-1)$，プレイヤー i が協力したときの利得を $v_i(C, k)$ とすると，

$$v_i(C, k) = \frac{g(k+1)}{n} - 1$$

となる．（プレイヤー i を含めて $k+1$ 人が 1 単位のお金を出し，それが g 倍になって n 等分され，$g(k+1)/n$ が利益として返ってくる．そこから自分が払った 1 単位のお金を引く．）また，プレイヤー i が協力しなかったときの利得を $v_i(D, k)$ とすると

$$v_i(D, k) = \frac{gk}{n}$$

となる．（プレイヤー i は協力しないので k 人が 1 単位のお金を出し，それが g 倍になって n 等分され，gk/n が利益として返ってくる．自身はお金を出さないので，払うお金はない．）したがって

$$v_i(C, k) - v_i(D, k) = \frac{g}{n} - 1 < 0$$

となり（$g < n$ より），プレイヤーは k がいくつであっても協力しない方が良いことがわかる．これは言い換えると，他のプレイヤーが何を選んでも，協力しない方が協力するよりも利得が高いことを意味しており，協力しないことが支配戦略であることを示している．

しかし，全員が協力したときの利得 $v_i(C, n-1)$ と，全員が協力しないときの利得 $v_i(D, 0)$ を比べると，

$$v_i(C, n-1) - v_i(D, 0) = \frac{gn}{n} - 1 = g - 1 > 0$$

となり（$g > 1$ より），全員が協力したときの利得の方が大きい．つまり，全員が支配戦略を選ぶゲームの解は，パレート最適ではない．よってモデル 5 は，囚人のジレンマを n 人に拡張した問題といえるため，**n 人囚人のジレンマ**や**共有地の悲劇**とよぶ．

一般に n 人囚人のジレンマは，各プレイヤーが協力する C か，協力しない D かを選び，

（仮定 1）　協力した人数が何人であっても，各プレイヤーは協力するよりも協力しない方が利得が高い．

（仮定 2）　しかし，全員が協力しないより，全員が協力した方がプレイヤー

の利得が高くなる.

というゲームである.

定義2.3 n 人囚人のジレンマは,$N = \{1, \cdots, n\}$,$S_i = \{C, D\}$ であり,プレイヤー i 以外で「協力」を選んだ人数を k 人($0 \le k \le n - 1$),プレイヤー i が協力したときの利得を $v_i(C, k)$ とすると,

(仮定1) 任意の k に対して $v_i(C, k) < v_i(D, k)$

(仮定2) $v_i(C, n - 1) > v_i(D, 0)$

がすべてのプレイヤー i に対して成り立つ戦略形ゲームである. ¶

なお,n 人囚人のジレンマは,上記の2つの仮定に加えて,

(仮定3) 各プレイヤーが C と D のどちらを選んでも,協力した(C を選んだ)プレイヤーの数が多いほど利得が増加する.(式にすると,任意の k($1 \le k \le n - 1$)に対して,$v_i(C, k - 1) < v_i(C, k)$ かつ $v_i(D, k - 1) < v_i(D, k)$.)

という仮定を加えることがある[2].

2.2 調整ゲーム

調整ゲームは「他人と同じ行動を選ぶことが良い」というゲームであり[3],囚人のジレンマと並び,重要なゲームの例である.本節では,2 × 2 の調整ゲームについて学ぶ.

2.2.1 調整ゲームとは？

女と男の戦いは,調整ゲームの代表的な例である.

モデル6 女と男の戦い

一ノ瀬アリスと二子山文太は,ライバル関係にある和菓子屋「一ノ瀬」と「二子山」の娘と息子であるが,恋人同士である.2人はいつもデートで,「禅の会」か「買い物」に行く.今日は,2人は連絡がとれない状態にあるので,禅の会が行われる禅寺(以下 Z)か,ショッピングモール(以下 S)のどちらかへ向かい,同じ場所で会えるように願っている.お互いが Z を選べば,禅が好きなアリスの利得は2,文太の利得が1であるとし,お互いが S を選べば,ショッピングの好きな文太の利得が2で,アリスの利得は1であるとする.お互いが別の場所を選んでしまうと,2人の利得は共に0になってしまう.

---

2) Nishihara (1997), Okada (1993)

3) **協調ゲーム**と訳されることもあり,**コーディネーションゲーム**というときもある.

モデル6の利得行列は図2.3のように表される. このゲームのナッシュ均衡は, お互いが同じ戦略を選ぶ (Z, Z) と (S, S) の2つであることがわかる[4].

「女と男の戦い」（モデル6）のように, 相手と同じ行動を選ぶ方が良いゲームを調整ゲームとよぶ. 一般的に図2.4の 2×2 ゲームにおいて, プレイヤー $i\, (i = 1, 2)$ に対して「相手が X を選んだときには, 自分は Y より X を選んだ方が良い」という条件は $a_i > b_i$ となり,「相手が Y を選んだときには, 自分は X より Y を選んだ方が良い」という条件は $c_i < d_i$ となる. したがって,

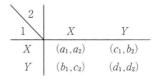

図2.3 女と男の戦いの利得行列

図2.4 2×2 の調整ゲームの利得行列

$$a_i > b_i, \qquad c_i < d_i \qquad\qquad (2.1)$$

が成り立つことが, このゲームが調整ゲームとなる必要十分条件である. このとき, ナッシュ均衡は (X, X), (Y, Y) となることがわかる.

モデル6においては, プレイヤーごとに最良の結果は異なっている. アリスにとっては2人が Z を選ぶことが, 文太にとっては2人が S を選ぶことが最良である. このようなゲームを, **非対称調整ゲーム**とよぶ. 非対称調整ゲームでは, どちらの均衡が実現した方が良いかが, 各プレイヤーによって異なる.

これに対し, $a_1 = a_2 = d_1 = d_2$, $b_1 = b_2$, $c_1 = c_2$ となるゲームを, **純粋調整ゲーム**とよぶ[5]. 純粋調整ゲームでは, プレイヤーにとってどちらの均衡が実現しても差がなく, 行動が一致さえすれば良い.

純粋調整ゲームの例としては, 細い道を車ですれ違うときに, 右に避けるか左に避けるか, お互いが同じ方向を選ばないと衝突してしまう, といったようなゲーム（図2.5）

図2.5 純粋調整ゲームの利得行列

---

4)　正確には, 純粋戦略のナッシュ均衡が2つで, 他に混合戦略のナッシュ均衡が1つあることを第3章で学ぶ.

5)　**対称調整ゲーム**や**マッチングゲーム**とよぶこともある（Camerer, 2003）.

が考えられる.

調整ゲームでは，すべてのプレイヤーが同じ行動を選択する戦略の組がナッシュ均衡になるのであるが，選ばれる行動の候補は複数あるため，ナッシュ均衡も複数ある．例えばモデル6では，(Z, Z) と (S, S) の2つがナッシュ均衡となり，図2.5では（右，右）と（左，左）の2つがナッシュ均衡となる.

そこで調整ゲームにおいては，複数のナッシュ均衡の中で，どれが起こりうる結果なのか，ということが問題となる．これは均衡選択の問題とよばれ，ゲーム理論の大きな研究テーマである（1.5節）．次の2.2.2項と2.2.3項では，調整ゲームの均衡選択に関して，フォーカルポイントとリスク支配という2つの考え方を紹介する.

2.2.2　フォーカルポイント

「社会慣習」や「これまで繰り返しプレイされてきて培われた経験」などにより，複数のナッシュ均衡の中で，ある1つのナッシュ均衡が実現することが，すべてのプレイヤーの共通認識として予測できるならば，それは**フォーカルポイント**とよばれる（Schelling, 1960）.

例えばモデル6で，2人がアリスの好みに従い，いつも禅に行くことにしている（慣習や経験）ならば，2人は迷うことなく禅を選ぶだろう[6]．また，そのような経験がなくても「レディファースト」（文太がアリスに譲り，アリスがそれを受け入れる）という慣習があれば，やはり2人は禅を選ぶと考えられる.

また，「右側通行か，左側通行か」というゲーム（図2.5）では，その国の交通ルールが社会慣習となっていて，うまく調整できることが多い．例えば，アメリカやフランスなどの右側通行の国ではお互いが右を，日本やイギリスなど左側通行の国ではお互いが左を選ぶナッシュ均衡が実現すると考えられる.

これに対して，上記のように2人が共通して予測できるフォーカルポイントがなければ，ナッシュ均衡は実現するとは限らない.

女と男の戦い（モデル6）のようなゲームを，何の話し合いもなく，相手のことも全くわからないまま実験室で実験すると，うまく「調整」できない場合も多い．そして，うまく調整できない場合は，次の2つのパターンになると考

---

6)　文太がアリスの好みを尊重するだけではダメで，アリスもまた，自分の好みを優先することになっていなければならない.

えられる.

- お互いに，自分が高い利得（利得2）を得られる戦略を選び（アリスが禅を，文太がショッピングを），結果としてお互いに利得0になる.

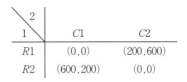

2 1	C1	C2
R1	(0,0)	(200,600)
R2	(600,200)	(0,0)

図2.6　Cooper, *et al.*（1989）の
　　　ゲームの利得行列

- お互いに，相手が高い利得（利得2）を得られる戦略を選び（アリスがショッピングを，文太が禅を），結果としてお互いに利得0になる.

Cooper, *et al.*（1989）は，ナッシュ均衡の利得を600と200にした調整ゲームを，実際に賞金を出して実験している（図2.6）．その結果，調整に成功してどちらかのナッシュ均衡をお互いに選ぶのは約40％であり，約60％は調整に失敗していたと報告している．Straub（1995）も同じゲームを実験し，ほぼ同じような結果を得ている.

このような調整ゲームにおいて，ナッシュ均衡が実現しない問題を，**調整の失敗**とよぶ.

調整ゲームには，さまざまなフォーカルポイントがあると予想される．例えば，あなたが以下の調整ゲームをプレイするならば，何を選ぶだろうか.

- 2人のプレイヤーが「表」か「裏」のどちらかを選ぶ．2人が同じものを選んだならば，賞金を獲得できる.
- 好きな正の整数を選ぶ．2人が同じものを選んだならば，賞金を獲得できる.

Schelling（1960）は，上記のゲームをインフォーマルに実験した．それによると，最初のゲームでは42人中36人が「表」を，2番目のゲームでは40％が「1」を選んだとされている．Schelling（1960）は，このような点がフォーカルポイントであると指摘した.

Mehta, *et al.*（1994）は，この実験をさらに精緻に行っている．彼らは被験者を2つのグループに分け，1つのグループC（Coordination）では「（ランダムに選ばれた）相手と同じものを選んだら賞金を与える」とし，もう1つのグループP（Picking）では「何を選んでも賞金を与えるので，好きなものを選べ」とした．「表か裏を選べ」という質問では，グループCでは87％，グループPでは76％が「表」を選び，グループ間にそれほど差がなかったのに対し，「好きな正の整数を選べ」という質問では，グループCでは「1」が40％に選ばれて，一番多かった（「7」が2番目で14％）のに対し，グループP

では「7」が一番多くて 11% であった. このことから純粋調整ゲームにおいては, プレイヤーは「自分が好きなもの」を選ぶのではなく,「相手と同じものを選ぶためには何が良いか」というフォーカルポイントを考慮して行動を選んでいるということがわかる.

2.2.3 リスク支配による均衡選択

フォーカルポイントは, 利得だけでは, どこが解となるかを決めることができない. これに対し, 調整ゲームにおける均衡選択の理論として, もう 1 つ **リスク支配**という考え方があり, これは利得だけで, どこが解となるかを判断することができる理論である. ここでは, リスク支配について学ぶ.

ここで, 一般的な調整ゲーム $^{p.53}$ 図 2.4 について, 再度考えよう. ここで, **ナッシュ積**という値を次のように定義する.

定義 2.4 $(a_1 - b_1)(a_2 - b_2)$ を均衡 (X, X) のナッシュ積, $(d_1 - c_1)(d_2 - c_2)$ を均衡 (Y, Y) のナッシュ積とよぶ. ¶

ナッシュ積を用いて, リスク支配を次のように定義する.

定義 2.5 均衡 (X, X) のナッシュ積が均衡 (Y, Y) のナッシュ積より大きいとき, 均衡 (X, X) は均衡 (Y, Y) を**リスク支配**するという. 小さいときは, 均衡 (Y, Y) は均衡 (X, X) をリスク支配するという.   ¶

例題 2.3 図 2.7 の 2 つのゲームについて, 均衡 (X, X) と均衡 (Y, Y) のナッシュ積を求め, どちらの均衡がリスク支配しているか答えよ.

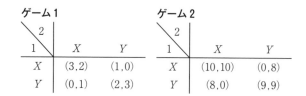

図 2.7 例題 2.3 の利得行列

[解]　ゲーム 1：均衡 (X, X) のナッシュ積は $(3 - 0)(2 - 0) = 6$, 均衡 (Y, Y) のナッシュ積は $(2 - 1)(3 - 1) = 2$. したがって, 均衡 (X, X) が均衡 (Y, Y) をリスク支配している.

ゲーム 2：均衡 (X, X) のナッシュ積は $(10 - 8)(10 - 8) = 4$, 均衡 (Y, Y) のナッシュ積は $(9 - 0)(9 - 0) = 81$. したがって, 均衡 (Y, Y) が均衡 (X, X) をリスク支配

している.

リスク支配による均衡選択理論では,「均衡 (X, X) が均衡 (Y, Y) をリスク支配しているときに均衡 (Y, Y) は選ばれない」と考える. 戦略の支配では,戦略 A が戦略 B を支配しているときに戦略 B は選ばれない,と考えたことを思い出せば,支配という言葉の考え方は共通している.「均衡 (Y, Y) は選ばれない」ということは,2×2 の調整ゲームでは均衡 (X, X) が実現するということを意味する. つまり,**リスク支配は,調整ゲームにおいては,ナッシュ積が大きい均衡が実現するという考え方である**. 例題 2.3 では,ゲーム 1 では均衡 (X, X) が,ゲーム 2 では均衡 (Y, Y) が実現する,と考えられるのである.

なぜリスク支配している均衡が実現すると考えるのであろうか？　これを説明する理論は複数あるが[7]，正確な説明は本書のような入門書のレベルを超えてしまうので,以下では,やや不正確ではあるが,単純化した説明を試みる.

p.53 図 2.4 を考えよう. プレイヤー 1 の立場になると,ナッシュ均衡が解となることはわかっているものの,均衡 (X, X) と均衡 (Y, Y) のどちらが実現するかはわからない. つまり,プレイヤー 2 が戦略 X と戦略 Y のどちらを選んでくるかがわからない状況にある. そこでプレイヤー 1 は,プレイヤー 2 が X と Y を確率 q と $1 - q$ で選ぶと推測したとする. ここでプレイヤー 1 にとって,戦略 X を選んだ期待値が戦略 Y を選んだ期待値より大きくなる q を求めるには $a_1 q + c_1(1 - q) > b_1 q + d_1(1 - q)$ を解けばよく,

$$q > \frac{d_1 - c_1}{(a_1 - b_1) + (d_1 - c_1)} \tag{2.2}$$

となる.

このことを,例題 2.3 のゲーム 1 を例にして考えてみよう. プレイヤー 1 は,プレイヤー 2 が X と Y を確率 q と $1 - q$ で選ぶと推測したとすると,(2.2) 式で計算すれば,$q > 1/4$ であれば X を選んだ方が良く,$q < 1/4$ であれば Y を選んだ方が良い.

X と Y のどちらが良いかという q の範囲は,図 2.8 のように表せる. ざっくりいえば,戦略 X を選んだ方が良さそうである. ここで確率 q が 0 から 1 の間に一様に確からしく起こると考えて,X と Y のどちらの方が良いかとい

---

7)　Harsanyi と Selten の均衡選択理論（Harsanyi and Selten, 1988），進化ゲームと確率安定の理論（Kandori, *et al.*, 1993），グローバルゲームの理論（Carlsson and van Damme, 1993），質的応答均衡の理論（McKelvey and Palfrey, 1995）などがある.

う尺度を，その戦略を選ん
だ方が良い q の範囲の大き
さ（線分の長さ）で考える
と，X と Y の比率は $3:1$
であることがわかる．

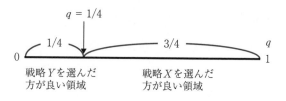

この議論を，p.53 図 2.4
に戻して考えよう．プレイ
ヤー i にとって，X と Y
のどちらが良いかという q
の領域は，図 2.9 のように
表せる．その領域が大きい
方が**リスクが少ない**と考え
れば，そのリスク尺度によ
る戦略の評価の比率は
$(a_i - b_i):(d_i - c_i)$ である
ことがわかる．

図 2.8 ゲーム 1 におけるプレイヤー 1 の戦略 X と Y の比較

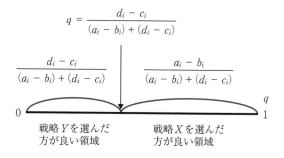

図 2.9 逸脱損失とその領域

ここで $a_i - b_i$ は，プレイヤー i にとって相手が戦略 X を選んだときに，自分が戦略 X から Y に変えたときの利得の差を表す．そして，これは「本当はナッシュ均衡 (X, X) が解であるときに，自分だけが，そこから逸脱してしまったときに被る損失」とも考えられる．

一般的に，あるナッシュ均衡において，1 人のプレイヤーだけがそのナッシュ均衡とは異なる戦略を選ぶと，そのプレイヤーの利得は（そのナッシュ均衡の戦略を選んでいるときに比べて）同じか小さくなり（ナッシュ均衡の p.31 定義 1.9，p.36 命題 1.4 も参照），その「損失」を，そのプレイヤーのその均衡における **逸脱損失** とよぶ．$a_i - b_i$ は均衡 (X, X) におけるプレイヤー i の逸脱損失であり，同じように，$d_i - c_i$ は均衡 (Y, Y) におけるプレイヤー i の逸脱損失とよばれる．そして，プレイヤー i の，戦略 X と Y のリスク尺度による尺度の比率は，逸脱損失の比として表される．

各均衡のナッシュ積は，その均衡の **すべてのプレイヤーの逸脱損失の積** を表しており，それが均衡選択の尺度となるのである．

2.2.4　パレート優位な均衡

　図2.10を見てみよう．このゲームは，どちら
のプレイヤーも，相手が X を選べば自分も Y よ
り X を選んだ方が良く，相手が Y を選べば自分
も X より Y を選んだ方が良いという調整ゲーム
である．それでは，このゲームのナッシュ均衡で
ある (X, X) と (Y, Y) の２つのうち，どちらの均

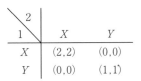

2 1	X	Y
X	$(2,2)$	$(0,0)$
Y	$(0,0)$	$(1,1)$

図2.10　パレート調整ゲーム

衡が実現すると考えられるだろうか？　このゲームでは，多くの人が均衡
(X, X) が実現すると考えるだろうし，たぶん実験をしてもそうなるだろう[8]．

　p.53 図2.4の調整ゲームにおいて，両方のプレイヤー $i = 1, 2$ に対して
$a_i > d_i$ が成り立っていれば，均衡 (X, X) における両プレイヤーの利得は，も
う一方の均衡 (Y, Y) より高くなっている．すなわち，均衡 (X, X) は均衡
(Y, Y) よりパレート優位である．このようなゲームは，**パレート調整ゲーム**
とよばれる（Tremblay and Tremblay, 2012）．

　パレート調整ゲームにおいては，単純に考えると，パレート優位な均衡が解
に相応しいと考えられ，いくつかの文献では，そのように仮定している．

　しかし，パレート優位な均衡を解として考えることについては多くの議論が
あり，いくつかの実験においては，パレート優位な均衡が必ずしも選ばれると
は限らないことが示されている（Cooper, *et al.* (1990) を参照）．このように，
調整ゲームにおいて，両者にとって悪くなるナッシュ均衡を選んでしまう現象
を，ナッシュ均衡以外が選ばれて利得が低くなる現象と同様に，**調整の失敗**と
よぶ．

　パレート優位の均衡が必ずしも選ばれない理由の１つには，リスク支配の概
念とパレート優位の概念が相反することがあることが考えられる．図2.7の
ゲーム2を考えよう．このゲームにおいて両プレイヤーの利得は，均衡
(X, X) が10，均衡 (Y, Y) が9であり，均衡 (X, X) が均衡 (Y, Y) よりパレー
ト優位である．このとき，均衡 (X, X) が実現すると考えられるだろうか．

　パレート優位な均衡 (X, X) は均衡 (Y, Y) に比べて，各プレイヤーの利得が
1増加するだけである．プレイヤー1は均衡 (X, X) が実現すると考えて戦略
X を選んだとしても，もしプレイヤー2が均衡 (Y, Y) が実現すると考えて戦

---

8)　このような単純なゲームの実験結果は，文献から探し出すことはできなかった．

略 Y を選べば，(X, Y) が実現して（調整の失敗）利得は 0 になってしまう．これに対して，プレイヤー 1 が均衡 (Y, Y) が実現すると考えて戦略 Y を選んだとき，もしプレイヤー 2 が均衡 (X, X) が実現すると考えて戦略 X を選び，その結果 (Y, X) が実現して調整に失敗しても，利得は 9 から 8 に減るだけでリスクが少ない．これがリスク支配の考え方である．このように考えると，リスク支配の方がパレート優位性よりも説得的に思える．

パレート優位とリスク支配のどちらの考えが良いかは難しく，この問題はなかなか決着がつかない．ここでは，パレート優位な均衡が均衡選択で必ずしも選ばれるとは考えない，としておこう．

2.2.5　多人数の調整ゲーム

調整ゲームは，多人数に拡張しても重要なゲームの概念となる．多人数にすると，いくつかのバリエーションがあって一般的には定義できないが，$^{p.36}$ 例題 1.8 にある「多数派が勝つゲーム」は，多人数の調整ゲームの例である．他の例として，次のようなゲームが考えられる．

どの SNS に参加するか：自分の友人がみんな Facebook を選んでいるならば Facebook を，Instagram を選んでいるなら Instagram を選ぶ方が良い[9]．このように，商品に正のネットワーク外部性（自分が購入する財から得る効用は，他の消費者がそれを多く選んでいるほど高くなる）があるとき，消費者の選択は調整ゲームになる．

技術規格のデファクトスタンダード問題：ビデオデッキの開発において各企業は，VHS 方式とベータ方式のどちらの規格を選ぶかという問題に直面した．この場合の企業の選択は，多くの企業が選択するものと同じ規格を選択した方が有利な調整ゲームになる．

同窓会に参加するかしないか：みんなが参加するならば，自分も参加した方が良いが，みんなが参加しないなら，自分も参加しない方が良いという調整ゲームになる．

多人数の調整ゲームでは，すべてのプレイヤーが同じ行動を選ぶことがナッシュ均衡となり，複数のナッシュ均衡が存在する．2 × 2 ゲームと同じように，複数の均衡の中でどの均衡が解として選ばれるかという均衡選択の問題は，ゲーム理論の重要な研究テーマとなっている．

---

9)　Facebook と Instagram は，Meta Platforms, Inc. の登録商標です．

2.3 2×2ゲーム

プレイヤーが2人で戦略が2つずつのゲームは，戦略形ゲームの中で最も単純なゲームであり，2×2ゲームとよばれる．ゲーム理論の考え方を習得するためには，この2×2ゲームの性質について，よく理解しておくことが大切である．すでに見た囚人のジレンマや女と男の戦いは2×2ゲームの代表例であり，この他にも，弱虫ゲームやコインの表裏合わせとよばれるゲームなどがある．本節では，これらの2×2ゲームについて学ぶ．

ゲーム理論で社会のさまざまな現象を解くときには，ただ答を出すのではなく，そのゲームがもっている特徴を捉えておくことも大切である．

2.3.1 2×2ゲームの分類

第3章では，プレイヤーが確率を用いて戦略を選ぶ**混合戦略**という考え方を学ぶ．混合戦略に対して，確率を用いない戦略を**純粋戦略**とよんで区別するときがある．ゲームには純粋戦略のナッシュ均衡以外にも，混合戦略によるナッシュ均衡が存在することがあり，これを踏まえると，2×2ゲームは，大まかに次の4つに分類することができる．

（ⅰ）2人のプレイヤーに支配戦略が存在するゲーム

（ⅱ）一方のプレイヤーに支配戦略が存在し，もう一方に存在しないゲーム

（ⅲ）2人のプレイヤーのどちらにも支配戦略が存在しないゲームで，純粋戦略のナッシュ均衡が2つあるゲーム（他に混合戦略のナッシュ均衡が1つある）

（ⅳ）2人のプレイヤーのどちらにも支配戦略が存在しないゲームで，純粋戦略のナッシュ均衡がないゲーム（混合戦略のナッシュ均衡が1つある）

例題2.4 以下のゲームは，上記の（ⅰ）～（ⅳ）のどれに当てはまるか？

(1) p.12 図1.1（和菓子屋出店競争 PART 1）
(2) p.30 図1.14（和菓子屋出店競争 PART 2）
(3) p.47 図2.1（囚人のジレンマ）
(4) p.53 図2.3（女と男の戦い）

[解] (1) 二子山には支配戦略があり，一ノ瀬には支配戦略がないので（ⅱ）となる．

(2) 両プレイヤーに支配戦略がなく，（純粋戦略の）ナッシュ均衡が2つあるので（ⅲ）である．

（3）　両プレイヤーに支配戦略があるので（ⅰ）である.

（4）　両プレイヤーに支配戦略がなく,（純粋戦略の）ナッシュ均衡が2つあるので（ⅲ）である.　　　　　　　　　　　　　　　　　　　　　　　✑

2.3.2　弱虫ゲーム

2×2ゲームには, 理論を理解するためによく使われる例がある.（ⅰ）の例は囚人のジレンマ（[p.47] モデル4）である[10]. 調整ゲームは（ⅲ）に属しており, 女と男の戦い（[p.52] モデル6）はその例である. 他にも,（ⅲ）の例として, 以下の**弱虫ゲーム**がある.

モデル7：弱虫ゲーム

　プレイヤー1と2は合計4万円のお金を分ける交渉を行っており, 各プレイヤーは強気 B（ブル）か, 弱気 C（チキン）かのどちらかの戦略を選ぶ. 一方が B を選び, 他方が C を選ぶと, B を選んだ方は利得3を, C を選んだ方は利得1を得る. 両者が C を選んだときは仲良く利得2を得るのに対して, 両者が B を選んだときは交渉が決裂し, 2人とも何も得られず利得は0とする.

　このゲームは, 図2.11 の左の利得行列のように表すことができる. このゲームの純粋戦略のナッシュ均衡は, お互いが異なる戦略を選ぶ (B,C) と (C,B) の2つであることがわかる（[p.34] 手順1を使って, 確認してみよう）.

このように, **弱虫ゲームは, 相手と異なる戦略を選ぶことが良いようなゲームである.**

　弱虫ゲームは,「広義の調整ゲーム」と考えられることもある. ここでプレイヤー1が「B と C を選ぶ」ときは, それぞれ「X と Y のカードを選ぶ」とすることにし, プレイヤー2が「B と C を選ぶ」ときには, それぞれ「（プレイヤー1とは逆に）Y と X のカードを選ぶ」ことにすると, ゲームは図2.11

2 1	B	C
B	$(0,0)$	$(3,1)$
C	$(1,3)$	$(2,2)$

2 1	X	Y
X	$(3,1)$	$(0,0)$
Y	$(2,2)$	$(1,3)$

図2.11　モデル7の利得行列

---

10)　（ⅱ）については McMillan（1992）, 渡辺（2004）にある「合理的な豚」が, その例として考えられる.

の右の利得行列のように書き換えることができる．そうすると，このゲーム
は，各プレイヤーが同じ戦略を選ぶことがナッシュ均衡になる調整ゲームとみ
なせることがわかる．

　弱虫ゲームは，単なる2人のゲームであると考えれば，調整ゲームと同じと
みなすことができる．しかし，これにはゲームの解釈によって注意が必要であ
る．例えば，本書では扱わない進化ゲームには，「予め2つの戦略のうち，ど
ちらかを選ぶことが決まっている多数のプレイヤーがおり，そのうち2人がラ
ンダムに出会ってゲームを行い，高い得点を得る戦略が増えていき，低い得点
を得る戦略が減っていく」と考える理論がある．この理論の解では，図2.11
の左の利得行列（弱虫ゲーム）は最終的に B と C の戦略が「棲み分ける」こ
とになるのに対し，図2.11 の右の利得行列（調整ゲーム）では最終的には全
員が X か Y かの戦略を選び，一方の戦略が「淘汰される」結果になる．この
ような理論では，弱虫ゲームと調整ゲームは別なゲームとみなされる．

　調整ゲームのように「すべてのプレイヤーが同じ戦略を選ぶ」という同調が
起こるのか，弱虫ゲームのように「あるプレイヤーは一方の戦略を選び，ある
プレイヤーは，もう一方の戦略を選ぶ」という「棲み分け」が起こるのかは，
ゲーム理論における重要な視点である．弱虫ゲームのような棲み分けが起こる
多人数ゲームの例として，次のエルファロル・バー問題（Arthur, 1994）が知
られている．

モデル8　エルファロル・バー問題

　100 人のサンタフェの住民が，毎週木曜日の夜に「エルファロル・バー」とい
うバーに行きたいと思っている．しかし，そのバーは小さいので，混み過ぎて
いるなら行っても楽しくない．ここで 60 人より少ない住民がバーに行くなら
ば，各住民は家にいるよりもバーに行く方が良い．一方で，60 人以上がバーに
行けば，家にいる方がバーに行くよりも良い．全員が同時にバーに行くかどう
かを決めるとき，どのような結果となるか．

　この問題は，60 人がバーに行き，40 人が家にいて，各プレイヤーが「棲み
分ける」結果が純粋戦略のナッシュ均衡となる（他に，混合戦略のナッシュ均
衡がある）．[p.36] 例題 1.8 の「少数派が勝つゲーム」も，このゲームと同じよ
うな棲み分けのゲームである．

2.3.3 コインの表裏合わせ

最後に，（iv）の例として**コインの表裏合わせ**について学ぶ．

モデル9　コインの表裏合わせ

　2人のプレイヤーが，コインの表（Head）か裏（Tail）かを選び，それを同時に出す．一致する（2人とも表を出すか，2人とも裏を出す）とプレイヤー1の勝ち，一致しない（一方が表を出し，もう一方が裏を出す）とプレイヤー2の勝ちである．勝った方が利得1，負けた方は利得 −1 とする．

　図2.12は，コインの表裏合わせの利得行列を示したものである．ここで表は H（Head），裏は T（Tail）として表した．

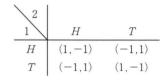

p.34 手順1に従って両プレイヤーの最適反応戦略に下線を引くと，両プレイヤーが共に下線が引かれるような戦略の組はない．すなわち，このゲームでは，純粋戦略のナッシュ

図 2.12　コインの表裏合わせの利得行列

均衡はない．第3章では，この（iv）のようなゲームが中心的な話題となり，混合戦略のナッシュ均衡が1つ存在することを学ぶ．

2.4　戦略的投票

　決められたルールに基づいて行われる「投票」の問題は，ゲーム理論の分析に馴染みやすい．本節では，以下の投票モデルを考えながら，3人以上のゲームのナッシュ均衡の求め方と，支配されないナッシュ均衡の応用も合わせて学ぶ．

モデル10　駅前商店街のキャッチコピー

　駅前商店街では，商店街のキャッチコピーを決めようとしている．現在，キャッチコピーの案は以下の3つがある（A，B，C は各キャッチコピーの頭文字）．

　　　　　　　　A案：明るい駅前商店街
　　　　　　　　B案：便利な駅前商店街
　　　　　　　　C案：クールな駅前商店街

　キャッチコピーは，商店街の理事である一ノ瀬，二子山，三輪（たこ焼き屋）の3人の投票で決まり，各理事が1票を投じ，どれかの案に全員一致か2票以

上の票が集まれば，その案になる．もしそうではない場合（3人の票が割れた場合）は，理事長の一ノ瀬の選んだ案が採用されるものとする．

　キャッチコピーに対して，3人の理事は以下の順番で好みをもっている．

　　　　　　一ノ瀬：A案＞C案＞B案
　　　　　　二子山：B案＞C案＞A案
　　　　　　三　輪：C案＞B案＞A案

ここで，「A案＞C案＞B案」という書き方は，A案，C案，B案の順にその案を好んでいることを表している．

　3人はお互いの好みをよく知っているとすると，投票結果はどのようになるだろうか？

　モデル10において，投票者（一ノ瀬，二子山，三輪）が自分の好む案に正直に投票すると，一ノ瀬はA案，二子山はB案，三輪はC案に投票するため，3人の票が割れて，ルールによって一ノ瀬が推すA案が選ばれる．しかしA案は，二子山と三輪が一番好まない案である．そのことを考慮すれば，二子山や三輪は正直に投票せずに，二子山はC案，または三輪はB案を選ぶと考えるかもしれない．モデル10をゲーム理論で分析すると，どのような結果になるのだろうか？

　投票に関する数学的な分析は，**社会選択論**とよばれる分野で研究されている．そこでは，投票者が自分の好みを正直に投票すると仮定して何が選ばれるべきかを考える研究と，ゲーム理論を用いて投票者が自分に有利な投票をすると仮定して，何が選ばれるかを考える研究とがある．後者のような，**自分の好みをそのまま正直に投票するのではなく，自分の利得が一番高くなるように投票する戦略的投票を考慮した研究は，ゲーム理論を用いて研究されている分野である**.

　では，この問題を戦略形ゲームとして考察してみよう．ここではA，B，Cに投票することを，戦略と考える．各投票者が，それぞれA，B，Cに投票したときに，どのような結果になるかが図2.13に示されている．図2.13では，一ノ瀬，二子山，三輪をプレイヤー1，2，3として表し，プレイヤー1は「行」を，プレイヤー2は「列」を，プレイヤー3は左，中，右の「表」を選ぶと考える．

　ここで各プレイヤーは，投票結果に対して自分が好む順番に2，1，0の利得を獲得するとしよう．例えば投票結果がAになった場合は，一ノ瀬は利得2

3	A				B				C		
2 1	A	B	C	1	A	B	C	1	A	B	C
A	A	A	A	A	A	B	A	A	A	A	C
B	A	B	B	B	B	B	B	B	B	B	C
C	A	C	C	C	C	B	C	C	C	C	C

図2.13　3人の投票と投票結果

3	A				B				C		
2 1	A	B	C	1	A	B	C	1	A	B	C
A	(2,0,0)	(2,0,0)	(2,0,0)	A	(2,0,0)	(0,2,1)	(2,0,0)	A	(2,0,0)	(2,0,0)	(1,1,2)
B	(2,0,0)	(0,2,1)	(0,2,1)	B	(0,2,1)	(0,2,1)	(0,2,1)	B	(0,2,1)	(0,2,1)	(1,1,2)
C	(2,0,0)	(1,1,2)	(1,1,2)	C	(1,1,2)	(0,2,1)	(1,1,2)	C	(1,1,2)	(1,1,2)	(1,1,2)

図2.14　モデル10の利得行列

となり，二子山と三輪は利得0となる．したがって，Aが選ばれたときの利得の組は (2,0,0) と表すことができる．同じように，B, Cが選ばれたときの利得の組は (0,2,1)，(1,1,2) である．これと図2.13をもとに，この3人ゲームの利得行列を作成すると，図2.14のようになることがわかる．

このゲームのナッシュ均衡を求めてみよう．[p.34] 手順1に従い，各プレイヤーの最適反応戦略に下線を引くと，図2.15となる．図2.15から，ナッシュ均衡は (A, A, A), (A, B, B), (A, C, C), (B, B, B), (C, C, C) の5つであることがわかる．

3	A				B				C		
2 1	A	B	C	1	A	B	C	1	A	B	C
A	(2,0,0)	(2,0,0)	(2,0,0)	A	(2,0,0)	(0,2,1)	(2,0,0)	A	(2,0,0)	(2,0,0)	(1,1,2)
B	(2,0,0)	(0,2,1)	(0,2,1)	B	(0,2,1)	(0,2,1)	(0,2,1)	B	(0,2,1)	(0,2,1)	(1,1,2)
C	(2,0,0)	(1,1,2)	(1,1,2)	C	(1,1,2)	(0,2,1)	(1,1,2)	C	(1,1,2)	(1,1,2)	(1,1,2)

図2.15　モデル10の最適反応戦略とナッシュ均衡

　しかし，この 5 つの中には，解として相応しくないナッシュ均衡がある．ここでは，3 人全員が同じ案に投票する (A, A, A), (B, B, B), (C, C, C) は，（どの案でも）すべてナッシュ均衡になる．3 人が全員同じ案に投票しているならば，自分だけが異なる案に投票しても，多数決で結果は変わらないので同じ利得になる．このため，どんな戦略に変えても利得が高くならない（同じ）ことから，ナッシュ均衡となるのである．

　ここで，(A, A, A) というナッシュ均衡を考えてみよう．プレイヤー 2 と 3 は A を最も嫌っているので，どんな場合も A に投票するより，他の案に投票する方が良いと考えられ，このようなナッシュ均衡は解としては相応しくない．第 1 章で学んだ支配されないナッシュ均衡の考え方を用いることで，このような相応しくないナッシュ均衡を除くことができる．

　ここでは，プレイヤー 2 について考えてみよう．プレイヤー 2 にとって，一番好む B を選ぶ戦略と一番嫌いな A を選ぶ戦略を比較してみると，

- 他の 2 人の戦略が同じ場合は，自分は B に投票しても A に投票しても利得が同じ．
- 他の 2 人の戦略が異なる場合も，一番好む B に投票することは，一番嫌いな A に投票するより，同じか良い結果を与える（確認せよ）．

となる．他のプレイヤーがどんな戦略を選んでも，プレイヤー 2 にとって B に投票することは，A に投票するより，同じか高い利得を与える（そして，すべて同じではない）ということは，B は A を弱支配しているということである．このように，すべてのプレイヤーについて，一番嫌いな案に投票する戦略は，一番好む案に投票する戦略に弱支配されていることがわかる．

　また，プレイヤー 1 に関しては「3 人の票が割れたときには，プレイヤー 1 の投票した案となる」というルールがあるために，1 番好む A と 2 番目に好む C を比較しても，必ず A の方が利得が同じか高くなることがわかる．つまり，一番嫌いな B だけではなく，C も A に弱支配されており，プレイヤー 1 にとっては，一番好む A に投票することが弱支配戦略となる．

　これに対して，プレイヤー 2 にとって，2 番目に好む C に投票する戦略は，1 番好む B に弱支配されていないことに注意する．プレイヤー 1 が A を選び，プレイヤー 3 が C を選んでいる場合に，プレイヤー 2 は C に投票すると 2 番目に好む C が選ばれて，利得 1 となるのに対して，B に投票すると（3 人の票が割れるので）一番嫌いな A が選ばれる（利得 0）．つまり，C が B より高い

利得を与える場合が存在するのである（したがって，一番好む B に投票することは弱支配戦略ではない）．

　以上のことから，プレイヤー 1 の B と C，および，プレイヤー 2 と 3 の A は，弱支配された戦略となる．ナッシュ均衡の中で (B, B, B) と (C, C, C) は，プレイヤー 1 の弱支配された戦略が，また (A, A, A) はプレイヤー 2 と 3 の弱支配された戦略が用いられている．このことから，弱支配されないナッシュ均衡は (A, B, B) と (A, C, C) の 2 つだけであり，この 2 つがゲームの解となる．よって，ゲームの結果としては，B 案か C 案のどちらかが選ばれる．全員が正直に投票した場合は A 案が選ばれるのに対して，戦略的投票の結果は，これとは逆の結果になることは，興味深いといえる．

　プレイヤー 2 と 3 にとっては，一番嫌いな A 案が選ばれるよりは，どちらかが妥協して 2 番目に好む案を選ぶことにして，B 案か C 案を選ぶ方が良いために，最終的にはこのような (A, B, B) と (A, C, C) の 2 つの結果が支配されないナッシュ均衡となる．そして，そのどちらを解と考えるべきかという問題は，調整ゲームにおける複数均衡の選択の問題と同じになるのである．

2.5　戦略が実数であるゲーム

　ここまでの戦略形ゲームは，戦略が 2 つや 3 つのような離散的な場合であったが，本節では，戦略が実数であるゲームについて学ぶ．

2.5.1　ベルトラン競争 — 価格競争のモデル —

　まず本項では，企業の価格競争であるベルトラン競争について学ぶ．

モデル 11　駅前の価格競争

　駅前の和菓子屋である一ノ瀬と二子山が，大福餅の価格をいくらにするか悩んでいる．二子山の大福餅の方が少し人気があり，両者が同じ価格をつけると，一ノ瀬の大福餅は 54 個，二子山の大福餅は 60 個売れる．そして，各店舗では，価格を 1 円高くすると，自分の売れる個数が 1 個減り，相手の売れる個数が 1 個増える．以下では，一ノ瀬，二子山をプレイヤー 1 と 2 として，記号化して考えよう．

　一ノ瀬と二子山の大福餅 1 個の価格をそれぞれ p_1 円と p_2 円とし，両店舗の販売量をそれぞれ q_1 個と q_2 個とすると，上記の関係は

$$q_1 = 54 - p_1 + p_2, \qquad q_2 = 60 - p_2 + p_1 \tag{2.3}$$

と書ける．一ノ瀬が大福餅を 1 個売るための費用は 24 円，二子山が大福餅を

1個売るための費用は30円のとき，一ノ瀬と二子山が利益を最大にしようと考えると，両店舗の価格はいくらになるか.

このモデルでは，各店舗が価格を決定すると，(2.3) 式のように各店舗の需要（ここでは販売量とよんでいる）が決まる. この式を**需要関数**とよぶ. $q_1 = 54 - p_1 + p_2$ は一ノ瀬の需要関数であり，一ノ瀬が価格を $p_1 = 30$，二子山が価格を $p_2 = 36$ とすると，一ノ瀬の大福餅は60個売れることを表している.

このゲームを戦略形ゲームとして考えてみよう. ここで店舗の利益は，（利益）＝（価格）×（需要）−（費用）によって決まると考えられ，一ノ瀬の利益は $p_1 q_1 - 24 q_1$，二子山の利益は $p_2 q_2 - 30 q_2$ と表される. この利益を，プレイヤーの利得と考えよう. 各店舗の戦略は p_1 と p_2 という価格であり，一ノ瀬と二子山の利得関数を $u_1(p_1, p_2)$, $u_2(p_1, p_2)$ とすると，u_1 と u_2 はそれぞれ

$$\begin{aligned}
u_1(p_1, p_2) &= p_1 q_1 - 24 q_1 \\
&= p_1 (54 - p_1 + p_2) - 24 (54 - p_1 + p_2) \\
&= -p_1^2 + p_1 p_2 + 78 p_1 - 24 p_2 - 1296 \qquad (2.4)
\end{aligned}$$

$$\begin{aligned}
u_2(p_1, p_2) &= p_2 q_2 - 30 q_2 \\
&= p_2 (60 - p_2 + p_1) - 30 (60 - p_2 + p_1) \\
&= -p_2^2 + p_1 p_2 - 30 p_1 + 90 p_2 - 1800 \qquad (2.5)
\end{aligned}$$

のように，p_1 と p_2 の式で表される[11].

このゲームの解であるナッシュ均衡を求めてみよう. このゲームはこれまでとは異なり，利得行列では与えられていない. そこでナッシュ均衡とは，各プレイヤーが，相手の戦略が与えられたもとで自分の利得が最大になる戦略を選び合うことであること (p.35 命題1.3) に立ち返ろう. ここで一ノ瀬にとって，二子山の戦略 p_2 が与えられたときに自分の利得 $u_1(p_1, p_2)$ を最大にする戦略を求めることは，関数の最大値を求める問題と考えられ，それは $u_1(p_1, p_2)$ の p_1 に関する偏微分を0にする値として求められる. そして，

$$\frac{\partial u_1}{\partial p_1} = -2 p_1 + p_2 + 78$$

---

11)　p_1, p_2 の値によっては需要 q_i が負になってしまうことがあるので，本来は $54 - p_1 + p_2 \le 0$ ならば $q_1 = 0$，$60 - p_2 + p_1 \le 0$ ならば $q_2 = 0$ とするなどの細かい設定をして，解くときも不等式を適切に取り扱うことが必要となる. しかし，煩雑となるため，ここではこれを無視して，需要が負になることを許容した.

であることから，$\partial u_1/\partial p_1 = 0$ を p_1 について解くと

$$p_1 = \frac{1}{2}p_2 + 39 \tag{2.6}$$

となる[12]．

　例えば，二子山が $p_2 = 10$ を選んだときは，$p_1 = 44$ が利得を最大にする戦略（＝最適反応戦略）である．このように (2.6) 式は，二子山の戦略に対する一ノ瀬の最適反応戦略を決定する関数であることから，**最適反応関数**とよばれる．

　同じように，二子山の最適反応関数を求めてみる．$u_2(p_1, p_2)$ の p_2 に関する偏微分は $\partial u_2/\partial p_2 = -2p_2 + p_1 + 90$ となるので，$\partial u_2/\partial p_2 = 0$ を解くと

$$p_2 = \frac{1}{2}p_1 + 45 \tag{2.7}$$

となる．

　最適反応戦略を選び合う戦略の組は，(2.6) 式と (2.7) 式の2つを同時に満たす p_1, p_2 の組合せであるから，この2つの式を連立方程式で解くことによって得られ，$p_1 = 82$, $p_2 = 86$ となる．これが，このゲームのナッシュ均衡である．

　このとき，「$p_1 = 82$ は一ノ瀬の"最適な価格"である」という言い方は誤った表現である．一ノ瀬の最適な価格は二子山の価格に依存するので，単独では決まらない．$p_1 = 82$ は一ノ瀬の**均衡価格**（またはナッシュ均衡における価格）とよばれる．同じように，$p_2 = 86$ は二子山の均衡価格である．

　両者の均衡における利得も求めておこう．一ノ瀬と二子山の販売量 q_1, q_2 は (2.3) 式より，

$$q_1 = 54 - 82 + 86 = 58, \qquad q_2 = 60 - 86 + 82 = 56$$

であるから，(2.4) 式と (2.5) 式から利得 u_1, u_2 は，

$$u_1(82, 86) = 82 \times 58 - 24 \times 58 = (82 - 24) \times 58 = 3364$$

$$u_2(82, 86) = 86 \times 56 - 30 \times 56 = (86 - 30) \times 56 = 3136$$

となる．

---

12)　1階の偏微分が0になる値は極大となる必要条件であって，十分条件ではない．ここで p_1 に関する2階の偏微分を求めると $\partial^2 u_1/\partial p_1^2 = -2 < 0$ となって，極大となる十分条件も満たしていることがわかる．なお，本来は価格や需要が非負になる制約を考慮して問題を定義し，その制約において解かなければならない．しかし，今回は単純化のためにそれを無視している．

この価格競争のモデルは, ゲーム理論が作られる以前からベルトランによって考察されており, ベルトラン競争とよばれて, 経済学でよく用いられている. このため, そのナッシュ均衡を, ベルトラン均衡とか, ベルトラン・ナッシュ均衡などとよぶこともある.

図 2.16 は, 横軸に p_1, 縦軸に p_2 をとり, (2.6) 式と (2.7) 式の 2 つの最適反応関数をグラフで表したものである. 最適反応関数

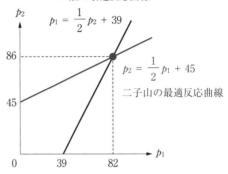

一ノ瀬の最適反応曲線

$$p_1 = \frac{1}{2} p_2 + 39$$

$$p_2 = \frac{1}{2} p_1 + 45$$

二子山の最適反応曲線

図 2.16　モデル 11 における各プレイヤーの最適反応曲線とベルトラン均衡

のグラフを, 最適反応曲線とよぶ (曲線とよぶが, 今回の場合は直線である).

ナッシュ均衡は, お互いが最適反応戦略を選び合う戦略の組なので, **2 人ゲームで戦略が実数の場合は最適反応関数を求め, それをグラフにして最適反応曲線の交点を求めれば, ナッシュ均衡となる**ことがわかる.

2.5.2　クールノー競争 ― 生産量競争のモデル ―

ベルトラン競争は企業が価格を決定するモデルであったのに対し, 企業が生産量を決定するモデルは**クールノー競争**とよばれる. 本項では, クールノー競争について学ぶ.

モデル 12　クールノー競争

企業 1 と 2 が生産量 q_1 と q_2 を決定するモデルを考える. 両企業は, 全く同じ製品を生産しているとし (同質財とよばれる), 製品 1 単位を作るために必要な費用は, 両企業共に c であるとする. よって, 両企業の製品の価格は同じ価格 p で与えられるとする. その価格 p は両者の生産量の合計によって決まり,

$$p = a - (q_1 + q_2) \tag{2.8}$$

で与えられるとする. ただし, $q_1 + q_2 > a$ のときは $p = 0$ とする. 両企業が利益を最大にしようとするとき, 生産量はいくつになるか?

製品の価格は, 2 つの企業の生産量の合計 $q_1 + q_2$ が増加すると下がる. (2.8) 式は, これを表したもので, **逆需要関数**とよばれる.

この問題を戦略形ゲームとして解いてみよう. 各企業の戦略は生産量 q_1 と

q_2 であり，企業 1 と 2 の利得関数を $u_1(q_1, q_2)$，$u_2(q_1, q_2)$ とする．ベルトラン競争のときと同じように，企業の利益は（利益）＝（価格）×（需要）−（費用）によって決まることに注意すると，u_1, u_2 はそれぞれ

$$
\begin{aligned}
u_1(q_1, q_2) &= pq_1 - cq_1 \\
&= \{a - (q_1 + q_2)\}q_1 - cq_1 \\
&= -q_1^2 - q_1 q_2 + (a - c)q_1
\end{aligned} \tag{2.9}
$$

$$
\begin{aligned}
u_2(q_1, q_2) &= pq_2 - cq_2 \\
&= \{a - (q_1 + q_2)\}q_2 - cq_2 \\
&= -q_2^2 - q_1 q_2 + (a - c)q_2
\end{aligned} \tag{2.10}
$$

となる．

　ベルトラン競争のときは価格が戦略であるため，利益を価格 p_1 と p_2 の式で表したのに対し，今回は生産量 q_1 と q_2 が戦略であることから，q_1 と q_2 の式で表す．このとき，企業 1 の最適反応関数は

$$
\frac{\partial u_1}{\partial q_1} = -2q_1 - q_2 + (a - c) = 0
$$

より

$$
q_1 = -\frac{1}{2}q_2 + \frac{a - c}{2} \tag{2.11}
$$

となる．同じように計算すると，企業 2 の最適反応関数は $\partial u_2 / \partial q_2 = 0$ より

$$
q_2 = -\frac{1}{2}q_1 + \frac{a - c}{2} \tag{2.12}
$$

となる．

　最適反応戦略を選び合う戦略の組は，（2.11）式と（2.12）式の 2 つを同時に満たす q_1, q_2 の組合せであるから，この 2 つの式を連立方程式で解くと得られ，

$$
q_1 = q_2 = \frac{a - c}{3} \tag{2.13}
$$

となる．これがナッシュ均衡である．

　この生産量競争のゲームであるクールノー競争は，ゲーム理論が作られる以前の 1830 年代にクールノーによって研究されたものであり，後からその解はナッシュ均衡に相当するものであることがわかった．このことから，このゲームの解は，**クールノー均衡**とも，クールノー・ナッシュ均衡ともよばれる．

　ここで，クールノー均衡における価格と両企業の利益を求めておこう．価格は

$p = a - (q_1 + q_2) = (a + 2c)/3$ であり，企業1の利益は，

$$u_1(q_1, q_2) = (p - c)q_1 = \left(\frac{a - c}{3}\right)^2 = \frac{1}{9}(a - c)^2 \tag{2.14}$$

となり，企業2の利益も同じになる．

図2.17は，横軸に q_1，縦軸に q_2 を
とり，両企業の最適反応関数をグラフ
で表したものである．クールノー均衡
は，最適反応曲線の交点となる．

ベルトラン競争とクールノー競争の
違いは，

- ベルトラン競争では，相手の戦略
  が増加したときに最適反応戦略は
  増加する（最適反応関数が増加関
  数，グラフが右上がり）．

- クールノー競争では，相手の戦略
  が増加したときに最適反応戦略は

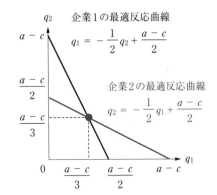

図2.17　モデル12における最適反応
関数とクールノー均衡

減少する（最適反応関数が減少関数，グラフが右下がり）．
ということである．このような特徴は，ゲームに関するパラメータが変化した
ときに，均衡がどのように変化するかを知るための手掛かりとなる．前者の特
徴をもつゲームを**戦略的補完性**があるといい，後者の特徴をもつゲームを**戦略
的代替性**があるという．

2.5.3　ゲームの均衡とパレート最適

囚人のジレンマでみたように，ゲームの結果は，必ずしもプレイヤーにとっ
て良い結果になるとは限らず，クールノー競争でも同じことがいえる．本項で
は，これについて考えてみよう．

例2.2　モデル12において，両企業はお互いの利益を高くするために結託し，
お互いの利益の合計が最大になる生産量を選ぶとする．企業1と2はどのように生
産量 q_1 と q_2 を選べば利益の合計が高くなるだろうか．

これを考えるためには，両企業の利益の合計を $U(q_1, q_2) = u_1(q_1, q_2) + u_2(q_1, q_2)$ と
し，$U(q_1, q_2)$ が最大になるように q_1，q_2 を決定すればよい．ここで，(2.9) 式と
(2.10) 式より，

$$U(q_1, q_2) = u_1(q_1, q_2) + u_2(q_1, q_2)$$
$$= p(q_1 + q_2) - c(q_1 + q_2)$$
$$= \{a - (q_1 + q_2)\}(q_1 + q_2) - c(q_1 + q_2)$$

となる. $q_1 + q_2 = Q$ とおくと

$$U(Q) = (a - Q)Q - cQ$$

となるので, これを最大にする Q を求めればよいことになる. これは, 見方を変えれば, 1つの企業が市場を独占していて, 利益を最大にする生産量 Q を決定する問題であるとみなすこともできる.

利益を最大にする Q を求めるには $dU/dQ = 0$ を解けばよく, これを解くと $-2Q + (a - c) = 0$ となり, $Q = (a - c)/2$ となる.

このとき, 両企業の利益の合計は

$$U(Q) = \frac{1}{4}(a - c)^2 \left(= \frac{9}{36}(a - c)^2 \right)$$

となる. クールノー競争のときの両企業の利益の合計は, (2.14) 式より

$$\frac{1}{9}(a - c)^2 + \frac{1}{9}(a - c)^2 = \frac{2}{9}(a - c)^2 \left(= \frac{8}{36}(a - c)^2 \right)$$

であったから, 両企業が結託した方が利益の合計は確かに大きくなっている. したがって, クールノー競争の結果が, 2人の利益の合計を最大にしているわけではないことがわかる.

ここで両企業が対等であるとすれば, $Q = (a - c)/2$ の生産量を半々に分けて $q_1 = q_2 = (a - c)/4$ の製品を生産することで, 利益も $(a - c)^2/8$ と折半されることになる. この結果は, クールノー競争の利益 $(a - c)^2/9$ よりも大きくなっている.   ¶

では ^{p.71} モデル 12 において, なぜ両企業は $q_1 = q_2 = (a - c)/4$ のような利益が高くなる生産量を選ばないのだろうか?

例題 2.5 生産量 $q_1 = q_2 = (a - c)/4$ がナッシュ均衡にならないことを示せ.

[解] $q_2 = (a - c)/4$ のとき, 企業 1 は $q_1 = (a - c)/4$ とするよりも, (2.11) 式より, 最適反応戦略である $q_1 = 3(a - c)/8$ とする方が利益が大きくなる. 実際, (2.9) 式より

$$u_1\left(\frac{3(a - c)}{8}, \frac{a - c}{4} \right) = \frac{9}{64}(a - c)^2$$

であり, 利益を $(a - c)^2/64$ だけ大きくすることができる.

したがって, ナッシュ均衡ではないことを示すことができた.

両企業にとって良い結果を得ようと結託し, 価格を $q_1 = q_2 = (a - c)/4$ に決めたとしても, 相手がそれを選ぶなら, 自分は逸脱して異なる生産量を選んだ方が利益が高くなるため, その取り決めは実現しない.

このように, クールノー競争におけるナッシュ均衡は, 両企業にとって良い

結果であるとはいえない．囚人のジレンマと同じように，ナッシュ均衡は「均衡」であって，「両者にとって最適」とは限らないことに注意しなければならない．

2.5.4 戦略が連続的であるゲームの均衡の存在

戦略形ゲームには，2.5.1 項のベルトラン競争や 2.5.2 項のクールノー競争などのように，戦略が連続的な変数であるゲームも多い．このようなゲームでは，ある条件を満たせば必ずナッシュ均衡が存在することが知られている．本項では，それについて学ぶ．

次の定理は，戦略が d 次元の実数ベクトルで与えられるときにナッシュ均衡の存在を示す定理である．$d = 1$ とすると，ベルトラン競争やクールノー競争のような，戦略が実数であるゲームに相当する．

> **定理 2.1**　ナッシュ均衡の存在定理
>
> n 人の戦略形ゲーム $(N, \{S_i\}_{i \in N}, \{u_i\}_{i \in N})$ において，任意のプレイヤー i に対して
> 条件 1：戦略の集合 S_i は，d 次元ユークリッド空間の有界な閉凸集合
> 条件 2：利得関数 u_i は，S 上で連続関数
> 条件 3：利得関数 u_i は，i 以外の戦略 s_{-i} が固定されたとき，戦略 s_i に関して準凹関数
>
> であるとき，ゲームには必ずナッシュ均衡が存在する．　¶

定理 2.1 の中には，様々な数学の用語が出てくるので，少し難しく感じるかもしれない．これらについて順に学んでいこう．

集合が**有界**であるとは，集合に上限と下限があることを意味する．また**凸集合**とは，その集合からどんな 2 点を選んで結んだ線も，その集合に含まれるような集合である．正確には，集合 A が凸集合であるとは「任意の 2 つの点 $x, y \in A$ と任意の $0 \leq \lambda \leq 1$ に対して，点 $\lambda x + (1 - \lambda)y$ が必ず A に含まれる」集合と定義される．$\lambda x + (1 - \lambda)y$ という点は，x と y を結んだ線上の 1 点を与える（線を $(1 - \lambda) : \lambda$ に内分する点）ことから，A からどんな 2 点を選んでも，その点を結んだ線が必ずその集合に含まれるような集合が凸集合であることがわかる．

図 2.18 は，2 次元（$d = 2$）の例で，左側の集合は凸集合であり，右側の集合は凸集合ではない．右側の集合では，図のように点 x と点 y を選ぶと，その線上の一部の点が集合に含まれていない．

また，**閉集合**とは，その集合の境界を含む集合である．

ここまで，条件1の「d 次元ユークリッド空間の有界な閉凸集合」の意味について学んだ．ここで，1 次元（$d = 1$）

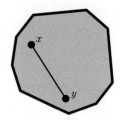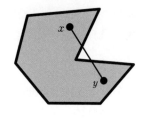

図 2.18 凸集合と，そうではない例

の場合の例を示し，理解を深めよう．

- $[a, b]$ のように表せる区間は有界な閉凸集合[13]．
- $[0, \infty) = \{x | x \geq 0\}$ のように上限がなければ，有界な集合ではない．
- $[0, 1)$ のように境界が含まれなければ，閉集合ではない．
- $[0, 1] \cup [3, 4]$ は，2 点 0 と 4 の間の点がすべて含まれていないので，凸集合ではない．

なお，条件2の「関数の連続性」についても正確な定義が必要であるが，これは直観的にわかると考えて，ここでは定義しない．

条件3に現れる**準凹関数**とは，定義域から選んだ任意の2点を結んだ線上における，すべての点の関数の値が，両端の2点のどちらかの関数の値より，必ず大きくなる関数である．正確には，関数 $f : A \to \mathbb{R}$ が準凹関数であるとは，任意の $x, y \in A$ と任意の $0 \leq \lambda \leq 1$ に対して，

$$f(\lambda x + (1 - \lambda)y) \geq \min \{f(x), f(y)\}$$

となる関数をいう．ちなみに，

$$f(\lambda x + (1 - \lambda)y) \geq \lambda f(x) + (1 - \lambda)f(y)$$

を満たす場合には，関数 f は**凹関数**であるという．

凹関数は準凹関数であり[14]，準凹関数は，やや専門的な数学の概念であるのに対して，この凹関数は，大学の初級の数学にも現れるため，凹関数の方が扱いやすいのではないだろうか．1 変数の関数 f が 2 階微分可能ならば，その定義域のすべての点 x で $f''(x) \leq 0$ であることと，f が凹関数であることは同値である．例えば $f(x) = -x^2$ とすると，$f''(x) = -2 < 0$ となることから，

---

13) $[a, b]$ を**閉区間**とよび，$a \leq x \leq b$ となる実数 x の集合を表す．また，(a, b) を**開区間**とよび，$a < x < b$ となる実数 x の集合を表す．

14) $\lambda f(x) + (1 - \lambda)f(y) \geq \min\{f(x), f(y)\}$ であるから．

この関数は凹関数であり，このことから準凹関数であることもわかる[15]．

　この定理 2.1 を使うと，戦略が実数である多くのゲームにナッシュ均衡が存在することを，均衡を具体的に計算せずに示すことができる．

　[例 2.3]　ここでは [p.68] モデル 11 を例にして，このモデルが定理 2.1 の条件を満たしていることを示してみよう．

　モデル 11 は $N = \{1, 2\}$ の 2 人ゲームと考えられる．モデル 11 では，戦略の集合を明確にしなかったので，ここでは価格が 0 以上 60 以下であるとし $S_1 = S_2 = [0, 60]$ と仮定すると，戦略の集合が閉凸集合になる（条件 1）．また，需要が負になる状態も許すこととし，利得関数はすべての (p_1, p_2) に対して（2.4）式と（2.5）式で表されると仮定すると[16]，利得関数は連続関数になる（条件 2）．また，利得関数は微分可能で，

$$\frac{\partial^2 u_1}{\partial p_1^2} = \frac{\partial^2 u_2}{\partial p_2^2} = -2 < 0$$

より，2 階微分が負であるから，u_1 は p_1 に関して凹関数であり，u_2 は p_2 に関して凹関数であることがわかる（条件 3）．したがって定理 2.1 から，モデル 11 のゲームはナッシュ均衡が存在する．　¶

　定理 2.1 の条件が成り立つと，なぜナッシュ均衡が存在するのかを，2 人ゲームで戦略が 1 次元の場合を例に，大まかに示す．まず，ベルトラン競争においては，[p.71] 図 2.16 でみたように最適反応関数をグラフに書くと，その交点がナッシュ均衡となったことを思い出そう．また，[p.73] 図 2.17 のクールノー競争も同じように，最適反応関数の交点がナッシュ均衡になった．**ナッシュ均衡は最適反応戦略を選び合う戦略の組であるから，このようにプレイヤーの最適反応関数の交点となる．**

　この事実を一般化してみよう．プレイヤー 1 の利得関数を $u_1(s_1, s_2)$ としたとき，プレイヤー 1 の最適反応関数とは，s_2 を固定して $u_1(s_1, s_2)$ を最大にする s_1 であり，これは $s_1 = BR_1(s_2)$ のような s_2 の関数 BR_1 として与えられる．ちなみに，u_1 が微分可能な凹関数であれば，これは $\partial u_1 / \partial s_1 = 0$ を解くことによって求めることができる．ベルトラン競争やクールノー競争では，そのよう

---

15)　ある関数が凹関数であるかどうかは，定義域に依存することに注意しなければならない．例えば，関数 $f(x) = -x^3 - x$ を考えてみよう．この関数は $f''(x) = -6x$ となる．もし，この関数の定義域が $[0, 1]$ であれば凹関数であるのに対して，定義域が $[-1, 0]$ や $[-1, 1]$ であれば凹関数ではない．

16)　脚注 11) で示したように，本来は需要が負にならないように問題を設定すべきである．

にして求めた．同じくプレイヤー2の最適反応関数も，$s_2 = BR_2(s_1)$ のような s_1 の関数 BR_2 として与えられる．

ナッシュ均衡は $s_1 = BR_1(s_2)$ と $s_2 = BR_2(s_1)$ を同時に満たす (s_1, s_2) であり，それは，この2つの式をグラフに書いたときの交点である．図2.19 は，このような一般的な最適反応関数と交点のイメージである．プレイヤー1の最適反応関数 $s_1 = BR_1(s_2)$ は下から上への曲線となり，プレイヤー2の最適反応関数 $s_2 = BR_2(s_1)$ は左から右への曲線となる．

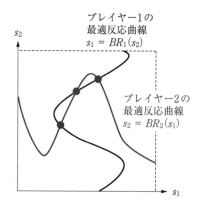

図2.19　最適反応関数とナッシュ均衡

図から，**両プレイヤーの最適反応関数が連続であり，戦略の集合が** [p.75] **定理 2.1 の条件1のように閉区間であれば，その交点が必ずあり，ナッシュ均衡が存在することがわかる．** 下から上への曲線と左から右への曲線は，必ず交わるからである．そして，定理2.1の条件2と3は，最適反応関数が連続となる条件になっているのである（この理由はややこしいので，ここでは記さない）．よって，定理2.1の条件1，2，3が満たされれば，ナッシュ均衡が存在するのである．

また，以上のことから，ベルトラン競争やクールノー競争のような，**戦略が実数のゲームのナッシュ均衡を求めるには，各プレイヤーの利得を最大にする最適反応関数を求めて，同時にそれを満たすような戦略の連立方程式を解いて求めればよい，**ということが確認できる．さらに，図2.19 からわかるように，下から上への曲線と左から右への曲線の交点は，必ず奇数になる（接したりすることがなければ）ので，**ナッシュ均衡の個数は（特殊なケースを除き），必ず奇数になることもわかる．**

2.6　ポテンシャルゲームと混雑ゲーム

2.6.1　ポテンシャルゲーム

戦略形ゲームにはポテンシャルゲームとよばれる特殊なゲームがある（Monderer and Shapley, 1996）．本項では，ポテンシャルゲームについて学ぶ．

ポテンシャルゲームとは，各プレイヤーの利得の差を，ポテンシャル関数と

よばれる1つの関数の差として表すことができるゲームである.

定義2.6　n人の戦略形ゲームにおいて,すべての戦略の組sに対して,すべてのプレイヤーiの異なる2つの戦略s_i, s_i'の利得の差を,ある1つの関数Ψの差で表すことができるとき,すなわち

$$\Psi(s_i, s_{-i}) - \Psi(s_{i'}, s_{-i}) = u_i(s_i, s_{-i}) - u_i(s_{i'}, s_{-i}) \tag{2.15}$$

と表されるとき,このゲームを**ポテンシャルゲーム**とよび,Ψを**ポテンシャル関数**とよぶ.　¶

例2.4　[p.71] モデル12のクールノー競争は,ポテンシャルゲームの例であり,

$$\Psi(q_1, q_2) = (a - c)(q_1 + q_2) - (q_1^2 + q_2^2) - q_1 q_2 \tag{2.16}$$

とすると,Ψがポテンシャル関数になる.これは次のように確かめることができる.
　プレイヤー1の2つの生産量q_1, q_1'に対して,その利益の差を計算すると

$$u_1(q_1, q_2) - u_1(q_1', q_2) = [\{a - (q_1 + q_2)\}q_1 - cq_1] - [\{a - (q_1' + q_2)\}q_1' - cq_1']$$
$$= (a - c - q_1 - q_1' - q_2)(q_1 - q_1')$$

となる.これに対して,

$$\Psi(q_1, q_2) - \Psi(q_1', q_2) = \{(a - c)(q_1 + q_2) - (q_1^2 + q_2^2) - q_1 q_2\}$$
$$- \{(a - c)(q_1' + q_2) - (q_1'^2 + q_2^2) - q_1' q_2\}$$
$$= (a - c - q_1 - q_1' - q_2)(q_1 - q_1')$$

となる.プレイヤー2についても同じで,すべてのプレイヤーの利得の差が,1つの関数Ψの差として表されている.　¶

　ポテンシャルゲームには,いくつかの良い性質がある.ポテンシャル関数Ψに対し,戦略の組sがすべてのプレイヤーiのすべての戦略s_i'に対して,

$$\Psi(s) \geq \Psi(s_i', s_{-i}) \tag{2.17}$$

を満たしているならば,ポテンシャル関数の定義(2.15)式から,$u_i(s) \geq u_i(s_i', s_{-i})$が成り立っていることになり,$s$はナッシュ均衡になる(ナッシュ均衡の性質[p.36]命題1.4)を参照).そして,ポテンシャル関数が最大になるsでは(2.17)式が成り立つので,結局,**ポテンシャルゲームでは,ポテンシャル関数が最大になるsがナッシュ均衡になる**.

命題2.1　ポテンシャルゲームでは,ポテンシャル関数が最大になる戦略の組はナッシュ均衡になる(Monderer and Shapley, 1996).　¶

　一般に,ナッシュ均衡を求める計算はn人の戦略形ゲームでは複雑になるのに対して,ポテンシャルゲームは,ナッシュ均衡を求める問題を,ポテンシャル関数の最大化問題に帰着できる.

例 2.5 例 2.4 で示した，クールノー競争のポテンシャル関数を最大にする (q_1, q_2) を求めてみよう．(2.16) 式の Ψ を q_1 で偏微分して $\partial\Psi/\partial q_1 = 0$ とすると，

$$\frac{\partial\Psi}{\partial q_1} = (a - c) - 2q_1 - q_2 = 0$$

となる．同じく $\partial\Psi/\partial q_2 = 0$ から $\partial\Psi/\partial q_2 = (a - c) - 2q_2 - q_1 = 0$ を得る．これらを連立方程式として解くと，

$$q_1 = q_2 = \frac{a - c}{3} \tag{2.18}$$

が得られる．ここで，Ψ は 2 変数関数の最大値となる十分条件も満たす[17] ため，(2.18) 式の (q_1, q_2) はポテンシャル関数 Ψ を最大にすることがわかる．

p.71 モデル 12 のナッシュ均衡は (2.13) 式であり，(2.18) 式と同じになる．これより，ポテンシャル関数が最大になる戦略の組はナッシュ均衡になることがわかる．　¶

2.6.2 混雑ゲーム

ポテンシャルゲームの例として，クールノー競争以外に，**混雑ゲーム**がある．本項では，混雑ゲームについて学ぶ．

モデル 13　混雑ゲーム

図 2.20 の地図において，プレイヤー 1 と 2 の両方が，A から D へ向かう．各区間は，矢印の方向にしか通行できない．A から D へ向かうには，B を経由する区間 AB と BD を使う経路 1 と，C を経由する区間 AC と CD を使う経路 2 と，AB, BC, CD を使う経路 3 の 3 つの選択肢がある．

ここで各区間を通過するには費用（時間）がかかり，その費用は通過する人数によって増加

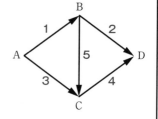

図 2.20　A から D への地図

する区間もある．区間 BD, AC は人数に関わらず費用は 5 であるのに対し，区間 AB, CD は 1 人の通過ならば費用は 1 であり，2 人の通過ならば 3 である．なお，区間 BC は「バイパス」であり，現在，工事中でほとんど通行できず，人数に関わらず費用は 30 であるとする．

プレイヤーは費用を最小にするように経路を選択したい．結果はどのようになるだろうか．

---

17) q_1, q_2 の値に依存せず

$$\frac{\partial^2\Psi}{\partial q_1^2} = -2 < 0, \qquad \left(\frac{\partial^2\Psi}{\partial q_1\,\partial q_2}\right)^2 - \frac{\partial^2\Psi}{\partial q_1^2}\frac{\partial^2\Psi}{\partial q_2^2} = (-1)^2 - (-2)^2 = -3 < 0$$

となるので，Ψ は狭義凹関数となる．詳細は，多変数の微分に関する本などを参照せよ．

　モデル 13 は混雑ゲームとよばれ，通常は多数のプレイヤーを想定したゲームとなる．ここでは，簡単にしてプレイヤーを 2 人で考えているため，混雑によって「費用」や「時間」が増加するのは，多少おかしな設定に思えるかもしれない．混雑ゲームでは，各プレイヤーが複数の「施設」（ここでは道路区間）を利用し，その施設を利用する費用は，人数が多く混雑するほど増加する．混雑ゲームは，上記のような交通計画の他に，通過する人を，貨物や通信トラフィックと置き換えることで，物流や通信ネットワークの設計にも応用されている．

　混雑ゲームの一般的な定式化は，次のようになる．

- プレイヤーの集合 $N = \{1, \cdots, n\}$．
- 施設の集合 $M = \{1, \cdots, m\}$．
- 施設を利用する費用．施設 j を k 人が利用するとき，利用するプレイヤーごとに費用 $c_j(k)$ を払う．
- プレイヤー i は，複数の施設を利用することができ，プレイヤー i が選べる施設の部分集合を，プレイヤー i の戦略の集合 S_i とする．
- プレイヤー i の利得は，プレイヤー i が利用する施設の費用の合計に対応する．ここで，戦略の組 $s = (s_1, \cdots, s_n)$ が与えられたとき，施設 j を使う人数を $n_j(s)$ で表す．すなわち，

$$n_j(s) = |\{i \in N \mid j \in s_i\}|$$

とすると，プレイヤー i の利得は，

$$u_i(s) = -\sum_{j \in s_i} c_j(n_j(s))$$

となる（費用は小さくなるほど利得が高くなるために，費用の合計に -1 を掛けたものを利得と考える）．

　<u>例 2.6</u>　混雑ゲームの定式化を，モデル 13 に当てはめて考えてみよう．ここで混雑ゲームにおける「施設」は，モデル 13 では，道路区間を表す．そこで区間 AB，BD，AC，CD，BC に，$1, 2, \cdots, 5$ という番号を割り当てよう（図 2.20）．

　プレイヤーの集合は $N = \{1, 2\}$ であり，施設の集合は道路区間の集合 $M = \{1, 2, \cdots, 5\}$ である．施設を k 人で利用するときに，各プレイヤーが払う費用 $c_j(k)$ は，施設 1 と 4 は $c_1(1) = c_4(1) = 1$，$c_1(2) = c_4(2) = 3$．施設 2 と 3 は（人数によらないため）$c_2(1) = c_3(1) = c_2(2) = c_3(2) = 5$．施設 5 は $c_5(1) = c_5(2) = 30$ である．

　プレイヤーが選ぶ戦略は 3 つの経路であり，M の部分集合として，経路 1 は $\{1, 2\}$，経路 2 は $\{3, 4\}$，経路 3 は $\{1, 4, 5\}$ と表すことができる．

プレイヤーの利得の例を示そう. 例えば, プレイヤー 1 が $s_1 = \{1, 2\}$ (経路 1) を, プレイヤー 2 が $s_2 = \{1, 4, 5\}$ (経路 3) を選んだとき, 戦略の組 $s = (s_1, s_2)$ に対して, プレイヤー 1 の利得は

$$u_1(s) = -\sum_{j \in s_1} c_j(n_j(s)) = -\{c_1(2) + c_2(1)\} = -8$$

であり, プレイヤー 2 の利得は

$$u_2(s) = -\sum_{j \in s_2} c_j(n_j(s)) = -\{c_1(2) + c_4(1) + c_5(1)\} = -34$$

となる.

図 2.21 の左の表は, 各プレイヤーの費用行列 (費用の組の表) である. 利得行列ではプレイヤーは利得を最大にするのに対し, この費用行列ではプレイヤーは費用を最小にすると考えれば, 利得行列と同じもの[18]になる. ナッシュ均衡を求めると, $(\{1, 2\}, \{3, 4\})$ と $(\{3, 4\}, \{1, 2\})$ となり, プレイヤー 1 と 2 が経路 1 と経路 2 に分かれて進む結果となる. ¶

1 \ 2	$\{1,2\}$	$\{3,4\}$	$\{1,4,5\}$
$\{1,2\}$	$(8,8)$	$(\underline{6},6)$	$(\underline{8},34)$
$\{3,4\}$	$(6,\underline{6})$	$(8,8)$	$(\underline{8},34)$
$\{1,4,5\}$	$(34,\underline{8})$	$(34,\underline{8})$	$(36,36)$

1 \ 2	$\{1,2\}$	$\{3,4\}$	$\{1,4,5\}$
$\{1,2\}$	14	12	40
$\{3,4\}$	12	14	40
$\{1,4,5\}$	40	40	68

図 2.21 モデル 13 の費用行列とポテンシャル関数

混雑ゲームはポテンシャルゲームになり, ポテンシャル関数は,

$$\Psi(s) = -\sum_{j \in M} \sum_{k=1}^{n_j(s)} c_j(k)$$

となることがわかる[19] (読者は, プレイヤーの戦略を変えたときの利得の差が, ポテンシャル関数に等しいことを確認してみよ).

例えば例 2.6 の戦略の組 s では,

$$\Psi(s) = -[\{c_1(1) + c_1(2)\} + c_2(1) + c_4(1) + c_5(1)] = -40$$

となる. 図 2.21 の右の表は, ポテンシャル関数である (ただし, 利得ではなく費用で表している). ポテンシャル関数が最小となる戦略の組 $(\{1, 2\}, \{3, 4\})$ と $(\{3, 4\}, \{1, 2\})$ がナッシュ均衡になっていることがわかる.

---

18) 利得に変換するには -1 を掛ければよい.

19) ここで, ある施設 j を誰も使わないときは, $n_j(s) = 0$ より $\sum_{k=1}^{n_j(s)} c_j(k) = 0$ となることに注意せよ.

2.6.3 無秩序の代償

さて，混雑ゲームには，**無秩序の代償**とよばれる興味深い現象が起こる．本項では，これについて学ぶ．モデル13を変えて，次のモデルを考えよう．

モデル14　無秩序の代償

　モデル13において，バイパス区間BCが一部開通して，1人だけならば，費用が1のままで通過できるようになったとする（2人であれば費用は30のままとする）．プレイヤー全体で，混雑の状況は改善されただろうか？

図2.22の左の表は各プレイヤーの費用行列，右の表はポテンシャル（費用）関数である．ナッシュ均衡（ポテンシャル関数が最小）となる戦略の組は4つあり，一方のプレイヤーがバイパスを使う経路3($\{1,4,5\}$)を利用し，もう一方のプレイヤーは経路1($\{1,2\}$)か，または経路2($\{3,4\}$)のように，バイパスを使わないという結果となる．

1　╲　2	$\{1,2\}$	$\{3,4\}$	$\{1,4,5\}$
$\{1,2\}$	$(8,8)$	$(6,6)$	$(\underline{8},\underline{5})$
$\{3,4\}$	$(6,6)$	$(8,8)$	$(\underline{8},\underline{5})$
$\{1,4,5\}$	$(\underline{5},\underline{8})$	$(\underline{5},\underline{8})$	$(36,36)$

1　╲　2	$\{1,2\}$	$\{3,4\}$	$\{1,4,5\}$
$\{1,2\}$	14	12	11
$\{3,4\}$	12	14	11
$\{1,4,5\}$	11	11	39

図2.22　モデル14の費用行列とポテンシャル関数

ところが，ここで2人のプレイヤーの合計費用を計算すると，バイパスが開通する前の合計費用は12であり，開通後の合計費用は13になっている．バイパスが開通することでプレイヤー全体の合計費用は大きくなる．すなわち，**個人が最適に行動した結果が，社会全体にとって最適にならない**．これを**無秩序の代償**とよぶ．

　無秩序の代償は，もっと簡単なモデルで表すこともできる．図2.23の地図において，プレイヤー1と2はAからBへ向かう．経路1は人数に関わらず費用は4であり，経路2は1人の通過ならば費用は1，2人の通過ならば費用は3とする．

　図2.23の2つの表は，費用行列とポテンシャル関数である．これより，両プレイヤーが経路2を使うことがナッシュ均衡になる．しかし，このナッシュ

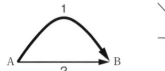

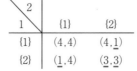

1 \ 2	{1}	{2}
{1}	(4,4)	(4,$\underline{1}$)
{2}	($\underline{1}$,4)	($\underline{3}$,$\underline{3}$)

1 \ 2	{1}	{2}
{1}	8	5
{2}	5	4

図 2.23 無秩序の代償の簡単なモデルの費用行列とポテンシャル関数

均衡では両プレイヤーの費用の合計は6であり，お互いのプレイヤーが経路1と2を別々に利用した方が，プレイヤー全体の費用の合計は5となって小さい．

　この「個人が最適に行動した結果が，プレイヤー全体・社会全体にとって最適にならない」という結果は，混雑ゲームの無秩序の代償に限らず，囚人のジレンマ，共有地の悲劇，クールノー競争でも現れた．このような現象とその解決は，ゲーム理論による問題分析の中心的なテーマの1つとなっている．

本章のまとめ

- 囚人のジレンマは，各プレイヤーにとって協力しないことが支配戦略であり，2人のプレイヤーが協力しないことがゲームの解となる．しかし，その結果は2人が協力したときよりも悪くなる．
- すべてのプレイヤーの利得をそれ以上高くする戦略の組が存在しないとき，その戦略の組はパレート最適であるという．パレート最適ではない結果は，プレイヤー全体にとって良くない結果である．
- ゲームの解であるナッシュ均衡は，プレイヤー全体にとって良いパレート最適な結果を導くとは限らない．
- 各プレイヤーは，他のプレイヤーと同じ行動を選ぶことが良いゲームを調整ゲーム（または協調ゲーム）とよぶ．調整ゲームでは，すべてのプレイヤーが同じ行動を選ぶことがナッシュ均衡になる．
- 調整ゲームでは，複数のナッシュ均衡が存在する．どのナッシュ均衡が実現する結果となるか，という均衡選択の問題に対しては，フォーカルポイントやリスク支配という考え方がある．
- 2×2ゲームは，大きく4つに分類される．
- 囚人のジレンマ，女と男の戦い，弱虫ゲーム，コインの表裏合わせは，2×2ゲームの代表的な例である．

- 投票に関する分析で，投票者が自分の利得を高くするように行動する状況を戦略的投票とよび，ゲーム理論で分析される．
- 戦略的投票の分析では，ナッシュ均衡が数多く現れる．支配されないナッシュ均衡など均衡の精緻化を使い，結果を絞り込むことができる．
- 企業の価格競争はベルトラン競争，生産量競争はクールノー競争とよばれる．
- ベルトラン競争やクールノー競争のような，戦略が実数のゲームでは，各プレイヤーの利得を最大にする最適反応関数を求め，それらを同時に満たす戦略を連立方程式で解く，もしくはグラフを書いて交点を計算することで，ナッシュ均衡を求めることができる．
- 戦略が実数や d 次元の実数ベクトルで与えられるとき，定理 2.1 の条件を満たせば，必ずナッシュ均衡が存在する．
- 各プレイヤーが戦略を変えたときの利得の差が，ポテンシャル関数という1つの関数で表されるゲームをポテンシャルゲームとよぶ．
- ポテンシャルゲームの例として，クールノー競争や混雑ゲームがある．
- 混雑ゲームにおいて，各プレイヤーの費用を最小にする行動が，プレイヤー全体の費用の合計を最大にしないとき，これを無秩序の代償とよぶ．

演 習 問 題

2.1　図 2.24 の各ゲームについて，次の問いに答えよ．答は各プレイヤーの戦略をカッコに並べて書け．

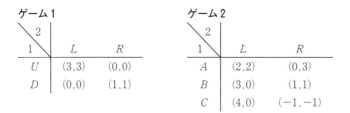

ゲーム 1

1 \ 2	L	R
U	(3,3)	(0,0)
D	(0,0)	(1,1)

ゲーム 2

1 \ 2	L	R
A	(2,2)	(0,3)
B	(3,0)	(1,1)
C	(4,0)	(−1,−1)

ゲーム 3

1 \ 2	L	M	R
A	(2,1)	(4,1)	(−1,0)
B	(1,3)	(2,0)	(0,2)
C	(3,1)	(1,0)	(0,1)

図 2.24　演習問題 2.1 の利得行列

(1)　各ゲームについて，ナッシュ均衡をすべて答えよ．ただし，確率を用いる混合戦略は考えない．

(2)　各ゲームについて，パレート最適な結果となる戦略の組をすべて答えよ．

2.2　企業 1 と 2 が，差別化された製品を販売し，価格競争をしている．企業 $i(i = 1, 2)$ の製品 1 単位の価格を p_i とするとき，企業 i の製品の需要 q_i は，

$$q_i = a - p_i + p_j$$

で与えられるものとする．ここで，p_j は相手企業の価格を表す．製品 1 単位を生産するときに費用（限界費用）はどちらの企業も c であるとする（ベルトラン競争）．このとき，各企業の均衡価格を求め，その均衡価格での各企業の製品の需要量，および利益を求めよ（単純化のため，価格は負になることも認めることとし，$-\infty < p_i < \infty$ であるとして解け）．

2.3　[p.71] モデル 12 では，両企業が製品 1 単位を生産するためにかかる費用（限界費用とよぶ）を同じ c とした．では，企業 1 の限界費用は c_1，企業 2 の限界費用は c_2 と異なる場合では，クールノー競争の結果はどうなるか．各企業の生産量，価格，利益を求めよ．

2.4　プレイヤー 1 と 2 が 1 万円を分ける交渉を考える．各プレイヤー $i\,(i = 1, 2)$ は，同時に自分が欲しい配分 x_i 万円を提出する．もし $x_1 + x_2 \leq 1$ であれば交渉は成立し，プレイヤー i の利得は x_i である．しかし，$x_1 + x_2 > 1$ であれば交渉は決裂して，両プレイヤーの利得は 0 になるものとする．ここで，x_i は $0 \leq x_i \leq 1$ を満たす実数とする．次の問いに答えよ．

(1)　プレイヤー 1 の最適反応関数を求めよ．

(2)　ナッシュ均衡を求めよ（複数存在して，ある領域になる）．

2.5　プレイヤー 1 が実数 x を，プレイヤー 2 が実数 y を同時に選ぶ 2 人戦略形ゲームを考える．x, y は，すべての実数を取り得るとする．このとき，プレイヤー 1 の利得が

$$u_1(x, y) = -x^2 + 4xy$$

プレイヤー 2 の利得が

$$u_2(x, y) = -y^2 - 6xy + 28y$$

で与えられているとする．このとき，次の問いに答えよ．

(1)　プレイヤー 1 とプレイヤー 2 の最適反応関数を求めよ．

(2)　ナッシュ均衡を求めよ．

2.6　プレイヤー 1 が実数 x を，プレイヤー 2 が実数 y を同時に選ぶ 2 人戦略形ゲームを考える．x と y は，$0 \leq x, y \leq 1$ の範囲を取り得るとする．次のゲーム 1 とゲーム 2 について，各プレイヤーの最適反応関数のグラフを書いて，ナッシュ均衡を求めよ．

(1)　ゲーム 1：$u_1(x, y) = (x + y - 1)^2$，　　$u_2(x, y) = -(x - y)^2$

(2)　ゲーム 2：$u_1(x, y) = -\left(x - y - \dfrac{1}{2}\right)^2$，　　$u_2(x, y) = -(y - 2x + 1)^2$

3

混 合 戦 略

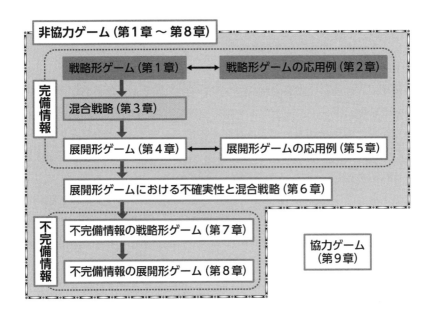

非協力ゲーム (第1章 ～ 第8章)

完備情報
- 戦略形ゲーム (第1章) ⟷ 戦略形ゲームの応用例 (第2章)
- 混合戦略 (第3章)
- 展開形ゲーム (第4章) ⟷ 展開形ゲームの応用例 (第5章)

展開形ゲームにおける不確実性と混合戦略 (第6章)

不完備情報
- 不完備情報の戦略形ゲーム (第7章)
- 不完備情報の展開形ゲーム (第8章)

協力ゲーム
(第9章)

　本章では，行動を確率的に選ぶ**混合戦略**について学ぶ．混合戦略も「戦略」であるため，もともと与えられた「戦略」と混合戦略が文脈によって区別がつきにくくなることもあり，このような場合は，もともと与えられた戦略を**純粋戦略**とよんで区別する．この用語を用いると，**混合戦略は，純粋戦略を確率で選択する戦略である**，といえる[1]．

本章のキーワード

混合戦略，純粋戦略，期待利得，最適反応曲線，ゼロサムゲーム，ノンゼロサムゲーム，マキシミニ戦略，マキシミニ値，ミニマックス定理

---

1)　付録で「確率の基礎」として，確率に関する用語と記号について解説したので，必要であれば，そちらも参照し，詳細については，確率論の本を参照してほしい．

3.1　混合戦略とナッシュ均衡

3.1.1　混合戦略 ― 確率で戦略を選ぶ ―

　すでに学んだように，2人じゃんけん（^{p.35}図 1.17）や，コインの表裏合わせ（^{p.64}モデル 9）には，純粋戦略のナッシュ均衡が存在しない．しかし，このようなゲームも混合戦略まで考えると，ナッシュ均衡が存在する．

　「与えられた戦略を確率的に選ぶ」とは，どういう意味であろうか？　これはプレイヤーが，サイコロを振ったり，コインを投げたり，乱数を使ったりして確率的な事象を発生させ，それに基づいて純粋戦略を選ぶことを意味している．例えば，コインの表裏合わせで「表を 1/6，裏を 5/6 の確率で選ぶ」という混合戦略は，プレイヤーがサイコロを投げて「1 の目が出たら表を，それ以外の目が出たら裏を選ぶ」ように行動することを表す．また，「表と裏を確率 1/2 で選ぶ」という混合戦略は，まさにコインを投げて，上になった面を選ぶ行動に対応する．

　この「確率的に戦略を選ぶ」という考え方は，初めて聞くと納得し難いかもしれない．理解を深めるために，2人じゃんけんを考えてみよう．2人じゃんけんでは，両プレイヤーがグー，チョキ，パーをそれぞれ 1/3 ずつ出すことだけがナッシュ均衡，つまりゲームの解になる．これは私たちにとって直観的に納得できることではないだろうか？　もし，プレイヤーがそれ以外の戦略を選ぶならば，グー，チョキ，パーに偏りが生じた選択になる．そして，それが予測されれば，相手はその偏った手に勝つような手を出すことで優位に立つことができるため，ゲームの解にはならない．ナッシュ均衡の考え方に立ち返れば，確率的に戦略を選ぶという考え方以外には，解がないことがわかる．

　以下では，プレイヤー i の混合戦略を ϕ_i という記号で表し，プレイヤー i の混合戦略をもう 1 つ別に表すときは ϕ_i' を用いることにする（純粋戦略のときの s_i と s_i' と同じ）．ここで $\phi_i(s_i)$ は，プレイヤー i が純粋戦略 s_i を選ぶ確率を表すものとする．

　例として，モデル 9 のコインの表裏合わせゲームを考えてみよう．プレイヤーの集合を $N = \{1, 2\}$，H を「表を選ぶ」，T を「裏を選ぶ」という純粋戦略とすると，純粋戦略の集合は $S_1 = S_2 = \{H, T\}$ と表せる．ここで，ϕ_i をプレイヤー i の混合戦略とすると，$\phi_i(H)$，$\phi_i(T)$ はプレイヤー i が H と T を選ぶ確率を表す．

例 3.1 プレイヤー 1 が「表を 1/6，裏を 5/6 の確率で選ぶ」という混合戦略を ϕ_1 とすると，$\phi_1(H) = 1/6$，$\phi_1(T) = 5/6$ となる．また，プレイヤー 2 が「表を 2/3，裏を 1/3 の確率で選ぶ」という混合戦略を ϕ_2 とすると，$\phi_2(H) = 2/3$，$\phi_2(T) = 1/3$ となる．　¶

　プレイヤー i の純粋戦略の集合 S_i が与えられたときに，混合戦略 ϕ_i は，S_i 上の 1 つの確率分布になっている．つまり，すべての純粋戦略 s_i に対して，$\phi_i(s_i) \geq 0$ かつ，$\sum_{\hat{s}_i \in S_i} \phi_i(\hat{s}_i) = 1$ が成り立つ．このことから，プレイヤー i のすべての混合戦略の集合 Φ_i を，次のように定義する．

定義 3.1 戦略形ゲーム $(N, \{S_i\}_{i \in N}, \{u_i\}_{i \in N})$ に対して，プレイヤー i の混合戦略の集合を

$$\Phi_i = \left\{ \phi_i : S_i \to \mathbb{R} \,\middle|\, \text{すべての } s_i \text{ に対して } \phi_i(s_i) \geq 0 \text{ かつ } \sum_{\hat{s}_i \in S_i} \phi_i(\hat{s}_i) = 1 \right\}$$

とする．　¶

　戦略が 2 つの場合は，プレイヤーが一方を選ぶ確率を $p\,(0 \leq p \leq 1)$ とし，もう一方を選ぶ確率を $1 - p$ とすると，すべての混合戦略を表すことができる．そして，純粋戦略のときと同じように，プレイヤーの混合戦略の組を $\phi = (\phi_1, \cdots, \phi_n)$ で表すことにし，混合戦略の組 ϕ が与えられたとき，プレイヤー i だけが混合戦略 ϕ_i' に変えた戦略の組を (ϕ_i', ϕ_{-i}) と表すことにする．

3.1.2　混合戦略と期待利得

　混合戦略が与えられたとき，プレイヤーの利得は「利得の期待値」であると考え，これを**期待利得**とよぶ．プレイヤーの戦略の組 $\phi = (\phi_1, \cdots, \phi_n)$ が与えられたとき，プレイヤー i の期待利得を $u_i(\phi)$（または $u_i(\phi_1, \cdots, \phi_n)$）と表す．本項では，この期待利得の計算方法について学ぶ．

◆ 期待利得の計算方法 1

　期待利得の計算方法の 1 つ目は，混合戦略の組 ϕ によって「純粋戦略の組が実現する確率分布」から期待値を計算する方法であり，次のように表すことができる．

$$u_i(\phi) = \sum_{\hat{s} \in S} \left\{ \prod_{i \in N} \phi_i(\hat{s}_i) \right\} u_i(\hat{s}) \tag{3.1}$$

ここで $\prod_{i \in N} \phi_i(\hat{s}_i)$ は，$\phi_1(\hat{s}_1), \phi_2(\hat{s}_2), \cdots, \phi_n(\hat{s}_n)$ の積を表す．

例3.2 ᵖ·⁶⁴ モデル9のコインの表裏合わせで, (3.1) 式の意味を確かめてみよう. プレイヤー1が H を確率 p, T を確率 $1-p$ で選ぶ混合戦略を ϕ_1, プレイヤー2が H を確率 q, T を確率 $1-q$ で選ぶような混合戦略を ϕ_2 と表すことにする.

1 ＼ ²	H	T
H	pq	$p(1-q)$
T	$(1-p)q$	$(1-p)(1-q)$

図3.1 混合戦略が導く戦略の組の確率分布

　コインの表裏合わせの純粋戦略の組は (H,H), (H,T), (T,H), (T,T) の4つであった. (ϕ_1, ϕ_2) が選ばれると, 「(H,H) が実現する確率は pq」, 「(H,T) が実現する確率は $p(1-q)$」, … のように, 純粋戦略の組の上に確率が決まる (つまり, 純粋戦略の組に対する確率分布が導かれる). これは図3.1で表される.

　つまり, **プレイヤーが混合戦略を選ぶと, 純粋戦略の組に対する確率分布が決まり**, $\hat{s} = (\hat{s}_1, \cdots, \hat{s}_n)$ が実現する確率は $\prod_{i \in N} \phi_i(\hat{s}_i)$ のように, プレイヤー i が戦略 $\hat{s}_i$ を選ぶ確率 $\phi_i(\hat{s}_i)$ の積として計算できる. 例えば, (H,H) が実現する確率は $\phi_1(H)\phi_2(H) = pq$ となる.

　プレイヤーの期待利得を計算しよう. ここで, モデル9の利得は,

$$u_1(H,H) = u_1(T,T) = 1, \qquad u_1(H,T) = u_1(T,H) = -1$$
$$u_2(H,H) = u_2(T,T) = -1, \qquad u_2(H,T) = u_2(T,H) = 1$$

であることから, (3.1) 式を用いると,

$$\begin{aligned}
u_1(\phi_1, \phi_2) &= \phi_1(H)\phi_2(H)u_1(H,H) + \phi_1(H)\phi_2(T)u_1(H,T) \\
&\quad + \phi_1(T)\phi_2(H)u_1(T,H) + \phi_1(T)\phi_2(T)u_1(T,T) \\
&= pq \times 1 + p(1-q) \times (-1) \\
&\quad + (1-p)q \times (-1) + (1-p)(1-q) \times 1 \\
&= 4pq - 2p - 2q + 1
\end{aligned} \qquad (3.2)$$

と計算できる. これは, 図3.1によって計算した利得の期待値となる. ¶

◆ プレイヤーが純粋戦略を選んでいる場合

　ナッシュ均衡の計算のために, もう1つ別の期待利得の計算方法を学ぼう. その準備として, プレイヤー i が純粋戦略 s_i を選び, 他のプレイヤーが混合戦略を用いているときの期待利得の計算について学ぶ. 混合戦略の組 ϕ に対して, プレイヤー i が純粋戦略 s_i を選んだときの利得を $u_i(s_i, \phi_{-i})$ と表すことにする.

　「確率」の意味を考えると, 「純粋戦略 s_i を選ぶ」ということは, 「s_i に確率1を割り当てる (それはすなわち, 他の純粋戦略に確率0を割り当てる) 混合戦略を選ぶ」ということと意味が同じであることに注意しよう. したがって, $u_i(s_i, \phi_{-i})$ は, $\phi_i(s_i) = 1$ となる (すなわち, s_i 以外の純粋戦略 s_i' に関しては

$\phi_i(s_i') = 0$ となる）混合戦略の期待利得と同じである．

例題 3.1 p.30 図 1.14 において，一ノ瀬をプレイヤー 1，二子山をプレイヤー 2 とする．プレイヤー 1 の混合戦略 ϕ_1 を $\phi_1(A) = p$, $\phi_1(B) = 1 - p$，プレイヤー 2 の混合戦略 ϕ_2 を $\phi_2(A) = q$, $\phi_2(B) = 1 - q$ とするとき，$u_1(\phi_1, \phi_2)$, $u_2(\phi_1, \phi_2)$, $u_1(A, \phi_2)$, $u_1(B, \phi_2)$ を p と q の式で表せ．

[解]　ここでは (3.1) 式の定義式に当てはめながら，$u_1(\phi_1, \phi_2)$ を求めてみよう．(3.1) 式から

$$\begin{aligned}
u_1(\phi_1, \phi_2) &= \phi_1(A)\phi_2(A)u_1(A, A) + \phi_1(A)\phi_2(B)u_1(A, B) \\
&\quad + \phi_1(B)\phi_2(A)u_1(B, A) + \phi_1(B)\phi_2(B)u_1(B, B) \\
&= 200pq + 600p(1 - q) + 750(1 - p)q + 250(1 - p)(1 - q) \\
&= 350p - 900pq + 500q + 250
\end{aligned} \tag{3.3}$$

となり，同じように $u_2(\phi_1, \phi_2)$ は，

$$u_2(\phi_1, \phi_2) = 250p - 450pq + 100q + 500$$

となる．

また，$u_1(A, \phi_2)$ は (3.3) 式で $p = 1$ とした場合に相当するから $u_1(A, \phi_2) = -400q + 600$ であり，$u_1(B, \phi_2)$ は $p = 0$ とした場合に相当するから $u_1(B, \phi_2) = 500q + 250$ である． 　　　　　　　　　　　　　　　　　　　　　　　　　　✎

$u_1(A, \phi_2)$ や $u_1(B, \phi_2)$ を計算するには，上記のように (3.1) 式を計算してから $p = 1$ や $p = 0$ を代入するのではなく，A や B を選んだときに，プレイヤー 2 の混合戦略によって実現する戦略の組の確率分布の期待値を直接計算した方が効率的である．すなわち，ϕ_2 は「プレイヤー 2 が A を選ぶ確率が q，B を選ぶ確率が $1 - q$ である」ということから，$u_1(A, \phi_2)$ は「$u_1(A, A)$ が実現する確率が q，$u_1(A, B)$ が実現する確率が $1 - q$ である」と考えて，

$$\begin{aligned}
u_1(A, \phi_2) &= \phi_2(A)u_1(A, A) + \phi_2(B)u_1(A, B) \\
&= 200q + 600(1 - q) = -400q + 600
\end{aligned} \tag{3.4}$$

とすると，早く計算できる．同じように，$u_1(B, \phi_2)$ は，

$$\begin{aligned}
u_1(B, \phi_2) &= \phi_2(A)u_1(B, A) + \phi_2(B)u_1(B, B) \\
&= 750q + 250(1 - q) = 500q + 250
\end{aligned} \tag{3.5}$$

と計算できる．

一般的には，プレイヤー i 以外の混合戦略の組が ϕ_{-i} で与えられたとき，プレイヤー i が純粋戦略 s_i を選んだときの期待利得 $u_i(s_i, \phi_{-i})$ は，

$$u_i(s_i, \phi_{-i}) = \sum_{\tilde{s}_{-i} \in S_{-i}} \left\{ \prod_{j \in N \setminus \{i\}} \phi_j(\tilde{s}_j) \right\} u_i(s_i, \tilde{s}_{-i}) \tag{3.6}$$

と表せる（$N \setminus \{i\}$ は N から i を除いた集合を表す）．

◆ 期待利得の計算方法 2

期待利得のもう 1 つの計算方法は，まずプレイヤー i がそれぞれの純粋戦略を選んだときの期待利得を計算し，次にプレイヤー i の混合戦略が，プレイヤー i の純粋戦略上の確率分布を与えているということを用いて，「純粋戦略を選んだときの期待利得の期待値」を計算する方法である．この方法は，ナッシュ均衡の計算において重要になる．

例 3.2 の $u_1(\phi_1, \phi_2)$ を，この方法で計算してみよう．

プレイヤー 2 が混合戦略 ϕ_2 を選んでいるとき，プレイヤー 1 が純粋戦略 H を選ぶと期待利得 $u_1(H, \phi_2)$ は，(3.6) 式より，

$$u_1(H, \phi_2) = \phi_2(H)u_1(H, H) + \phi_2(T)u_1(H, T)$$
$$= q \times 1 + (1 - q) \times (-1) = 2q - 1$$

となる．同じように $u_1(T, \phi_2)$ は，

$$u_1(T, \phi_2) = \phi_2(H)u_1(T, H) + \phi_2(T)u_1(T, T)$$
$$= q \times (-1) + (1 - q) \times 1 = -2q + 1$$

と計算できる．

このように，自分が H を選んだときと T を選んだときの期待利得をそれぞれ計算しておけば，ϕ_1 を選んだときの期待利得は

$p \times （H を選んだときの期待利得）+ (1 - p) \times （T を選んだときの期待利得）$

であるから，

$$u_1(\phi_1, \phi_2) = p u_1(H, \phi_2) + (1 - p)u_1(T, \phi_2) = p(2q - 1) + (1 - p)(-2q + 1)$$
$$\tag{3.7}$$

となる．(3.7) 式を展開して整理すると (3.2) 式となり，2 つの計算方法による結果は同じになることがわかる．

自分が「表を選ぶ」，「裏を選ぶ」という 2 つの（確実な）選択は，相手が混合戦略を選んでいるときには，実現する戦略の組（事象）が不確実な「くじ」になる．自分が混合戦略を選ぶということは，その不確実な「くじ」を，さらに自分の不確実な選択（くじ）によって選ぶことに相当する．2 番目の計算方法は「くじを選ぶくじ」（これを「複合くじ」とよぶ）に基づく期待利得の計算方法であり，これは，最終的に実現する戦略の組に確率を与えた 1 回のくじの期待値（1 番目の計算方法）と同じであると考える[2]．この 2 つの計算方法

---

2)　これを同じとは考えない理論もある．

による期待利得は同じであるということが，混合戦略のナッシュ均衡を求めるときに重要となる．

このことから，期待利得の計算方法 2 は，次のように表せる（2 番目の等号には，(3.6) 式を用いる）．

$$u_i(\phi_1, \cdots, \phi_n) = \sum_{\widehat{s}_i \in S_i} \phi_i(\widehat{s}_i) u_i(\widehat{s}_i, \phi_{-i})$$

$$= \sum_{\widehat{s}_i \in S_i} \phi_i(\widehat{s}_i) \sum_{\widehat{s}_{-i} \in S_{-i}} \left\{ \prod_{j \in N \setminus \{i\}} \phi_j(\widehat{s}_j) \right\} u_i(\widehat{s}_i, \widehat{s}_{-i}) \tag{3.8}$$

例 3.3　例題 3.1 における $u_1(\phi_1, \phi_2)$ を (3.8) 式に基づいて計算してみると
$$u_1(\phi_1, \phi_2) = \phi_1(A) u_1(A, \phi_2) + \phi_1(B) u_1(B, \phi_2)$$
となる．(3.4) 式と (3.5) 式より
$$u_1(\phi_1, \phi_2) = p(-400q + 600) + (1 - p)(500q + 250)$$
$$= 350p - 900pq + 500q + 250$$
となり，これは (3.3) 式の結果と等しくなることがわかる．　¶

3.1.3　混合戦略のナッシュ均衡

本項では，混合戦略のナッシュ均衡について学ぶ．

ナッシュ均衡は，「すべてのプレイヤーが最適反応戦略を選び合う戦略の組」と定義されると共に（p.31 定義 1.9），それを，「どのプレイヤーも，他のプレイヤーの戦略が変わらないもとでは，その戦略から他のどんな戦略に変えても利得は高くならない戦略の組」と言い換えることができた（p.36 命題 1.4）．今回は，後者を混合戦略に置き換えて，ナッシュ均衡の定義としよう．すなわち，**混合戦略の組がナッシュ均衡であるとは，どのプレイヤーも，他のプレイヤーの混合戦略が変わらないもとでは，その混合戦略から他のどんな混合戦略に変えても利得が高くならない**ということである．

定義 3.2　混合戦略の組 $\phi = (\phi_1, \cdots, \phi_n)$ がナッシュ均衡であるとは，すべてのプレイヤー i のすべての混合戦略 $\phi_i{}'$ に対して，
$$u_i(\phi) \geq u_i(\phi_i{}', \phi_{-i}) \tag{3.9}$$
が成り立つことである．　¶

コインの表裏合わせでは，両プレイヤーが「表と裏を確率 1/2 で選ぶこと」がナッシュ均衡になると述べた．直観的にはこれは正しそうであるが，この事実を定義に従って確かめてみよう．

例題 3.2　コインの表裏合わせで，両プレイヤーが「表と裏を確率 1/2 で選ぶこと」がナッシュ均衡になることを定義 3.2 に従って示せ．

[解]　$\phi_j (j = 1, 2)$ を $\phi_j(H) = \phi_j(T) = 1/2$ とする．すべてのプレイヤー i のすべての混合戦略 ϕ_i' に対して (3.9) 式が成り立つこと，すなわち $u_i(\phi) \geq u_i(\phi_i', \phi_{-i})$ を示せばよい．ここで，$i = 1$ として考えてみよう（$i = 2$ も同じく示すことができる）．

プレイヤー 1 のすべての混合戦略 ϕ_1' は，$0 \leq p \leq 1$ となる p によって，$\phi_1'(H) = p$，$\phi_1'(T) = 1 - p$ と表せる．このとき，$u_1(\phi_1', \phi_2)$ は (3.2) 式に $q = 1/2$ を代入したものになるため，p の値に関わらず $u_1(\phi_1', \phi_2) = 0$ となる．これは，プレイヤー 1 がどのような混合戦略 ϕ_1' を選んでも利得は 0 であることを示している．表と裏を確率 1/2 で選んだ $u_1(\phi)$ も 0 であることから，(3.9) 式は常に等号で成り立ち，「表と裏を確率 1/2 で選ぶこと」がナッシュ均衡であることがわかる．　✒

コインの表裏合わせやじゃんけんは，ナッシュ均衡が各戦略を均等な確率で選ぶものになったが，一般的にはそうではない．では，混合戦略のナッシュ均衡はどのように計算できるのだろうか？　次の 3.2 節では，これについて学ぶ．

3.2　2 × 2 ゲームの混合戦略のナッシュ均衡の計算

3.1.3 項では，ある混合戦略の組が与えられたときに，それがナッシュ均衡であることを確認する方法を学んだ．では，混合戦略のナッシュ均衡を求めるには，どうすればよいのだろうか？　一般的な計算のアルゴリズムは専門的になるため，ここでは解説を省くが，2 × 2 ゲームにおいては，簡便に求める方法が知られている．本節では，これについて学ぶ．

3.2.1　純粋戦略の均衡がない場合

まず，次のモデルを考えよう．

モデル 15　サッカーの PK 戦

サッカーの PK 戦を考えよう（図 3.2）．キッカーはボールを左か右かのどちらかに蹴るものとし，キーパーはキッカーから見て左か右に飛んでゴールを阻止する．ボールとキーパーが違う方向に飛べばゴールの成功率は高くなり，同じ方向に飛べば成功率は低くなる．キッカーは左に蹴る方が得意で，左の方が成功率が高いとし，次のような設定をする．

- キーパーがキッカーと同じ方向に飛んだとき，キッカーが左に蹴ればゴールの成功率は 50%，右に蹴れば成功率は 40% である．
- キーパーがキッカーと異なる方向に飛んだとき，キッカーが左に蹴ればゴールの成功率は 90%，右に蹴れば成功率は 70% である．

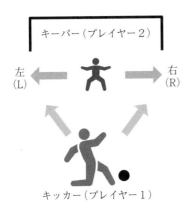

キーパー（プレイヤー2）

左
(L)

右
(R)

キッカー（プレイヤー1）　　**図3.2** サッカーのPK戦

ここでゴールの成功率をキッカーの利得とし，それを負にした値をキーパーの利得とする（失敗率（1から成功率を引いた値）や百分率を利得にしても同じ結果になる）.

ここで，キッカーとキーパーをプレイヤー1と2とし，キッカーもキーパーも，キッカーから見て左に蹴る（左に飛ぶ）戦略を L，右に蹴る（右に飛ぶ）戦略を R で表すことにする.このときモデル15の利得行列は，図3.3となる.

1 ＼ 2	L	R
L	$(0.5, -0.5)$	$(0.9, -0.9)$
R	$(0.7, -0.7)$	$(0.4, -0.4)$

図3.3 モデル15の利得行列

p.34 手順1に従って，図3.3の利得行列において，最適反応戦略となる利得に下線を引くと，両プレイヤーの利得に下線が引かれている戦略の組はない.しかし，このゲームのように，純粋戦略のナッシュ均衡がないゲーム（2.3.1項で分類したゲームの（iv）に相当する）でも，コインの表裏合わせと同じように，混合戦略のナッシュ均衡が1つ存在する.ただし，このゲームはコインの表裏合わせのように混合戦略のナッシュ均衡が，L と R を1/2ずつ選ぶという単純なものにはならない.それでは，このゲームの混合戦略のナッシュ均衡は，どのように計算するのだろうか？

純粋戦略のナッシュ均衡を求めるには，各プレイヤーの最適反応戦略を求めて，お互いに最適反応戦略を選び合っている戦略の組を求めればよかった（手順1や2.5節のベルトラン競争とクールノー競争を参照）.混合戦略のナッシュ均衡でも求め方は同じであり，各プレイヤーの最適反応戦略を求めて，

両者がそれを選び合う戦略の組を計算
すればよい.

　そこで, まずプレイヤー 1 の最適反
応戦略から考えよう. 図 3.4 のよう
に, プレイヤー 2 が L を q の確率で
選択する混合戦略 $\phi_2(L) = q$ を用いて
いる（したがって, プレイヤー 2 が R
を選択する確率は $\phi_2(R) = 1 - q$) と

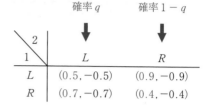

2 1	L	R
L	$(0.5, -0.5)$	$(0.9, -0.9)$
R	$(0.7, -0.7)$	$(0.4, -0.4)$

確率 q　　　確率 $1 - q$

図 3.4　プレイヤー 2 が, L を q の確率
で選択し, R を $1 - q$ の確率で選択

すると, プレイヤー 1 が L を選んだときの期待利得 $u_1(L, \phi_2)$ は, (3.6) 式より,

$$u_1(L, \phi_2) = \phi_2(L) u_1(L, L) + \phi_2(R) u_1(L, R)$$
$$= q \times 0.5 + (1 - q) \times 0.9 = -0.4q + 0.9 \qquad (3.10)$$

となり, R を選んだときの期待利得 $u_1(R, \phi_2)$ は

$$u_1(R, \phi_2) = \phi_2(L) u_1(R, L) + \phi_2(R) u_1(R, R)$$
$$= q \times 0.7 + (1 - q) \times 0.4 = 0.3q + 0.4 \qquad (3.11)$$

となる.

　まず, q に応じてプレイヤー 1 の純粋戦略の L と R のどちらが最適反応戦
略になるのかを考察する. プレイヤー 1 が L を選択した方が利得が高くなる
とき, すなわち $u_1(L, \phi_2) > u_1(R, \phi_2)$ となるのは

$$-0.4q + 0.9 > 0.3q + 0.4$$

であり, これを解くと $q < 5/7$ となる. つまり, プレイヤー 1 は $q < 5/7$ の
ときに L を選ぶことが最適反応戦略である. 逆に, $q > 5/7$ のときは R が最
適反応戦略である.

　$q = 5/7$ のときはどうだろうか？ このときは, L と R は同じ期待利得
$(43/70)$ となり, L と R が共に最適反応戦略である.

　次に, 純粋戦略だけではなく, 混合戦略も考慮したときのプレイヤー 1 の最
適反応戦略を求めてみよう. そこで, プレイヤー 1 が L を確率 p で選択する
混合戦略 $\phi_1(L) = p$（R を選択する確率は $\phi_1(R) = 1 - p$ となる）を考える
(図 3.5).

　(3.8) 式の計算方法（期待利得の計算方法 2）に基づいてプレイヤー 1 の期
待利得を計算すると

$$u_1(\phi_1, \phi_2) = \phi_1(L) u_1(L, \phi_2) + \phi_1(R) u_1(R, \phi_2)$$
$$= p \times (-0.4q + 0.9) + (1 - p) \times (0.3q + 0.4) \qquad (3.12)$$

である.

（3.12）式の値を一番
大きくする p はいくつ
だろうか？ この式は
$u_1(L, \phi_2)$ と $u_1(R, \phi_2)$ に p
と $1 - p$ の重みを付け
て足し合わせた式になっ
ているため，$0 \leq p \leq 1$

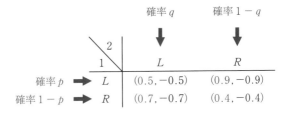

図 3.5 プレイヤー 1 が，L を p の確率で選択し，R を $1 - p$ の確率で選択

において，$u_1(L, \phi_2) > u_1(R, \phi_2)$ のときは $p = 1$ が，$u_1(L, \phi_2) < u_1(R, \phi_2)$ のときは $p = 0$ が，この式の値を最大にする p である.

これを前の結果と合わせて考えると，$q < 5/7$ のときは，$p = 1$（すなわち，L を確定的に選ぶこと）がプレイヤー 1 の最適反応戦略であることを意味している. 同じように $q > 5/7$ のときは，$p = 0$（すなわち，R を確定的に選ぶこと）が最適反応戦略である.

$q = 5/7$ のときはどうだろうか. このときは $-0.4q + 0.9 = 0.3q + 0.4 = 43/70$ が成り立ち，

$$u_1(\phi_1, \phi_2) = p \times (-0.4q + 0.9) + (1 - p) \times (0.3q + 0.4) = \frac{43}{70}$$

となり，p の値に関わらず期待利得は 43/70 である. これは言い換えると，$q = 5/7$ のときは「すべての p」が最適反応戦略となることを意味している.

以上をまとめて，プレイヤー 1 の最適反応戦略を混合戦略 p の式として表すと

$$q < \frac{5}{7} \text{ のとき}: p = 1$$

$$q = \frac{5}{7} \text{ のとき}: 0 \leq p \leq 1$$

$$q > \frac{5}{7} \text{ のとき}: p = 0$$

となる.

同じように，プレイヤー 2 の最適反応戦略を，プレイヤー 1 の混合戦略 p に応じて場合分けしてみよう. ここで，プレイヤー 1 が L を確率 p で選択する混合戦略 $\phi_1(L) = p$ を考える（再度，図 3.5 を参照すればよい）. プレイヤー 2 が L を選んだときの期待利得 $u_2(\phi_1, L)$ は

$$u_2(\phi_1, L) = \phi_1(L)\, u_2(L, L) + \phi_1(R)\, u_2(R, L)$$
$$= p \times (-0.5) + (1 - p) \times (-0.7) = 0.2p - 0.7$$

プレイヤー2が R を選択したときの期待利得 $u_2(\phi_1, R)$ は

$$u_2(\phi_1, R) = \phi_1(L)\, u_2(L, R) + \phi_1(R)\, u_2(R, R)$$
$$= p \times (-0.9) + (1 - p) \times (-0.4) = -0.5p - 0.4$$

である．プレイヤー2が L を選択した方が利得が高くなる条件 $u_2(\phi_1, L) > u_2(\phi_1, R)$ は

$$0.2p - 0.7 > -0.5p - 0.4$$

で，これを解くと $p > 3/7$ となる．

p に応じて，プレイヤー2の最適反応戦略を混合戦略 q として表現すると，

$$p > \frac{3}{7} \text{ のとき} : q = 1$$

$$p = \frac{3}{7} \text{ のとき} : 0 \leq q \leq 1$$

$$p < \frac{3}{7} \text{ のとき} : q = 0$$

となる．

　各プレイヤーの最適反応戦略を，p を横軸，q を縦軸として表したものが図3.6である．プレイヤー1の最適反応戦略は，$q < 5/7$ では $p = 1$，$q > 5/7$ では $p = 0$ で，$q = 5/7$ では $0 \leq p \leq 1$ の点がプロットされたグラフである．このグラフを**最適反応曲線**とよぶ（曲線とはいっても，この場合は直線が連結された線である）．

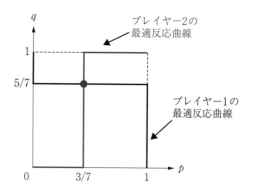

図3.6　サッカーの PK 戦の最適反応曲線とナッシュ均衡

　ナッシュ均衡は，お互いのプレイヤーが最適反応戦略を選び合う戦略の組であるので，この最適反応曲線の交点がナッシュ均衡になる．今回は $p = 3/7$，$q = 5/7$ がナッシュ均衡である．

　p, q は混合戦略を求めるために導入した記号であるから，元の問題に戻ってナッシュ均衡を記述すると，表3.1のように表せる．

改めて結果をみると，興味深いことがわかる．そもそも ^{p.95}
図 3.3 を見るとキッカーは，キーパーが同じ方向に飛んでも，異なる方向に飛んでも，左の方が右よりも成功率が高い．すなわち，キッカーは左に蹴る方が右に蹴るよりも得意なので

表 3.1 サッカーの PK 戦のナッシュ均衡

プレイヤー 1	L を選択する確率	$\dfrac{3}{7}$
（キッカー）の戦略	R を選択する確率	$\dfrac{4}{7}$
プレイヤー 2	L を選択する確率	$\dfrac{5}{7}$
（キーパー）の戦略	R を選択する確率	$\dfrac{2}{7}$

ある．それにも関わらず，ナッシュ均衡では右に蹴る確率の方が高くなっている．これは，キッカーが得意な左を高い確率で蹴るならば，キーパーは確実に左に飛んでそれを防ごうとするので，キッカーにとって良い状況ではない（均衡にならない）からである．左に蹴る方が成功率が高いにも関わらず，ゲームの解においては右に蹴る確率が高くなるのは，自分のことだけではなく相手も考慮したゲーム理論らしい考え方であるといえるだろう．

2×2 ゲームのナッシュ均衡の求め方の手順をまとめると，次のようになる．

手順 2　2×2 ゲームにおけるナッシュ均衡の計算
STEP.1　プレイヤー 1, 2 の混合戦略を p と q で表す（$0 \leq p \leq 1, 0 \leq q \leq 1$）．
STEP.2　プレイヤー 1 の最適反応戦略を，q によって場合分けして求める．
STEP.3　プレイヤー 2 の最適反応戦略を，p によって場合分けして求める．
STEP.4　最適反応曲線のグラフを書くと，その交点がナッシュ均衡となる．

3.2.2　純粋戦略の均衡が 2 つある場合

3.2.1 項では，純粋戦略のナッシュ均衡がないゲーム（2.3.1 項で分類したゲームの（iv））における，混合戦略のナッシュ均衡の求め方を学んだ．ところで，2.3.1 項で分類したゲームの（iii）の純粋戦略のナッシュ均衡が 2 つあるゲーム（調整ゲームや弱虫ゲーム）でも，この他に混合戦略のナッシュ均衡が 1 つ存在する．

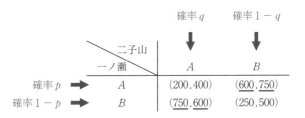

図 3.7　一ノ瀬が，A を確率 p で選択し，B を確率 $1-p$ で選択する．

　求め方は 3.2.1 項と全く同じであり，手順 2 で求めることができる．ここで
は例題として，[p.30] 図 1.14 を考えてみよう．このゲームは図 3.7 に示したよ
うに，純粋戦略のナッシュ均衡が 2 つある．

例題 3.3　図 1.14 について，混合戦略の均衡まで含めてナッシュ均衡をすべて
求めよ．答は純粋戦略であっても，混合戦略の形式で表せ．

　[解]　いま，一ノ瀬が A を p，B を $1 - p$ の確率で選択するような混合戦略を ϕ_1
とし，二子山が A を q，B を $1 - q$ の確率で選択するようような混合戦略を ϕ_2 とす
る（図 3.7）．

　まず，一ノ瀬の最適反応戦略を計算する．一ノ瀬が A を選んだときの期待利得は

$$u_1(A, \phi_2) = q \times 200 + (1 - q) \times 600 = -400q + 600 \tag{3.13}$$

であり，B を選んだときの期待利得は

$$u_1(B, \phi_2) = q \times 750 + (1 - q) \times 250 = 500q + 250 \tag{3.14}$$

である．

　一ノ瀬が A を選択した方が利得が高くなるとき，すなわち $u_1(A, \phi_2) > u_1(B, \phi_2)$
となるのは

$$-400q + 600 > 500q + 250$$

であり，これを解くと $q < 7/18$ となる．したがって，$q < 7/18$ のときは一ノ瀬は
A，すなわち $p = 1$ が最適反応戦略である．

　一方，$q > 7/18$ のときは B，すなわち $p = 0$ が最適反応戦略である．$q = 7/18$ の
ときは A を選択することと，B を選択することは同じ期待利得となり，すべての p
に対する混合戦略が最適反応戦略となる．

　一ノ瀬の最適反応戦略を，混合戦略 p の式として表すと

$$q < \frac{7}{18} \text{ のとき} : p = 1$$

$$q = \frac{7}{18} \text{ のとき} : 0 \leq p \leq 1$$

$$q > \frac{7}{18} \text{ のとき} : p = 0$$

となる．

　同じように，二子山の最適反応戦略を場合分けしてみよう．二子山が A を選んだ
ときの期待利得は

$$u_2(\phi_1, A) = p \times 400 + (1 - p) \times 600 = -200p + 600 \tag{3.15}$$

であり，二子山が B を選択したときの期待利得は

$$u_2(\phi_1, B) = p \times 750 + (1 - p) \times 500 = 250p + 500 \tag{3.16}$$

である．二子山が A を選択した方が利得が高くなる条件は

$$-200p + 600 > 250p + 500$$

で，これを解くと $p < 2/9$ である．二子山の最適反応戦略を混合戦略 q の値として
表すと，

$$p < \frac{2}{9} \text{ のとき : } q = 1$$

$$p = \frac{2}{9} \text{ のとき : } 0 \leq q \leq 1$$

$$p > \frac{2}{9} \text{ のとき : } q = 0$$

となる.

　各プレイヤーの最適反応曲線は図3.8で表され，この最適反応曲線の交点がナッシュ均衡である．今回は交点が3つあり，表3.2のように表せる.

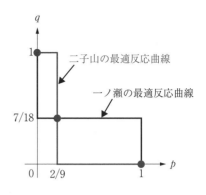

図3.8 図1.14の最適反応曲線とナッシュ均衡

p.30 図1.14において，純粋戦略のナッシュ均衡は(A, B)と(B, A)であることはすでにわかっていた．純粋戦略は，その戦略に確率1を割り当てた混合戦略なので，この2つのナッシュ均衡は表3.2の均衡1と均衡3にそれぞれ対応することがわかる．混合戦略まで拡張し，手順2を用いると，均衡2だけではなく，純粋戦略のナッシュ均衡である均衡1と均衡3も，グラフによって正しく求められる.

表3.2 図1.14のナッシュ均衡

均衡1	一ノ瀬の戦略	A を選択する確率	1
		B を選択する確率	0
	二子山の戦略	A を選択する確率	0
		B を選択する確率	1
均衡2	一ノ瀬の戦略	A を選択する確率	$\frac{2}{9}$
		B を選択する確率	$\frac{7}{9}$
	二子山の戦略	A を選択する確率	$\frac{7}{18}$
		B を選択する確率	$\frac{11}{18}$
均衡3	一ノ瀬の戦略	A を選択する確率	0
		B を選択する確率	1
	二子山の戦略	A を選択する確率	1
		B を選択する確率	0

3.2.3　簡便な混合戦略のナッシュ均衡の計算方法

　3.2.1項や3.2.2項では，2×2ゲームの混合戦略のナッシュ均衡を最適反応曲線のグラフを書いて求めた（手順2）．この手順は，混合戦略のナッシュ均衡が最適反応曲線の交点であるということを理解して，それに従って解く方法である．しかし，ナッシュ均衡を求めるだけであれば，グラフを書かなくても，もっと簡単に計算できる．本項では，それについて学ぶ.

p.95 図 3.3 におけるナッシュ均衡の計算を再検討してみよう．3.2.1 項では，まずプレイヤー 2 が L を q の確率で選択するような混合戦略 $\phi_2(L) = q$ を選ぶとし，プレイヤー 1 の最適反応戦略が L になるとき（すなわち，$u_1(L, \phi_2) > u_1(R, \phi_2)$）と，$R$ になるとき（すなわち，$u_1(L, \phi_2) < u_1(R, \phi_2)$）を q で場合分けした．しかし，最適反応曲線のグラフ（p.98 図 3.6）でわかるように，最終的に，混合戦略のナッシュ均衡となるのは $u_1(L, \phi_2) = u_1(R, \phi_2)$ となる q の値である．つまり，プレイヤー 2 のナッシュ均衡の混合戦略 q はプレイヤー 1 の L と R の期待利得が等しくなるように決まる．プレイヤー 1 も同じで，プレイヤー 2 の L と R の期待利得が等しくなる（$u_2(\phi_1, L) = u_2(\phi_1, R)$）$p$ の値が，ナッシュ均衡の混合戦略となっている．

つまり，2 × 2 ゲームの混合戦略のナッシュ均衡は，**一方のプレイヤーの 2 つの純粋戦略の期待利得が等しくなるように，もう一方のプレイヤーの混合戦略の確率を決めればよい**．

その理由は，もし一方のプレイヤーの 2 つの純粋戦略の期待利得が等しくなければ，そのプレイヤーは混合戦略を選ばずに，利得が高くなる方の純粋戦略を選ぶため，混合戦略のナッシュ均衡にはならないからである[3]．

混合戦略のナッシュ均衡では，混合戦略を選ぶプレイヤーの期待利得が等しくなるように，もう一方の混合戦略の確率が決まるという考え方は，一般的なゲームの混合戦略のナッシュ均衡を求めるときにも，鍵となる考え方である．

ただし，この方法は純粋戦略の均衡がない場合（2.3.1 項で分類した（iv）のゲーム）ではうまくいくのに対し，2 つある場合（（iii）のゲーム）や，支配戦略がある場合（（i）や（ii）のゲーム）では注意が必要である．

例えば，プレイヤー 1 に支配戦略がある場合は，期待利得が等しくなるような q の値を求めると，$q < 0$ や $q > 1$ となってしまう．このような場合は，混合戦略をもち出すまでもなく，純粋戦略のナッシュ均衡だけを考えればよい．

また，例題 3.3 で考えたような純粋戦略のナッシュ均衡が 2 つあるゲーム

---

3)　純粋戦略は，確率 1 を割り当てる混合戦略なので，「混合戦略を選ばずに」は正しくは「すべての純粋戦略に正の確率を割り当てる（0 を割り当てない）混合戦略を選ばずに」であり，「混合戦略のナッシュ均衡にはならない」は「すべての戦略に正の確率を割り当てる混合戦略にならない」，といわなければならない．「すべての戦略に正の確率を割り当てる混合戦略」は，**完全混合戦略**とよばれる．上記はそれぞれ，「完全混合戦略を選ばずに」，「完全混合戦略のナッシュ均衡にならない」が正しい言い方である．

（(ⅲ) のゲーム）は，期待利得が等しくなるような混合戦略だけではなく，その2つの純粋戦略のナッシュ均衡も付け加える必要がある.

　以上をまとめると，簡便な混合戦略のナッシュ均衡の計算方法は，次の手順となる（簡便法）.

手順3　2×2ゲームにおける混合戦略のナッシュ均衡の計算（簡便法）

STEP.1　プレイヤー1, 2の混合戦略をpとqで表す.

STEP.2　プレイヤー1の2つの純粋戦略の期待利得が等しくなるようにqを決める. $0 \leq q \leq 1$でなければ，プレイヤー1に支配戦略があるので，そのナッシュ均衡を求めて終了する.

STEP.3　プレイヤー2の2つの純粋戦略の期待利得が等しくなるようにpを決める. $0 \leq p \leq 1$でなければ，プレイヤー2に支配戦略があるので，そのナッシュ均衡を求めて終了する.

STEP.4　$0 \leq q \leq 1$かつ$0 \leq p \leq 1$であれば，その混合戦略がナッシュ均衡となる. 他に純粋戦略のナッシュ均衡が2つあれば，それも付け加えて終了する.

例3.4　p.95 図3.3のナッシュ均衡をすべて求めてみよう.

　ナッシュ均衡において，プレイヤー1がLをp, Rを$1-p$の確率で選択し，プレイヤー2がLをq, Rを$1-q$の確率で選択するとしよう（p.97 図3.5）.

　プレイヤー1がLを選んだときの期待利得は (3.10) 式より$-0.4q + 0.9$, Rを選んだときの期待利得は (3.11) 式より$0.3q + 0.4$である. したがって，$-0.4q + 0.9 = 0.3q + 0.4$を解いて$q = 5/7$となる. 同じように，プレイヤー2がLを選んだときの期待利得は$0.2p - 0.7$, Rを選んだときの期待利得は$-0.5p - 0.4$である. したがって，$0.2p - 0.7 = -0.5p - 0.4$を解いて，$p = 3/7$となる.

純粋戦略のナッシュ均衡は存在しないので，ナッシュ均衡は p.99 表3.1のようになる. ¶

例題3.4　p.30 図1.14について，混合戦略の均衡まで含めてナッシュ均衡をすべて求めよ. 答は純粋戦略であっても，混合戦略の形式で表せ.

　[解]　混合戦略のナッシュ均衡を，一ノ瀬がAをp, Bを$1-p$の確率で選択し，二子山がAをq, Bを$1-q$の確率で選択するとしよう（p.99 図3.7）.

　まず，両プレイヤーが両方の戦略を正の確率で選ぶ混合戦略を求める. 一ノ瀬がAを選んだときの期待利得は$-400q + 600$, Bを選んだときの期待利得は$500q + 250$である. したがって，$-400q + 600 = 500q + 250$を解いて$q = 7/18$となる.

　一方，二子山がAを選んだときの期待利得は$-200p + 600$, Bを選んだときの期待利得は$250p + 500$である. したがって，$-200p + 600 = 250p + 500$を解いて$p = 2/9$である.

　また，このゲームには純粋戦略のナッシュ均衡(A, B)と(B, A)が存在し，これを

混合戦略の形式で表すと，それぞれ $p = 1$，$q = 0$ と $p = 0$，$q = 1$ となる．これにより，ナッシュ均衡は ^{p.101} 表 3.2 のようになる．

3.2.4　ナッシュ均衡における結果と期待利得

　2×2 ゲームの混合戦略のナッシュ均衡の計算に続き，この項では，求めたナッシュ均衡における期待利得の計算方法について学ぶ．

　混合戦略は，私たちの日常にはない「行動を確率的に選ぶ」という考え方のため，計算はできても意味がわからないという人も多い．そこで，**混合戦略によって得られる結果は，戦略の組の上の確率分布である**ということを，まず確認しておこう．

　例えば，コインの表裏合わせのナッシュ均衡は，「両プレイヤーが表と裏を $1/2$ で選ぶ」という混合戦略の組であった．両プレイヤーがナッシュ均衡を選べば，その結果は，(H, H)，(H, T)，(T, H)，(T, T) がそれぞれ $1/4$ の確率で起こる，ということになる．例えば，ナッシュ均衡において，両者が表を出す確率は $1/4$ である．このように，ゲームの結果は確定的ではなく，確率として予測される．

　したがって，ナッシュ均衡におけるプレイヤー 1 の利得も確定的なものではなく，その期待値である期待利得として計算できる．プレイヤー 1 の期待利得は，(3.2) 式に $p = q = 1/2$ を代入して 0 になることがわかる．プレイヤー 2 の期待利得も，同じように計算すれば 0 である．このコインの表裏合わせは，両者の期待利得が同じ 0 になることは，直観的にも理解できる．

<u>**例 3.5**</u>　^{p.95} 図 3.3 のナッシュ均衡における，期待利得を計算してみよう．

　図 3.3 のナッシュ均衡は，^{p.99} 表 3.1 となる．よって，例えば (L, L) が実現する確率は，

$$\phi_1(L)\phi_2(L) = \frac{3}{7} \times \frac{5}{7} = \frac{15}{49}$$

となる．「プレイヤー 1 が L，プレイヤー 2 も L を選ぶ確率」は $15/49$ となる．

　図 3.9 は，ナッシュ均衡において各プレイヤーが純粋戦略を選ぶ確率と，戦略の組が実現する確率を下付の添字で書き入れたものである．

　プレイヤー 1 の期待利得を求めると

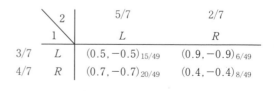

2 1		5/7 L	2/7 R
3/7	L	$(0.5, -0.5)_{15/49}$	$(0.9, -0.9)_{6/49}$
4/7	R	$(0.7, -0.7)_{20/49}$	$(0.4, -0.4)_{8/49}$

図 3.9　ナッシュ均衡と実現する確率分布

$$u_1(\phi_1, \phi_2) = \phi_1(L)\phi_2(L)\,u_1(L, L) + \phi_1(L)\phi_2(R)\,u_1(L, R)$$
$$+ \phi_1(R)\phi_2(L)\,u_1(R, L) + \phi_1(R)\phi_2(R)\,u_1(R, R)$$
$$= \frac{15}{49} \times 0.5 + \frac{6}{49} \times 0.9 + \frac{20}{49} \times 0.7 + \frac{8}{49} \times 0.4$$
$$= \frac{43}{70} \simeq 0.61 \tag{3.17}$$

となる．プレイヤー 1 の利得は PK の成功率であったので，ナッシュ均衡において
は，PK の成功率は 61 ％であることがわかる．

　なお，プレイヤー 2 の利得は，プレイヤー 1 の利得に -1 を掛けたものなので，
$-43/70$ となる．　¶

　ところで，この計算はもう少し簡単にできる．ここで，(3.6) 式より，
$$u_1(\phi_1, \phi_2) = \phi_1(L)\,u_1(L, \phi_2) + \phi_1(R)\,u_1(R, \phi_2)$$
である．ここで，ナッシュ均衡では $u_1(L, \phi_2) = u_1(R, \phi_2)$ であり，また $\phi_1(L) +$
$\phi_1(R) = 1$ であることを使うと，
$$u_1(\phi_1, \phi_2) = \phi_1(L)\,u_1(L, \phi_2) + \phi_1(R)\,u_1(R, \phi_2)$$
$$= \phi_1(L)\,u_1(L, \phi_2) + \phi_1(R)\,u_1(L, \phi_2)$$
$$= \{\phi_1(L) + \phi_1(R)\}\,u_1(L, \phi_2) = u_1(L, \phi_2)$$

となる．すなわち，**ナッシュ均衡におけるプレイヤー 1 の期待利得は，プレイ**
ヤー 2 が混合戦略 ϕ_2 を選んだときの，純粋戦略 L を選んだ期待利得 $u_1(L, \phi_2)$
に等しく，そして，それは純粋戦略 R を選んだ期待利得 $u_1(R, \phi_2)$ にも等しい.

　これを使って，例 3.5 におけるプレイヤー 1 のナッシュ均衡における期待利
得を計算してみると，
$$u_1(\phi_1, \phi_2) = u_1(L, \phi_2)$$
$$= \phi_2(L)\,u_1(L, L) + \phi_2(R)\,u_1(L, R)$$
$$= \frac{5}{7} \times 0.5 + \frac{2}{7} \times 0.9$$
$$= \frac{4.3}{7} = \frac{43}{70}$$

となり，計算が簡単になることがわかる．

　例 3.6　 P.100 例題 3.3 と例題 3.4 の続きとして，P.30 図 1.14 の，ナッシュ均衡
における期待利得を求めてみよう．このゲームのナッシュ均衡は，P.101 表 3.2 とな
るのであった．

　均衡 1 と 3 は純粋戦略のナッシュ均衡 (A, B) と (B, A) であり，その期待利得の組
は $(600, 750)$ と $(750, 600)$ である（計算しなくてもわかる）．ここでは，均衡 2 につい

て計算する.

一ノ瀬の期待利得は,(3.13)式に,二子山のナッシュ均衡の戦略 $q = 7/18$ を代入することで

$$-400q + 600 = \frac{8000}{18} = \frac{4000}{9}$$

となる（(3.14) 式に代入しても同じであることを確かめよ）.

今回は,例 3.5 とは異なり,二子山の利得は一ノ瀬の利得に -1 を掛けたものではないから,二子山の期待利得も改めて計算する必要がある.二子山の期待利得は,(3.15) 式に一ノ瀬のナッシュ均衡の戦略 $p = 2/9$ を代入することで

$$-200p + 600 = \frac{5000}{9}$$

となる（(3.16) 式に代入しても同じであることを確かめよ）.よって,期待利得の組は $(4000/9, 5000/9)$ となる.　¶

3.3　混合戦略のナッシュ均衡の存在

純粋戦略ではナッシュ均衡が存在しないように見えるゲームも,混合戦略まで拡張して考えれば,ナッシュ均衡が存在することを学んだ.では,混合戦略まで拡張してもナッシュ均衡が存在しないゲームはあるのだろうか？　それとも,すべてのゲームにナッシュ均衡が存在するのであろうか.ナッシュは,すべてのゲームにナッシュ均衡が存在することを証明している.

> **定理 3.1** **有限ゲームのナッシュ均衡の存在定理**　戦略形ゲーム $(N, \{S_i\}_{i \in N}, \{u_i\}_{i \in N})$ が与えられたとき,すべてのプレイヤー i の純粋戦略の集合 S_i が有限であれば,混合戦略まで含めると必ずナッシュ均衡が存在する（Nash, 1951）.　¶

証明のイメージだけを記すと,次のようになる.[p.98] 図 3.6 や [p.101] 図 3.8 でみたように,戦略形ゲームのナッシュ均衡は,最適反応曲線の交点となる.この最適反応曲線は,折れ線にはなっているものの,プレイヤー 1 は下から上への,プレイヤー 2 は左から右への「つながった線」になっている.これは,ベルトラン競争（[p.71] 図 2.16）やクールノー競争（[p.73] 図 2.17）を例とする戦略が実数のときのナッシュ均衡の存在（[p.78] 図 2.19）と同じである.定理 3.1 は,戦略が実数のときのナッシュ均衡の存在定理（[p.75] 定理 2.1）と同じように,混合戦略による最適反応曲線が連続してつながっていることから証明できるのである（正しい証明は,岡田（1996）,Vega-Redondo（2003）などを参照）.

3.4　ゼロサムゲームとマキシミニ戦略

　フォン・ノイマンとモルゲンシュテルンが分析の対象としたのは，戦略形ゲームの中でも2人ゼロサムゲームとよばれる特殊なゲームである．本節では，ゼロサムゲームを学ぶ．

3.4.1　ゼロサムゲーム

　ゼロサムゲームとは，利得の和が常に0となるゲームである．ゼロサムゲームではないゲームは，ノンゼロサムゲームとよばれる．例えば，じゃんけん（p.35 図1.17）はゼロサムゲームであり，p.11 モデル2の和菓子屋出店競争PART1はノンゼロサムゲームである．

> **例題 3.5**　以下のゲームはゼロサムゲームか，ノンゼロサムゲームか？
> (1)　囚人のジレンマ
> (2)　p.94 モデル15のサッカーのPK戦
> (3)　女と男の戦い
> (4)　コインの表裏合わせ
> ［解］(1) と (3) はノンゼロサムゲーム，(2) と (4) はゼロサムゲーム．　✒

　ゼロサムゲームでは，一方の利得が正になれば，他方の利得は負になる．一方が勝てば，他方が負けるような勝ち負けのゲームである．**ゼロサムゲームは，囲碁，将棋，チェス，バックギャモン，カードゲーム（ポーカーやブラックジャック）など，私たちが遊戯として楽しむ，いわゆる「ゲーム」に現れる．また，サッカー，野球，バレーボールなどスポーツの「ゲーム」も，ゼロサムゲームである．このようなゲームは，勝つ方法を分析することが重要であり，近年は人工知能やデータサイエンスの発達によって，コンピュータを用いた研究も盛んな分野である．**他にも，テロリストと警備のゲームなどにも応用されている．

　これに対してノンゼロサムゲームは，必ずしも勝ち負けが決まるゲームではない．ノンゼロサムゲームの例である囚人のジレンマでは，ナッシュ均衡はすべてのプレイヤーが協力しないことであるが，両者が協力することで，両者は共に利得を高くできる．調整ゲームでは，ナッシュ均衡によって調整が成功することで，両者の利得が高くなる．言い換えると，2.1節や2.2節で学んだ，パレート最適の状態とそうではない状態が存在する．日常的に「ウィン－ウィン（win‐win）」とよばれる状態は，このようなノンゼロサムゲームにおい

て，プレイヤー両者の利得が高くなるパレート最適の状態を指すと考えてよい．

　社会，経済，政治などで現れる問題は，ほとんどがノンゼロサムゲームである．ノンゼロサムゲームの場合は，勝ち負けを考えるよりも，ウィン‐ウィンの状態であるパレート最適な結果が得られているかどうかが分析の焦点となることが多い．

　「ゲーム理論を学ぶと相手に勝つことができるのでしょうか？」と尋ねられることがあるが，ゲームを「勝ち負け」で捉えること自体が誤りといってよ

い．ゲーム理論で考えるときは，そのゲームがゼロサムゲームなのかノンゼロサムゲームなのかを知ることと，ノンゼロサムゲームであれば，結果がパレート最適となるのかどうかを考えることが重要なポイントとなる．

3.4.2　マキシミニ戦略

　すべての有限ゲームにナッシュ均衡が存在することは，ナッシュが1951年の論文で示した（定理3.1）．しかし，ゲーム理論の始まりとされるフォン・ノイマンとモルゲンシュテルンによる著作『ゲーム理論と経済行動』が出版されたのは，それ以前の1944年である．では，フォン・ノイマンとモルゲンシュテルンは何をゲームの解と考えたのだろうか．ゲーム理論の出発点における2人ゼロサムゲームにおいては，マキシミニ戦略とよばれる戦略がゲームの解と考えられた．本項では，このマキシミニ戦略について学ぶ．

　マキシミニ戦略とは，各プレイヤーは，自分が戦略を選ぶと，相手がそれに対して自分にとって最悪な戦略（自分の利得が最小となる戦略）を選んでくると悲観的に考え，そのもとで最善の戦略（自分の利得が最大となる戦略）を選ぶ，という考え方である．

　ここで，プレイヤー i の混合戦略 ϕ_i に対し，相手が利得を最小にすると考えて，その利得の最小値を自分の戦略 ϕ_i に対する **min 値** とよぶ．

　定義 3.3　プレイヤー1の混合戦略 ϕ_1 に対し，最小の利得 $\min_{\widehat{\phi}_2 \in \Phi_2} u_1(\phi_1, \widehat{\phi}_2)$ を，プレイヤー1の ϕ_1 に対する min 値とよぶ．
　ここで，プレイヤー1の ϕ_1 に対して min 値を与えるプレイヤー2の戦略を $m(\phi_1)$ で表す．プレイヤー2も同じとする．　¶

　$m(\phi_1)$ については，

$$u_1(\phi_1, m(\phi_1)) = \min_{\widehat{\phi}_2 \in \Phi_2} u_1(\phi_1, \widehat{\phi}_2) \tag{3.18}$$

が成り立つことに注意しておこう.

定義3.4 min 値を最大にするプレイヤー 1 の混合戦略 ϕ_1 をマキシミニ戦略とよぶ. プレイヤー 2 のマキシミニ戦略も同じように定義する. ¶

プレイヤー 1 のマキシミニ戦略 ϕ_1 には

$$u_1(\phi_1, m(\phi_1)) = \max_{\widehat{\phi}_1 \in \Phi_1} u_1(\widehat{\phi}_1, m(\widehat{\phi}_1))$$

が成り立つ.

例として, ᵖ·⁹⁵ 図 3.3 のマキシミニ戦略について考えてみよう. まず, 純粋戦略の範囲だけで考える (図3.10). このとき, プレイヤー 1 の L に対する min

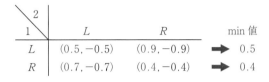

2 1	L	R	min 値
L	$(0.5, -0.5)$	$(0.9, -0.9)$	➡ 0.5
R	$(0.7, -0.7)$	$(0.4, -0.4)$	➡ 0.4

図 3.10 図 3.3 のプレイヤー 1 の min 値とマキシミニ戦略

値は 0.5 ($m(L) = L$), R に対する min 値は 0.4 なので ($m(R) = R$), **純粋戦略だけを考えると**マキシミニ戦略は L となるようにみえる.

しかし, 混合戦略まで拡張すると, プレイヤー 1 は min 値をさらに大きくすることができる. ここで, プレイヤー 1 が L を p で, R を $1 - p$ で選ぶ混合戦略 ϕ_1 を考えてみよう.

プレイヤー 2 が L を選んだときのプレイヤー 1 の期待利得は

$$u_1(\phi_1, L) = p \times 0.5 + (1 - p) \times 0.7 = -0.2p + 0.7 \qquad (3.19)$$

となり, プレイヤー 2 が R を選んだときのプレイヤー 1 の期待利得は

$$u_1(\phi_1, R) = p \times 0.9 + (1 - p) \times 0.4 = 0.5p + 0.4 \qquad (3.20)$$

となる. 例えば $p = 1/2$ となる混合戦略を考えると, プレイヤー 2 が L と R を選んだときのプレイヤー 1 の期待利得は, それぞれ 0.6 と 0.65 で, 最小の利得を与えるプレイヤー 2 の戦略は L となり, min 値は 0.6 である (図3.11).

すなわち, プレイヤー 1 は純粋戦略よりも, $p = 1/2$ となる混合戦略を選んだ方が min 値は高くなる.

ここで min 値の計算は, プレイヤー 2 の純粋戦略である L と R だけを考えているので, 「プレイヤー 2 もすべての混合戦略を考えなければならないのだから, プレイヤー 2 が混合戦略を選ぶと, プレイヤー 1 の利得はもっと小さく

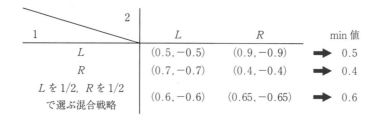

1 ＼ 2	L	R	min 値
L	$(0.5, -0.5)$	$(0.9, -0.9)$	➡ 0.5
R	$(0.7, -0.7)$	$(0.4, -0.4)$	➡ 0.4
L を 1/2, R を 1/2 で選ぶ混合戦略	$(0.6, -0.6)$	$(0.65, -0.65)$	➡ 0.6

図 3.11　混合戦略を考えたときのプレイヤー 1 の min 値

なり，min 値の計算は変わるかも？」と思うかもしれない．しかし，その心配は不要である．なぜなら，プレイヤー 2 が L を確率 q で（R を $1 - q$ で）選ぶ混合戦略でのプレイヤー 1 の期待利得は，

$$q(-0.2p + 0.7) + (1 - q)(0.5p + 0.4)$$

となり（3.1.2 項の期待利得の計算方法 2 と同じ），プレイヤー 2 が L と R を選んだときの期待利得の間になるからである．つまり，**プレイヤー 1 が混合戦略 ϕ_1 を選んだときに最小となる利得は，プレイヤー 2 が純粋戦略 L と R を選んだときのどちらかになり，それだけを考えればよい．**

次に，プレイヤー 1 のマキシミニ戦略がどうなるかを考えてみよう．これを解くために，プレイヤー 1 が L を p で選んだ混合戦略において，プレイヤー 2 が L と R を選んだときの期待利得，すなわち（3.19）式と（3.20）式をグラフに表してみよう（図 3.12）．

プレイヤー 1 の min 値は，プレイヤー 2 が L と R を選んだときに得られる期

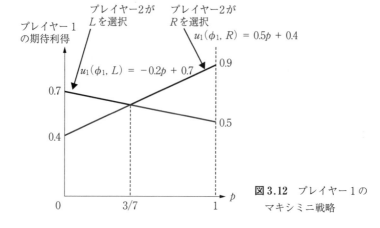

図 3.12　プレイヤー 1 の
マキシミニ戦略

待利得の小さい方となるため，(3.19) 式と (3.20) 式を表す直線の小さい方の線（赤茶色の線）となる．それが最大となる（赤茶色の線の最大値を与える）のは (3.19) 式と (3.20) 式の直線の交点であり，$p = 3/7$ である．したがって，プレイヤー1のマキシミニ戦略は，L を 3/7，R を 4/7 で選ぶ混合戦略であり，マキシミニ戦略を選んだときのプレイヤー1の min 値は $-0.2p + 0.7 = 0.5p + 0.4 = 43/70$ である．この値は，プレイヤー1の**マキシミニ値**とよばれる．プレイヤー i のマキシミニ値を v_i で表すと，$v_1 = 43/70$ である．

例題3.6 プレイヤー2のマキシミニ戦略とマキシミニ値 v_2 を求めよ．

[解] プレイヤー2が L を q で（すなわち，R を $1 - q$ で）選ぶような混合戦略 ϕ_2 を考える．プレイヤー1が L を選んだときのプレイヤー2の期待利得は

$$u_2(L, \phi_2) = q \times (-0.5) + (1 - q) \times (-0.9) = 0.4q - 0.9$$

となり，プレイヤー1が R を選んだときのプレイヤー2の期待利得は

$$u_2(R, \phi_2) = q \times (-0.7) + (1 - q) \times (-0.4) = -0.3q - 0.4$$

となる．これをもとに，プレイヤー2の期待利得をグラフに書くと，図3.13のようになる．プレイヤー2の min 値はグラフの赤茶色の線で表され，その値が最大になるのは，プレイヤー1が L と R を選んだときの期待利得の直線の交点の $q = 5/7$ である．したがって，プレイヤー2のマキシミニ戦略は，L を 5/7，R を 2/7 で選ぶ混合戦略である．

マキシミニ戦略を選んだときのプレイヤー2の min 値は $0.4q - 0.9 = -0.3q - 0.4 = -43/70$ であるから，マキシミニ値は $v_2 = -43/70$ である．✎

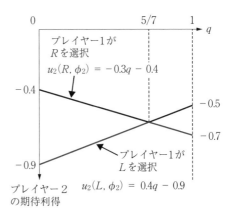

図 3.13 プレイヤー2のマキシミニ戦略

3.4.3 ミニマックス定理

本項では，2人ゼロサムゲームにおいて重要な定理である，**ミニマックス定理**について学ぶ．

プレイヤー1とプレイヤー2のマキシミニ戦略を ϕ_1 と ϕ_2 とし，(3.18) 式のように，ϕ_1 と ϕ_2 に対してプレイヤー1と2に最小の利得を与える相手の戦略を，それぞれ $m(\phi_1)$ と $m(\phi_2)$ とする．

プレイヤー1が ϕ_1 を選ぶとき，プレイヤー1の利得 $u_1(\phi_1, m(\phi_1))$ は，プレイヤー2がどんな混合戦略を選んだときよりも小さいので，$u_1(\phi_1, m(\phi_1)) \leq u_1(\phi_1, \phi_2)$ である．$v_1 = u_1(\phi_1, m(\phi_1))$ から

$$v_1 = u_1(\phi_1, m(\phi_1)) \leq u_1(\phi_1, \phi_2) \tag{3.21}$$

が成り立ち，プレイヤー2も同じように，

$$v_2 = u_2(m(\phi_2), \phi_2) \leq u_2(\phi_1, \phi_2) \tag{3.22}$$

が成り立つ．

ここで，ゼロサムゲームではすべての戦略 ϕ_1，ϕ_2 に対して，$u_1(\phi_1, \phi_2) + u_2(\phi_1, \phi_2) = 0$ であるから $u_1(\phi_1, \phi_2) = -u_2(\phi_1, \phi_2)$ が成り立つので，(3.21) 式と (3.22) 式から

$$v_1 = u_1(\phi_1, m(\phi_1)) \leq u_1(\phi_1, \phi_2)$$
$$= -u_2(\phi_1, \phi_2) \leq -u_2(m(\phi_2), \phi_2) = -v_2 \tag{3.23}$$

となり，$v_1 \leq -v_2$ となる．つまり，プレイヤー1のマキシミニ値 v_1 は，プレイヤー2のマキシミニ値の符号を変えた値 $-v_2$ より，常に小さくなる．

しかし，例題3.6でみた ^{p.95} 図3.3のマキシミニ値は $v_1 = -v_2 = 43/70$ となり，v_1 と $-v_2$ は等しくなっている．フォン・ノイマンは，この事実がすべての2人ゼロサムゲームで成り立つことを証明した．これが，ミニマックス定理である．

定理 3.2 **ミニマックス定理** 2人ゼロサムゲームにおいては，プレイヤー1のマキシミニ値 v_1 は，プレイヤー2のマキシミニ値の符号を変えた値である $-v_2$ に等しい．¶

ミニマックス定理に用いられる数学は大変豊かな構造をもち，ゲーム理論以外でも，線形計画法や凸解析など，その後の応用数学の大きな分野を切り拓いていった．

3.4.4 マキシミニ戦略とナッシュ均衡

本項では，ミニマックス定理より，2人ゼロサムゲームにおいては，マキシミニ戦略を選び合うことがナッシュ均衡になることを学ぶ．

ナッシュ均衡は「どのプレイヤーも他のプレイヤーがその戦略を選ぶときには，自分はナッシュ均衡の戦略を選んだ方が良い」という最適反応戦略を選び合う解であり，相手と自分がお互いの戦略を予想し合っても，それが実現するという考え方であった．

　これに対してマキシミニ戦略は，自分が戦略を選ぶと**相手が自分にとって最小の利得となる戦略を選ぶ**と悲観的に考えたときに，最良の選択（最大の利得）を与える戦略である．マキシミニ戦略では，相手が何を選ぶか，相手が自分が何を選ぶと考えているか，などは考えない個人の意思決定から導かれる選択のようにみえる．

　「相手が自分にとって最小の利得となる戦略を選ぶ」としていることに対して，それは相手にとって良い選択なのだろうか，という疑問が生じる．つまり，

　　　自分がマキシミニ戦略を選ぶと予想するならば，相手はマキシミ
　　　ニ戦略を選ぶよりも，もっと利得が高くなる戦略を選んだ方が良
　　　いのではないか？

と考えられないだろうか．これは「マキシミニ戦略を選ぶという考え方は，ナッシュ均衡のような最適反応戦略の考え方と矛盾するのではないか？」という疑問と同じである．

　しかし，2人ゼロサムゲームでは，このナッシュ均衡とマキシミニ戦略との矛盾は起こらない．ミニマックス定理が，「2人ゼロサムゲームでは，マキシミニ戦略を選び合うことがナッシュ均衡になる」という結果を導くのである．言い換えると，一方のプレイヤーがマキシミニ戦略を選んでいるとき，もう一方のプレイヤーのマキシミニ戦略は，相手の戦略に対する最適反応戦略となる，ということである．以下，このことについて説明しよう．

　ミニマックス定理から，(3.23) 式において $v_1 = -v_2$ となり，これから

$$u_1(\phi_1, m(\phi_1)) = u_1(\phi_1, \phi_2) = -u_2(m(\phi_2), \phi_2) = -u_2(\phi_1, \phi_2)$$

という式が得られる．これを前半と後半に分けると，

$$u_1(\phi_1, m(\phi_1)) = u_1(\phi_1, \phi_2), \qquad u_2(m(\phi_2), \phi_2) = u_2(\phi_1, \phi_2)$$

となる．

　最初の式は，プレイヤー1がマキシミニ戦略 ϕ_1 を選んだときに，最小の利得を与えるプレイヤー2の戦略が ϕ_2 である（すなわち $m(\phi_1) = \phi_2$）ことを示しており，言い換えると，プレイヤー2のどんな戦略 ϕ_2' に対しても，

$$u_1(\phi_1, \phi_2) \leq u_1(\phi_1, \phi_2')$$

が成り立つ．2人ゼロサムゲームでは $u_1(\phi_1, \phi_2) = -u_2(\phi_1, \phi_2)$ と $u_1(\phi_1, \phi_2') = -u_2(\phi_1, \phi_2')$ が成り立つから，これを代入して -1 を両辺に掛けることで，どんな戦略 ϕ_2' に対しても，$u_2(\phi_1, \phi_2) \geq u_2(\phi_1, \phi_2')$ が成り立つ．

　これは，プレイヤー1のマキシミニ戦略 ϕ_1 に対する，プレイヤー2の最適

反応戦略は ϕ_2 であることを示している．同じように，ϕ_2 に対するプレイヤー 1 の最適反応戦略は ϕ_1 であり，(ϕ_1, ϕ_2) はナッシュ均衡となる．

実際に，本項で計算した [p.95] 図 3.3 の各プレイヤーのマキシミニ戦略 $(p = 3/7,\ q = 5/7)$ は，[p.99] 表 3.1 のナッシュ均衡に一致している．

本章のまとめ

- 戦略を確率的に選ぶような戦略を混合戦略とよぶ．
- 本書ではプレイヤー i の混合戦略は ϕ_i や ϕ_i' で表す．これは S_i 上の確率分布であると考えられる．
- 混合戦略 ϕ_i が与えられたとき，$\phi_i(s_i)$ は，混合戦略 ϕ_i でプレイヤー i が純粋戦略 s_i を選ぶ確率を表す．
- 与えられた戦略（純粋戦略）だけを考えるとナッシュ均衡がないようなゲームも，純粋戦略を確率的に選ぶ混合戦略を考えると，ナッシュ均衡が存在する．
- 混合戦略は純粋戦略上の確率分布であり，それを用いたときのプレイヤーの利得は，その期待値である期待利得と考える．
- 混合戦略の組を考えたとき，どのプレイヤーも，他のプレイヤーの混合戦略が変わらないもとで，その混合戦略から他のどんな混合戦略に変えても利得が高くならないならば，その混合戦略の組は，ナッシュ均衡であるという．
- 2×2 ゲームにおけるナッシュ均衡は，手順 2 で求めることができる．最適反応曲線を書けば，純粋戦略のナッシュ均衡もきちんと含まれている．
- 2×2 ゲームにおけるナッシュ均衡は，手順 3 を用いれば，さらに簡単に求めることができる．またその期待利得も，2 つの純粋戦略を用いたときに期待利得が等しくなる事実を使えば，簡便に計算できる．
- すべての有限ゲームには，ナッシュ均衡が存在する（定理 3.1）．
- 全プレイヤーの利得の和が 0 になるゲームはゼロサムゲーム，そうではないゲームはノンゼロサムゲームとよばれる．
- ゲーム理論の出発点では，2 人ゼロサムゲームが分析され，そこではマキシミニ戦略とよばれる戦略がゲームの解と考えられた．
- 2 人ゼロサムゲームでは，マキシミニ戦略を選び合うことがナッシュ均衡になる．これを導く定理がミニマックス定理である．

演 習 問 題

3.1 図 3.14 の混合戦略のナッシュ均衡を求め，均衡におけるプレイヤーの期待利得も求めよ．

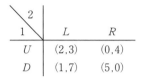

	L	R
U	(2,3)	(0,4)
D	(1,7)	(5,0)

図3.14　演習問題3.1の利得行列

3.2 図 3.15 のゲーム 1 からゲーム 4 のナッシュ均衡を，混合戦略も含めてすべて求めよ．均衡は U, D, L, R を選ぶ確率で書くこととし，$((p_U, p_D), (p_L, p_R))$（p_j は $j = U, D, L, R$ を選ぶ確率）と表せ．

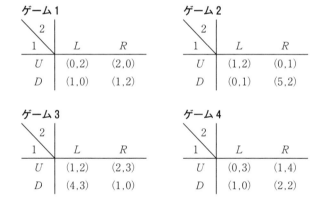

ゲーム 1

	L	R
U	(0,2)	(2,0)
D	(1,0)	(1,2)

ゲーム 2

	L	R
U	(1,2)	(0,1)
D	(0,1)	(5,2)

ゲーム 3

	L	R
U	(1,2)	(2,3)
D	(4,3)	(1,0)

ゲーム 4

	L	R
U	(0,3)	(1,4)
D	(1,0)	(2,2)

図3.15　演習問題3.2の利得行列

3.3 図 3.16 のゲームについて，次の問いに答えよ．

	L	M	R
A	(2,1)	(1,4)	(1,0)
B	(0,2)	(2,0)	(0,0)
C	(0,1)	(0,0)	(0,0)

図3.16　演習問題3.3の利得行列

(1) 各プレイヤーについて，強支配された戦略はどれか．

(2) **「強支配された戦略は，ナッシュ均衡では確率 0 が割り振られる」**（ナッシュ均衡では選ばれることはない）という事実がある．この事実を用いて，このゲームのナッシュ均衡を求めよ．均衡は，各プレイヤーが各戦略を選ぶ確率で表せ．

3.4 カニとネコがじゃんけんをする．カニはチョキとグーのどちらかを出し，ネコはパーとグーのどちらかを出す．互いにグーを出すとあいこで利得が 0．チョキとグーだとグーの勝ち，パーとグーだとパーの勝ち，チョキとパーだとチョキの勝ち（普通のじゃんけんと同じ）．勝った方の利得が 1，負けた方の利得が -1 である．

(1) このゲームのナッシュ均衡において，カニがグーを選択する確率と，ネコがパーを選択する確率を答えよ．

(2) ナッシュ均衡でのカニとネコの期待利得を求めよ．

(3) ナッシュ均衡におけるカニの勝つ確率を答えよ．

3.5 一ノ瀬アリス，二子山文太，三輪キャサリンは，禅寺に行くか，ショッピングセンターに行くか迷っている．

- アリスは，禅が大好き．禅寺に行けば利得 5，ショッピングセンターでは利得 0 である．さらに，どちらの場所でも文太に会えれば利得に 2 が加わり，キャサリンに会うと利得が 1 減る．

- 文太は，キャサリンに会いたくない．キャサリンに会わなければ利得が 4 で，キャサリンに会えば利得が 0 である．さらに，ショッピングセンターに行くと利得が 1 増加する．

- キャサリンは文太が大好き．文太に会えれば利得が 6 で，会わなければ 0 である．他のことは関係ない．

この 3 人ゲームについて，次の問いに答えよ．

(1) このゲームの利得行列を書け．

(2) 各プレイヤーについて，強支配された戦略はあるか．あれば，それを答えよ．

(3) このゲームのナッシュ均衡を求めよ．ここで，均衡は各プレイヤーが各戦略を選ぶ確率で表せ（演習問題 3.3 の (2) を参考にせよ）．

4

展開形ゲーム

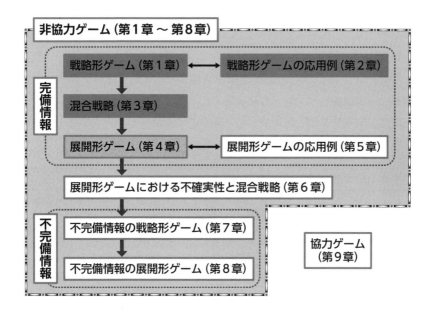

ここまでに学んだ戦略形ゲームは，各プレイヤーが同時に戦略を選ぶゲームであった．これに対し，将棋やチェスのように，相手の行動がわかってから，自分の行動を選ぶようなゲームもある．本章では，このようなゲームも含み，あらゆるゲームを表現できる展開形ゲームについて学ぶ．

本章のキーワード

展開形ゲーム，完全情報，完全情報ゲーム，ゲームの木，意思決定点，終点，初期点，行動，先手，後手，バックワードインダクション，経路，均衡経路，不完全情報，不完全情報ゲーム，情報集合，部分ゲーム完全均衡，部分ゲーム，縮約，フォワードインダクション

4.1 完全情報ゲーム

　将棋，チェス，囲碁などは，手を指すときに，それ以前に指した相手と自分の手がすべてわかっている．最も単純な展開形ゲームは，このようなどのプレイヤーも，**同時には行動せず順番に行動し，自分が行動する前に行動したプレイヤーが何を選んだかがすべてわかる**ゲームである．このようなゲームは**完全情報**であるという．本節では，**完全情報ゲーム**について学ぶ．

4.1.1 ゲームの木による表現

　^{p.11} モデル 2（図 1.1）の和菓子屋出店競争 PART1 では，プレイヤーの一ノ瀬と二子山は同時に立地する駅を選んだ．ここでは完全情報ゲームのモデルとして，モデル 2 と同じ状況で，一ノ瀬が先に立地を選び，次に二子山が立地を選ぶゲームを考える．

モデル 16　和菓子屋出店競争 PART3

　和菓子屋の一ノ瀬と二子山は，2 つの駅 A と B のどちらに出店すべきかを考えている．A の和菓子屋の 1 日の利用客は 600 人，B は 300 人である．両店舗が別々の駅に出店すれば，その利用客をすべて獲得できる．両店舗が同じ駅に出店すれば，その利用客を取り合い，二子山が一ノ瀬の 2 倍の客を獲得できるものとする．

　いま，一ノ瀬が先にどの駅を選ぶかを決定し，二子山はそれを知った後で自分の行動を決定するものとする．このとき一ノ瀬と二子山は，A と B のどちらの駅に出店するだろうか？

　モデル 16 は，完全情報の展開形ゲームの例である．展開形ゲームは**ゲームの木**で表される．図 4.1 は，モデル 16 のゲームの木である．

　ゲームの木は**点**，および点と点をつなぐ**枝**からできている．図 4.1 において，点は x_1, x_2, x_3, z_1, z_2, z_3, z_4 の 7 つであり，枝は 2 つの点を結ぶ線である．枝は結んだ 2 つの点をカッコの左

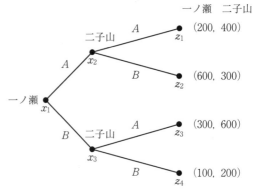

図 4.1　モデル 16 のゲームの木

と右に並べて表し，例えば，x_1 と x_2 をつなぐ枝は (x_1, x_2) と表す．このとき，**点 x_1 は点 x_2 の直前にある**といい，**点 x_2 は点 x_1 の直後にある**という．

点は，**意思決定点**と**終点**に分かれており，次のように定義される．

意思決定点：「少なくとも直後に1つ以上の点がある」点であり，各プレイヤーが行動するタイミングに対応している．**手番**とよぶこともある．図 4.1 では，x_1, x_2, x_3 が意思決定点である．

終点：直後の点が存在しない点で，ゲームの結果（すべてのプレイヤーが行動した結果）に対応している点である．図 4.1 では，z_1, z_2, z_3, z_4 が終点である．

意思決定点の中で，直前に点がない点を**初期点**とよび，一番最初に行動を選ぶ点に対応している．図 4.1 では，x_1 が初期点である．ゲームの木には，初期点がただ1つだけ必ず存在しなければならない．

以上のことから，ゲームの木を次のように定義する．

定義 4.1　ゲームの木は，点の集合 K と枝の集合 E によって定義される．
- 2つの点 x と y をつなぐ枝を (x, y) と書き，このとき点 x は点 y の直前にあるといい，点 y は点 x の直後にあるという．
- すべての枝の集合を E で表す（E は $K \times K$ の部分集合である）．
- 直前の点がない初期点とよばれる意思決定点が，ただ1つだけ存在する．
- 初期点を除くすべての点は，ただ1つだけ直前の点をもつ．
- 意思決定点は直後の点をもち，終点は直後の点をもたない．
- 意思決定点の集合を X，終点の集合を Z とすると，$K = X \cup Z$ である．　¶

ゲームの木（点の集合 K と枝の集合 E）が与えられると，初期点，意思決定点，終点はそこから導くことができることに注意しよう．

例 4.1　図 4.1 において，点の集合 K は
$$K = \{x_1, x_2, x_3, z_1, z_2, z_3, z_4\}$$
であり，枝の集合 E は
$$E = \{(x_1, x_2), (x_1, x_3), (x_2, z_1), (x_2, z_2), (x_3, z_3), (x_3, z_4)\}$$
である．意思決定点の集合 X は $X = \{x_1, x_2, x_3\}$，終点の集合は $Z = \{z_1, z_2, z_3, z_4\}$ である．初期点は x_1 である．　¶

例題 4.1　点の集合が $K = \{a, b, c, d, e, f, g\}$ であり，枝の集合が
$$E = \{(a, b), (b, c), (c, d), (a, e), (b, f), (c, g)\}$$
であるゲームの木を考える．

(1)　この木を図に表せ.

(2)　意思決定点の集合 X, 終点の集合 Z を示せ.

(3)　初期点はどれか.

[**解**]　(1)　図 4.2 のように書ける.

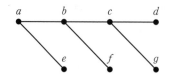

図 4.2　例題 4.1 のゲームの木

(2)　$X = \{a, b, c\}$, $Z = \{d, e, f, g\}$　　(3)　初期点は a

　完全情報の展開形ゲームは, ゲームの木に対して,

　　(1)　意思決定点にプレイヤー　　(2)　枝に行動　　(3)　終点に利得

を割り当てることで得られる.

　図 4.1 をみてみよう.

(1)　各意思決定点には, どのプレイヤーが行動をするかが割り当てられており, 行動するプレイヤーが点の上に書かれている. x_1 は一ノ瀬が, x_2 と x_3 は二子山が対応するプレイヤーである.

(2)　意思決定点から出る枝には, プレイヤーが選ぶ**行動**が割り当てられている. 例えば, x_1 から出た 2 つの枝に書かれている A と B が行動である. 戦略形ゲームでは, これを戦略とよんだが, 展開形ゲームでは, 戦略は別の**概念**を指す (4.3 節で学ぶ).

(3)　終点には, 各プレイヤーの利得が割り当てられている. 例えば z_1 に $(200, 400)$ という利得の組が対応し, 左側が一ノ瀬, 右側が二子山の利得である.

　意思決定点でプレイヤーが行動, すなわち枝を選ぶと, その枝の直後にある意思決定点のプレイヤーに行動の選択が移る. このように逐次的に行動が選択されて, 終点まで辿り着いたらゲームは終わり, 各プレイヤーの利得が決まる.

　完全情報の展開形ゲームの書き方をおさらいしておこう.

(1)　点と枝を書いて木を作る.

(2)　意思決定点にラベル ($x_1, x_2, x_3, \cdots$) を付け, 対応するプレイヤーを書く.

(3)　枝に $A, B, \cdots$ のように対応する行動を書く.

(4)　終点にラベル ($z_1, z_2, z_3, \cdots$) を付け，対応する利得の組を書く．利得の組
　　の上には（一ノ瀬，二子山）などのように，対応するプレイヤーを記して
　　おくとよい．

　以上が正確なゲームの木の書き方であるが，上述のように正確に木を書くと
情報が多くなり，煩雑になって読みにくい．そのため，応用の観点から考える
ならば，扱う人が勘違いしない程度に書いておけばよい．**本書でも，終点を省
略するなど，ゲームの木を簡便に表すことにする．**

4.1.2　バックワードインダクションによる完全情報ゲームの解

　さて，モデル 16 におけるゲームの結果（ゲームの解）はどうなるだろうか．
本項では，完全情報ゲームの解について学ぶ．

　モデル 16 のような 2 人が交互に行動するゲームでは，一ノ瀬のように先に
行動するプレイヤーを**先手**，二子山のように後から行動するプレイヤーを**後手**
とよぶ．

　もしあなたが先手の一ノ瀬であったら，A と B のどちらを選択するだろう
か？　一ノ瀬は A を選ぶと，もし二子山が B を選べば，最高の利得 600 を得
ることができる．これを狙って A を選んだ方が良いだろうか？　また，一ノ
瀬は B を選ぶと，二子山が B を選べば，最低の利得 100 になってしまう．
これを避ける意味でも，A を選んだ方が良いだろうか？

　これは，p.11 モデル 2 のときの問いと似ている．すでに戦略形ゲームの考え
方を学んだ読者であれば，一ノ瀬は後手の二子山の行動を読んで，自分の行動
を選ぶ必要があることに気づくであろう．

　囲碁や将棋では，自分が指す手に対して相手がどのような手を指すかを推測
し，それを考慮して選択を行う「先読み」をする．これと同じように，先手の
一ノ瀬にとって必要なことは，自分の行動に対して，後手の二子山がどのよう
に行動するかを先読みすることである．

　具体的には，先手の一ノ瀬は次のように考えるべきである．

- 一ノ瀬が A を選択した場合：それを知った二子山は，A を選択すれば利
　得は 400，B ならば 300 なので，A に出店する．このとき，一ノ瀬自身の
　利得は 200 である．
- 一ノ瀬が B を選択した場合：二子山は A を選択すれば利得は 600，B な
　らば 200 なので，A に出店する．このとき，一ノ瀬自身の利得は 300 である．

一ノ瀬が先読みをした二子山の行動は，図4.3において赤茶色の線で表されている．

二子山の行動を先読みすると，一ノ瀬は「自分はAを選択すれば利得は200，Bを選択すれば300」となることがわかる．その結果，一ノ瀬はBを選択した方が良いと推論できる．ゲームの結果は「一ノ瀬はBに出店し，二子山はAに出店する」となり，一ノ瀬と二子山の利得は，それぞれ300と600になる．一ノ瀬が先読みをした様子は図4.4で表される．

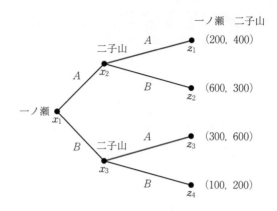

図4.3　モデル16の先読みの結果

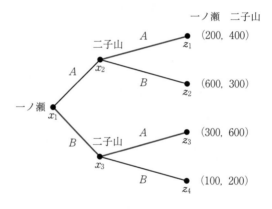

図4.4　先読みによるゲームの解

このように完全情報ゲームは，先読みによって解を求める．では，一般的な「先読み」とはどのような手順となるだろうか．先読みは，各プレイヤーが，自分より後のプレイヤーがどのように行動するかを計算した上で，自分の行動を決める考え方である．したがって，最後のプレイヤーから，行動する順番とは真逆に遡ってプレイヤーの行動を決定していけばよい．

このようにしてゲームの解を求める手順は，**バックワードインダクション**とよばれている[1]．

バックワードインダクションは，次のような手順として書ける．

---

1)　良い訳語がなく，後向き帰納法とか遡及的帰納法のように訳される．

手順4　バックワードインダクション

STEP.1　まず，直後がすべて終点となる意思決定点を選び，その点で行動する
　　プレイヤーの利得が一番高くなる行動を選択する（ゲームの木に書き入れる）．

STEP.2　すべての意思決定点における行動が決まっていれば，終了する．そう
　　でなければSTEP.3へ．

STEP.3　「その点より後の意思決定点でのプレイヤーの行動」がすべて決定して
　　いるような意思決定点を選び，その点より後の行動を所与として，その点で行
　　動するプレイヤーの利得が一番高くなる行動を選択する．STEP.2へ戻る．

例4.2　　p.118 図4.1について，解を求める方法をバックワードインダクション
の手順で説明すると，以下のようになる．

- STEP.1　直後がすべて終点となる意思決定点は x_2 と x_3 である．各点で二子山
  の利得が一番高くなる行動をゲームの木に書き入れる（図4.3）．
- STEP.2　すべての意思決定点の行動が決まっていないので，STEP.3へ．
- STEP.3　その点より後の行動が，すべて決定している意思決定点は x_1 である．
  x_2 と x_3 の行動を所与として，x_1 での一ノ瀬の利得が一番高くなる行動を選択す
  る（図4.4）．STEP.2へ戻る．
- STEP.2　すべての意思決定点の行動が決まったので終了する．　¶

この手順が終了したとき（それは初期点のプレイヤーの選択が決まったとき
である），**すべての意思決定点**でプレイヤーがどの選択を行うかが決定してい
るはずである．これを**バックワードインダク
ションによるゲームの解**とよぶ．図4.1のゲー
ムの解は，表4.1のように表せる．

ここで，上記のゲームの解において，ゲーム
は x_1, x_3, z_3 の順に進んでいく．これを経路
とよぶ．

表4.1　図4.1のゲームの解

一ノ瀬	x_1	B
二子山	x_2	A
	x_3	A

定義4.2　　初期点から始まり，各プレイヤーが逐次的に選択した行動によって終
点までに至る意思決定点の列（または枝の列）は，**経路**とよばれる．特に，ゲーム
の解における経路を，**均衡経路**とよぶ．　¶

均衡経路は，「一ノ瀬が B を選び，二子山は A を選ぶこと」というゲーム
の結果を表している．一ノ瀬が B を選んだとき，x_2 は実現しないため，均衡
経路には x_2 での行動は現れない．**すべての意思決定点におけるプレイヤーの
選択を表した「ゲームの解」と，その解によって実現した選択を表した「均衡
経路」は異なることに注意しよう．展開形ゲームにおいて，ゲームの解と均衡**

経路を区別することは，非常に重要なことである．

　均衡経路で実現しない x_2 において，どの行動が選択されるかがわからなければ，プレイヤー1は x_1 での選択はできない．ゲームの解は，ゲームの結果としてのプレイヤーの行動ではなく，ゲームにおける各プレイヤーの推論や思考を表している．これは，ゲーム理論において重要な考え方である．**実際には起こらない点でも，プレイヤーがどんな行動を選ぶかを予測することによって，実際に起こる行動が決まる**のである．

　p.118 図 4.1 のように単純な 2 段階程度のゲームの場合は，わざわざバックワードインダクションの手順を示さなくとも，解を求めることはできる．しかし，次の例題のように，複雑なゲームの木になると，手順 4 の形式的な記述が役に立つことがわかる．

例題 4.2　図 4.5 の解をバックワードインダクションで求めよ．このゲームはプレイヤー1と2と3の3人のゲームである．意思決定点の上に書かれている数字は，その点で行動するプレイヤーに対応し，終点での利得は，左からプレイヤー1，2，3の順に書かれている．

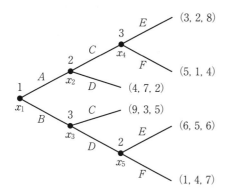

図 4.5　例題 4.2 のゲームの木

[解]　図 4.6 にその解法を示した．ゲームの解は，表 4.2 となる．

表 4.2　図 4.5 のゲームの解

プレイヤー1	x_1	B
プレイヤー2	x_2	D
	x_5	E
プレイヤー3	x_3	D
	x_4	E

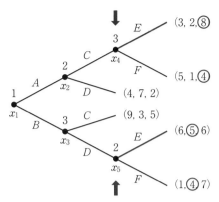

直後がすべて終点である意思決定点はx_4とx_5である.

x_4で行動するプレイヤー3の利得が最も高くなる行動はE, x_5で行動するプレイヤー2の利得が最も高くなる行動もEである. それをゲームの木に書き入れる.

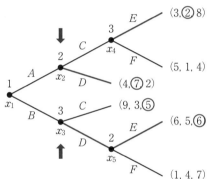

後の意思決定点での行動がすべて決定している意思決定点はx_2とx_3である.

x_2で行動するプレイヤー2の利得が最も高くなる行動はD, x_3で行動するプレイヤー3の利得が最も高くなる行動もDである. それをゲームの木に書き入れる.

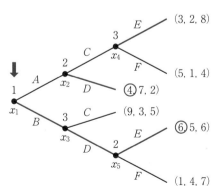

後の意思決定点での行動がすべて決定している意思決定点はx_1である.

x_1で行動するプレイヤー1の利得が最も高くなる行動はBである. それをゲームの木に書き入れる.

すべての意思決定点の行動が決定したので終了.

図 4.6 例題 4.2 のバックワードインダクションによる解法

なお，Kuhn（1953）によって，有限の完全情報ゲームにはバックワードインダクションによる解が必ず存在することが知られている（証明は岡田（1996）などを参照）．

> **定理 4.1** **有限の完全情報ゲームの解の存在** 有限の完全情報ゲームは，バックワードインダクションによる解が必ず存在する．　¶

4.2　一般の展開形ゲーム

4.2.1　不完全情報の展開形ゲームとその例

4.1 節で考えた完全情報ゲームは，すべてのプレイヤーにとって，自分が行動する前のプレイヤーの行動がすべてわかるゲームであった．しかし，ゲームは完全情報とは限らず，**不完全情報のゲームもある．不完全情報ゲームとは，**「あるプレイヤーにとっては，自分が行動する以前のプレイヤーが何を選んだかがわからないゲーム」である．

1.1 節では[p.11]モデル 1 によって，「たとえ同時ではなく時間的に前後して行動しても，各プレイヤーが他のプレイヤーの行動について何ら情報を知ることなく自分の行動を決定する場合は，同時に行動することと同じである」と学んだ．これは，**プレイヤーが同時に行動する戦略形ゲームは，不完全情報の展開形ゲームとして考えられる**ということを意味している．

そこで，不完全情報ゲームの最初の例として，[p.12]図 1.1 の戦略形ゲームを，展開形ゲームで表すことから始めてみよう．

このゲームを不完全情報の展開形ゲームで表すと，図 4.7 のようになる．

図 4.7 は[p.118]図 4.1 とプレイヤーの利得が同じで，プレイヤーの行動が同時か交互かだけが違う．図4.7 が完全情報ゲームのゲームの木（図 4.1）と異なるところは，二子山の意思決定点 x_2 と x_3 が楕円で囲まれて，1 つのグループになっていることである．

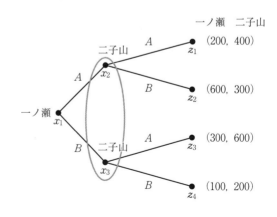

図 4.7 図 1.1 の展開形ゲームのゲームの木

この楕円は，二子山がどちらで意思決定をしているかが識別できない意思決定
点の集合を表しており，**情報集合**とよばれる．

すなわち，図4.7において，情報集合は，「**二子山は自分が x_2 と x_3 のどち
らで意思決定をしているのかを識別できない**」ということを表しており，これ
は，「**二子山は一ノ瀬が A と B のどちらを選んだのかをわからずに行動する**」
ということを表している．**このように情報集合は，そのプレイヤーがどの意思
決定点で行動しているのかがわからない点の集合を表す．**情報集合を使うこと
で，戦略形ゲーム[p.12]図1.1は，展開形ゲーム図4.7と同じゲームと考えられ
るのである．

図4.7では，一ノ瀬を先手としたのに対して，二子山を先手と考え，一ノ瀬
がそれを観察できないとし
ても同じである（図4.8）．
すなわち図1.1と図4.7と
図4.8は，すべて同じゲー
ムである．

このように，情報集合と
いう概念を用いると，プレ
イヤーが同時に行動する
ゲームだけではなく，さま
ざまな種類のゲームを展開
形ゲームで表せる．次のモ
デルをみてみよう．

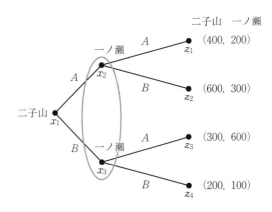

図4.8 このゲームと図1.1と図4.7は
すべて同じゲーム

モデル17　アリスの3択

　一ノ瀬アリスと二子山文太は恋人同士である．しかし，昨日の夜にケンカを
してしまった．もともと2人は，今日は買い物をする予定で，ショッピングセ
ンターの前で待ち合わせをする予定であった．しかし，アリスは家にいるか，
昨日のケンカを考え直すために寺に行って座禅をするか，予定通りショッピン
グセンターに行くべきか，3択で迷っている．文太が謝らずに，電話もないならば，
アリスは座禅をして静かに自分を見つめ直すことが最良の策だと考えている．

　一方，文太はアリスがショッピングセンターに来たら謝るか，謝らないかを
決める．しかし，ショッピングセンターに来ないときは，アリスが家にいるか，
寺にいるかがわからない．このとき，文太は電話をするかどうかで悩むことに

なる．もし，アリスが家にいるときは電話をして仲直りをするのが良い．しかし，寺にいるときに電話をすると，アリスは和尚にこっぴどく叱られることになり（アリスはスマートフォンの電源をいつも切り忘れる），その場合は，2人の仲がさらに悪くなる．さて，アリスと文太はどうするべきであろうか．

図 4.9 は，モデル 17 に利得を当てはめ，展開形ゲームで表したものである．家にいること，座禅，ショッピングセンターは，それぞれ H, Z, S で表し（Home, Zazen, Shopping），電話をするかしないかは C と N（Call, Not call）で，謝るか謝らないかは A と U（Apologizing, Unapologizing）で表している．

x_2 と x_3 は楕円でグループ化され，同じ情報集合に属している．これは，文太が x_2 と x_3 のどちらで意思決定をしているかが識別できないこと，すなわち，アリスが家にいるか，座禅に出かけたかが識別できない状況を表している．

このような不完全情報ゲームでは，**1つの情報集合が1つの事象に対応していることを意識すべき**である．例えば図 4.9 において，アリスは「家か，座禅か，ショッピングセンターか」という3つの選択があるものの，文太からみれば，アリスは，ショッピングセンターに「来る」か「来ない」のどちらか2つの事象しかない．「家か，座禅か」という情報集合は，「来ない」という文太からみた1つの事象に対応しているのである．

情報集合を用いると，あらゆるゲームを，展開形ゲームとして表すことができる．

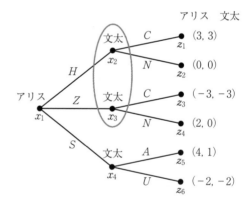

図 4.9 モデル 17 のゲームの木

4.2.2 展開形ゲームの数式表現

本項では，展開形ゲームの数式による定義を与える．

展開形ゲームは，次の6つの要素で表せる．情報集合を除く5つの要素に関しては，完全情報ゲームと重複もあるが，ここで改めて学ぼう．

例4.3 ここでは，図4.7を用いて「展開形ゲームの6つの要素」とは何かを学ぶ．一ノ瀬をプレイヤー1，二子山をプレイヤー2とする．

(1) ゲームの木 (K, E)：図4.7では，点の集合は

$$K = \{x_1, x_2, x_3, z_1, z_2, z_3, z_4\}$$

であり，枝の集合 E は

$$E = \{(x_1, x_2), (x_1, x_3), (x_2, z_1), (x_2, z_2), (x_3, z_3), (x_3, z_4)\}$$

である．これから，意思決定点の集合 $X = \{x_1, x_2, x_3\}$，終点の集合 $Z = \{z_1, z_2, z_3, z_4\}$ を導ける．

(2) プレイヤーの集合 N：図4.7では $N = \{1, 2\}$.

(3) プレイヤー i の意思決定点の集合 X_i：図4.7では $X_1 = \{x_1\}$, $X_2 = \{x_2, x_3\}$. $\{X_1, X_2\}$ は意思決定点の分割 (p.130 数学表現のミニノート (5) を参照) である．「各意思決定点をプレイヤーに割り当てる」ということは，「意思決定点の集合を各プレイヤーの意思決定点の集合に分割する」ことに対応する．

(4) プレイヤー i の意思決定点 x における行動の割り当て：x でプレイヤー i が選ぶ行動の集合を $A_i(x)$ と書く．図4.7では，$A_1(x_1) = \{A, B\}$, $A_2(x_2) = A_2(x_3) = \{A, B\}$ である．$A_i(x)$ の要素は，x から続く枝に1対1に対応する．例えば $A_1(x_1) = \{A, B\}$ において，A は枝 (x_1, x_2) に対応し，B は枝 (x_1, x_3) に対応している．$A_2(x_2)$, $A_2(x_3)$ も同じである．

(5) 終点 z におけるプレイヤー i の利得：これを $v_i(z)$ で表す．ここで $v_1(z_1) = 200$, $v_2(z_1) = 400$, $v_1(z_2) = 600$, $v_2(z_2) = 300$, $v_1(z_3) = 300$, $v_2(z_3) = 600$, $v_1(z_4) = 100$, $v_2(z_4) = 200$ となる．v_i は，Z から実数への関数である．

(6) 各プレイヤーの情報集合：プレイヤー i の情報集合は，i が識別できない点の集合である．プレイヤーが，その意思決定点で行動していると確実にわかる場合には，情報集合はその1点で構成されると考える．プレイヤー i の情報集合を h_i，その集合を H_i で表す．

図4.7では，プレイヤー1の意思決定点は x_1 の1点しかない．1点しかない場合は，当然，そこでの行動は識別できると考えられる．プレイヤー1の場合，情報集合は x_1 の1点からなり，これを h_1 で表すと $h_1 = \{x_1\}$ である．

これに対しプレイヤー2の意思決定点は x_2, x_3 の2点であり，プレイヤー2はこの2点を識別できない．x_2 と x_3 は同じ情報集合に属すると考えられ，これを h_2 で表すと $h_2 = \{x_2, x_3\}$ である．各プレイヤーの情報集合の集合は $H_1 = \{h_1\}$, $H_2 = \{h_2\}$ と表せる．なお，h_1 と h_2 を点の集合に戻して表すと，

$$H_1 = \{\{x_1\}\}, \qquad H_2 = \{\{x_2, x_3\}\}$$

となる．

なお，ここで x_2 と x_3 は同じ情報集合 h_2 に含まれるため，行動の集合は同じでなければならないことに注意しよう．すなわち，$A_2(x_2) = A_2(x_3) = \{A, B\}$ である．　¶

📖 数学表現のミニノート (5)

　ある集合を, いくつかの部分集合に重複なく分けた集合族 (「集合の集合」のこと) を, もとの集合の**分割**とよぶ. 正確にいうと, 集合 A に対して $\mathcal{A} = \{A_1, \cdots, A_m\}$ が A の分割であるとは, $\mathcal{A}$ が 2 つの条件,

(1)　$i \neq j$ ならば $A_i \bigcap A_j = \emptyset$ (重複しない)

(2)　$A_1 \bigcup \cdots \bigcup A_m = A$ (もとの集合が不足なく分けられている)

を満たすことをいう.

　例えば $A = \{a, b, c, d, e, f\}$ のとき, $A_1 = \{a\}$, $A_2 = \{b, d\}$, $A_3 = \{c, e, f\}$ とすると, $\mathcal{A} = \{A_1, A_2, A_3\}$ は A の分割である. 分割は集合の集合なので, 要素は集合であることに注意する.

　プレイヤー i の意思決定点の集合を X_i とすると, $\{X_1, \cdots, X_n\}$ は X の分割である. ちなみに, $\{X, Z\}$ も K の分割である.

　分割は重要な概念で, これ以降も現れるので, よく理解しておこう.　¶

　以上, 展開形ゲームを構成する 6 つの要素について, p.126 図 4.7 を用いて学んだ. 改めて, 展開形ゲームを次のように定義する.

　定義 4.3　展開形ゲームを, 以下の 6 要素によって定義する.

$$\left((K, E), N, (X_i)_{i=1}^n, (A_i)_{i=1}^n, (v_i)_{i=1}^n, (H_i)_{i=1}^n\right)$$

(1)　ゲームの木 (K, E): 点 K は意思決定点 X と終点 Z に分割される.

(2)　プレイヤーの集合 $N = \{1, \cdots, n\}$

(3)　意思決定点の分割 $\{X_1, \cdots, X_n\}$: X_i はプレイヤー i の意思決定点の集合である.

(4)　プレイヤー i の意思決定点 x における, プレイヤー i が選ぶ行動の集合 $A_i(x)$: $A_i(x)$ の要素は, x から続く枝に 1 対 1 に対応している.

(5)　終点 z におけるプレイヤー i の利得 $v_i(z)$: v_i は Z から実数への関数である.

(6)　プレイヤー i の情報集合: これはプレイヤー i が識別できない意思決定点の集合である. プレイヤー i の情報集合の集合を H_i で表す.

　すでに学んだように, 同じ情報集合に含まれる意思決定点が各プレイヤーに識別できないということから, 同じ情報集合に含まれる意思決定点がもつ行動の集合は, すべて同じでなければならない. そうでなければ, プレイヤーにその 2 つの点が識別できるはずである. つまり, プレイヤー i のどんな意思決定点 x と x' も, 同じ情報集合 h_i に属する (つまり, $x \in h_i$ かつ $x' \in h_i$) ならば, $A_i(x) = A_i(x')$ でなければならない. これより, プレイヤーの行動は, 各意思決定点ごとではなく, 情報集合ごとに決めればよいので, これを $A_i(h_i)$ と書くこともある.　¶

　意思決定点の集合 X は, 各プレイヤーの意思決定点 $\{X_1, \cdots, X_n\}$ に分割され, さらに, プレイヤー i の意思決定点の集合 X_i は, 情報集合 $H_i = \{h_{i1}, \cdots, h_{im}\}$ に分割される (ここで m はプレイヤー i の情報集合の数).

例 4.4 ^{p.118} 図 4.1 において，一ノ瀬をプレイヤー 1，二子山をプレイヤー 2 として，展開形ゲームの 6 つの要素を表してみよう．情報集合を除く（1）〜（5）までの要素は例 4.3 と全く同じなので，（6）の情報集合について考える．

プレイヤー 1 については同じで，x_1 の 1 点からなる情報集合 1 つだけであり，これを h_1 で表すと $h_1 = \{x_1\}$ となる．

プレイヤー 2 については，例 4.3 と異なり，2 つの意思決定点 x_2 と x_3 のどちらで行動するかを識別できるため，それぞれが別の情報集合になる．これを h_{21}, h_{22} と表すことにすると，$h_{21} = \{x_2\}$, $h_{22} = \{x_3\}$ である．各プレイヤーの情報集合の集合は $H_1 = \{h_1\}$, $H_2 = \{h_{21}, h_{22}\}$ と表せる．なお，h_1, h_{21}, h_{22} を点の集合に戻して表すと

$$H_1 = \{\{x_1\}\}, \qquad H_2 = \{\{x_2\}, \{x_3\}\}$$

となる．　¶

例題 4.3 図 4.9 において，アリスをプレイヤー 1，文太をプレイヤー 2 として，展開形ゲームの 6 つの要素を表せ．

［解］（1）ゲームの木 (K, E)．意思決定点の集合 $X = \{x_1, x_2, x_3, x_4\}$，終点の集合 $Z = \{z_1, z_2, z_3, z_4, z_5, z_6\}$ とすると，K は $K = X \bigcup Z$ となる．枝の集合 E は，次のようになる．

$$E = \{(x_1, x_2), (x_1, x_3), (x_1, x_4), (x_2, z_1), (x_2, z_2),$$
$$(x_3, z_3), (x_3, z_4), (x_4, z_5), (x_4, z_6)\}$$

（2）プレイヤーの集合 $N = \{1, 2\}$．

（3）各プレイヤーの意思決定点の集合 $X_1 = \{x_1\}$, $X_2 = \{x_2, x_3, x_4\}$．

（4）$A_1(x_1) = \{H, Z, S\}$, $A_2(x_2) = A_2(x_3) = \{C, N\}$, $A_2(x_4) = \{A, U\}$．

（5）$v_1(z_1) = 3$, $v_2(z_1) = 3$, $v_1(z_2) = 0$, $v_2(z_2) = 0$, $v_1(z_3) = -3$, $v_2(z_3) = -3$, $v_1(z_4) = 2$, $v_2(z_4) = 0$, $v_1(z_5) = 4$, $v_2(z_5) = 1$, $v_1(z_6) = -2$, $v_2(z_6) = -2$．

（6）$h_1 = \{x_1\}$, $h_{21} = \{x_2, x_3\}$, $h_{22} = \{x_4\}$ として，$H_1 = \{h_1\}$, $H_2 = \{h_{21}, h_{22}\}$．なお，h_1, h_{21}, h_{22} を点に戻して表すと

$$H_1 = \{\{x_1\}\}, \qquad H_2 = \{\{x_2, x_3\}, \{x_4\}\}$$

となる．A_i は，$A_1(h_1) = \{H, Z, S\}$, $A_2(h_{21}) = \{C, N\}$, $A_2(h_{22}) = \{A, U\}$ とも表せる．

さて，図 4.1 や図 4.9 においては，情報集合が 1 つの点からなるときは，情報集合を省略し，ただの「点」として描いた．本来は，情報集合が 1 つの点からなるときも，その 1 点を円で囲み，意思決定点と情報集合を区別することが，定義に忠実な描き方であるといえる．例えば，図 4.1 は図 4.10 の左図のように，図 4.9 は図 4.10 の右図のように書くことが正確な展開形ゲームの図といえよう．しかし，いちいちそれを記すと煩雑な図になってしまうので，情報集合が 1 つの点からなるときは，「点」と「情報集合」を同一視して考えて，

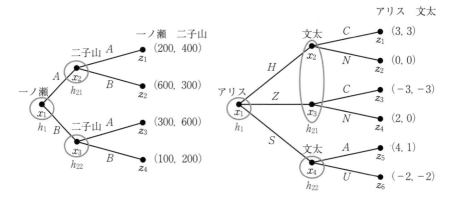

図 4.10 図 4.1 と図 4.9 に対する情報集合の正確な表現

情報集合を省略することが多い．本書でも，情報集合が 1 点からなる場合は，それを省略して記すことがある．

4.3 戦略形ゲームによる表現

　一般的な展開形ゲームの解はどのように求めるのだろうか？　本節では，展開形ゲームが戦略形ゲームに変換できることを学ぶ．展開形ゲームが戦略形ゲームに変換できることで，ナッシュ均衡をその展開形ゲームの解として考えることができる．

4.3.1 完全情報ゲームの場合

　まず，完全情報ゲームについて，再び p.118 図 4.1 を例に考えよう．ここで，後手の二子山は先手の一ノ瀬が A と B のどちらを選んだのかを知り，A か B を選択する．しかし，二子山が賢いプレイヤーであれば，一ノ瀬が A と B を選んだ後ではなく行動を選ぶ前から，一ノ瀬が A を選んだときと B を選んだときのそれぞれの場合において，何を選ぶかを予め決めておくであろう．

　このように完全情報ゲームにおいては，各プレイヤーは「すべての意思決定点でどのような行動を選ぶか」という「行動の計画」を，予め決めておくと考える．この「すべての意思決定点において，何の行動を選ぶかを決めたリスト」を，完全情報ゲームの戦略とよぶ．

　ここで，二子山の戦略は「x_2 と x_3 のそれぞれで何を選ぶか」を決めることである．そこで，この 2 点の行動を並べて書くことで戦略を表すことにしよう．

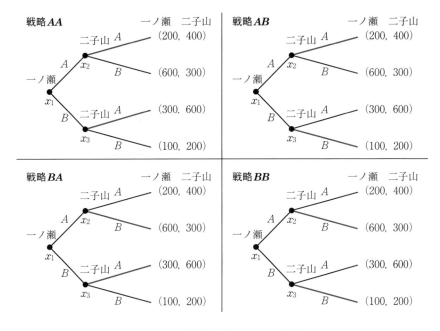

図 4.11 後手の二子山の 4 つの戦略

例えば,「x_2 で A を選び,x_3 で B を選ぶ」という戦略は AB と書く.すると,二子山の戦略は AA,AB,BA,BB と 4 つあることがわかり,これをゲームの木に書き入れて表すと,図 4.11 になる.

一方,一ノ瀬は「x_1 で何を選ぶか」という戦略しかないので,一ノ瀬の戦略は A と B の 2 つである.

例えば,一ノ瀬が戦略として A を選び,二子山が戦略として AB を選んだとき,その行動の組み合わせを記したものが図 4.12 である.各プレイヤーの戦略の組が 1 つ決まると,ゲームの木で経路が 1 つ決

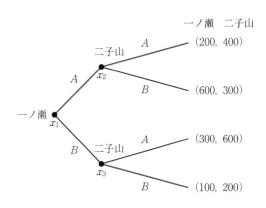

図 4.12 一ノ瀬が戦略 A を,二子山が戦略 AB を選んだとき

まり，結果として1つの終点に到達する．この場合は，戦略の組 (A, AB) が決まると，経路が決まり，利得の組 $(200, 400)$ が決まる．

戦略はゲームが始まる前に，各プレイヤーが同時に選ぶと考えることができる．一ノ瀬も二子山も自分たちがプレイするゲームがわかっていれば，ゲームが始まる前にどの意思決定点でどの行動を選ぶかを考えておくだろう．たとえ後手であっても，相手のすべての行動に対して，自分の最適な行動を予め考えておけばよい．つまり，プレイヤーはゲームが始まる前に，相手の出方を読み，すべての場合にどの行動を選ぶと自分の利得が高くなるのかを読み合っているわけである．この考え方に従うと，展開形ゲームを戦略形ゲームに変換できる．

図4.13は，p.118 図4.1を戦略形ゲームとして表したものである．戦略の組が1つ決まると，経路が1つ決まり，終点が1つ実現する．その終点の利得の組を対応させることで，利得行列ができる．例えば，戦略の組 (A, AB) が決まると，経路が決まり，それに対応する利得の組 $(200, 400)$ が決まる．このように，利得の組を書き入れていくと，図4.13の戦略形ゲームができるのである．

一ノ瀬 ＼ 二子山	AA	AB	BA	BB
A	$(200, 400)$	$(200, 400)$	$(600, 300)$	$(600, 300)$
B	$(300, 600)$	$(100, 200)$	$(300, 600)$	$(100, 200)$

図4.13　図4.1を戦略形ゲームにした利得行列

なお，異なる戦略の組でも，同じ終点に到達することがある点に注意しよう．例えば，戦略の組 (A, AA) と戦略の組 (A, AB) では，どちらも同じ終点 z_1 に到達する．このため，(A, AA) と (A, AB) に対応する利得行列のセルには，同じ利得の組 $(200, 400)$ が書かれている．それならば，AA と AB の2つは必要がなく，x_2 に対応する A だけでよいと思われるかもしれないが，そうではない．AA と AB では，一ノ瀬が B を選んだときの利得が異なるのである．相手の行動を考えると，これらは異なる戦略と考えなければならない．

4.3.2 一般の展開形ゲームの場合

では，不完全情報ゲームの場合はどうであろうか．ここでは， [p.126] 図 4.7 を例に考える．このゲームは [p.118] 図 4.1 と似ているが，二子山が一ノ瀬の行動をわからずに自分の行動を決めるところが異なっており，x_2 と x_3 が同じ情報集合に属していることが，それを表していた．二子山は，x_2 と x_3 のどちらにいるかが判別できないため，x_2 と x_3 では異なる行動を選ぶことができない．つまり，二子山は x_2 と x_3 では同じ行動を選ぶ．言い換えると，x_2 と x_3 を含む情報集合において 1 つの行動を選ぶことになる．すなわち二子山は，「x_2 と x_3 を含む情報集合」において A を選ぶか，B を選ぶか，の 2 つの戦略をもつ．これをゲームの木に書き入れると，図 4.14 となる．

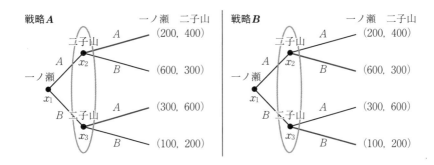

図 4.14 後手の二子山の 2 つの戦略

一ノ瀬については図 4.1 と同じで，x_1 において，A と B の 2 つの戦略しかない．これより，図 4.7 を戦略形ゲームとして表すと [p.12] 図 1.1 となる．そもそも，図 4.7 は図 1.1 の戦略形ゲームを展開形ゲームに変換したものであったので，もとに戻ったことになる．

このように不完全情報ゲームにおいては，プレイヤーは同じ情報集合内の意思決定点で同じ行動を選ばなければならない．**言い換えると，不完全情報ゲームにおいては，プレイヤーは情報集合 1 つにつき 1 つの行動を選ぶ．**したがって，**「すべての情報集合で，何の行動を選ぶかを決めたリスト」が不完全情報ゲームの戦略となる．**このように考えることで，不完全情報の展開形ゲームも，戦略形ゲームに変換できる．

例 4.5   [p.127] モデル 17（図 4.10 の右図）を戦略形ゲームに変換してみよう．
アリスが行動を決定するのは情報集合 h_1 だけであり，アリスの戦略は H, Z, S の

3つである．これに対して，文太は，h_{21}（意思決定点 x_2, x_3 の 2 点を含む）と，h_{22}（x_4 だけを含む）の 2 つの情報集合で行動を決定する．文太の行動をこの 2 つの情報集合の順に並べて表すことにしよう．例えば CA は，「情報集合 h_{21} で C を選び，情報集合 h_{22} で A を選ぶ」戦略を表す．これによって，ゲームは図 4.15 の戦略形ゲームに変換できる．

アリス ＼ 文太	CA	CU	NA	NU
H	$(3,3)$	$(3,3)$	$(0,0)$	$(0,0)$
Z	$(-3,-3)$	$(-3,-3)$	$(2,0)$	$(2,0)$
S	$(4,1)$	$(-2,-2)$	$(4,1)$	$(-2,-2)$

図 4.15　図 4.10 の右図を戦略形ゲームにした利得行列　　　　　　¶

4.2.2 項の最後で学んだように，ゲームの木を書くときに，情報集合が 1 つの点からなるときは，煩雑さを避けるために「点」と「情報集合」を同一視して考え，情報集合を省略する場合もある．これと対応して，情報集合が 1 つの意思決定点からなる場合は，情報集合ではなく意思決定点に行動を対応させて戦略を表してもよい．

例えば，$^{p.132}$ 図 4.10 の右の図で，「アリスは情報集合 h_1 で，文太は情報集合 h_{21} と h_{22} で行動を決定する」としたが，同じゲームを $^{p.128}$ 図 4.9 で考えれば，「アリスは x_1 で，文太は情報集合 h_{21} と x_4 で行動を決定する」と考えてもよいだろう．

そうすると，完全情報ゲームの場合は，すべての情報集合は意思決定点 1 つだけを含んでいるので「情報集合 1 つにつき 1 つの行動を選ぶ」ことと「意思決定点 1 つにつき 1 つの行動を選ぶこと」は同じことである．4.3.1 項では，完全情報ゲームを戦略形ゲームに変換する場合に，「各意思決定点でどの行動を選ぶかを決定する」とした．これは，「各情報集合ごとにどの行動を選ぶかを決定する」という考え方の特別なケースといえる．

まとめると，**不完全情報でも完全情報でも，すべての展開形ゲームは各情報集合ごとに，各プレイヤーがどの行動を選ぶかをすべて決めることを戦略と考えることで，戦略形ゲームに変換できる**．変換は，以下の手順となる．

手順5　展開形ゲームから戦略形ゲームへの変換
STEP.1　各プレイヤーに対して，すべての情報集合において，どの行動を選ぶ

かを列挙したものを戦略とし，すべての戦略を考え，プレイヤーの戦略の集合とする．

STEP.2 すべてのプレイヤーの戦略を1つ決めると，その戦略の組に対して，実現する終点が1つ決まる．その終点に対応する利得が，その戦略の組に対応する利得となる．

STEP.3 それをすべての戦略の組に対して考える．

例題4.4 次の2段階の2人ゲームを考える．

第1段階：プレイヤー1が N (No) か Y (Yes) かを選ぶ．N を選ぶとゲームは終わり，プレイヤー1は利得3を，プレイヤー2は利得2を得る．Y を選ぶと，ゲームは第2段階に突入する．

第2段階：両プレイヤーは A か B かを**同時**に選択し，図4.16のゲームを行う．

（1） このゲームを展開形ゲーム（ゲームの木）で表せ．第2段階の（同時の）ゲームは，1が先手，2が後手であるとして表せ．情報集合内に点が1つのときは，情報集合を省略してもよい．終点の利得はカッコの中に，左に1，右に2の利得を記せ．

（2） このゲームを戦略形ゲーム（利得行列）に変換

2 1	A	B
A	$(4,1)$	$(1,0)$
B	$(2,0)$	$(0,1)$

図4.16 第2段階の同時ゲームの利得行列

せよ．ここで1には，最初に N と Y の選択，後に A と B を選択する2つの情報集合がある．戦略はそれらでの行動を順番に並べて，NA, NB, YA, YB と書くことにする．

[**解**] （1） 図4.17のようになる． （2） 図4.18のようになる[2]．

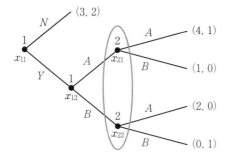

図4.17 例題4.4のゲームの木

2 1	A	B
NA	$(3,2)$	$(3,2)$
NB	$(3,2)$	$(3,2)$
YA	$(4,1)$	$(1,0)$
YB	$(2,0)$	$(0,1)$

図4.18 図4.17を戦略形ゲームにした利得行列

---

2) このゲームにおいては，NA と NB は戦略的同等であり，プレイヤーにとっていかなる場合も区別ができない．そこで，戦略 NA と NB を1つの戦略にまとめる考え方もある．ここでは，「戦略はすべての情報集合でどの行動を選ぶかをすべて記したもの」という定義に忠実に従うことにした．

4.3.3 数式表現による確認

本項では，展開形ゲームの戦略形ゲームへの変換を数式によって表し，正確な理解を目指す．

展開形ゲームは，[p.130] 定義 4.3 の 6 つの要素で表せた．展開形ゲームを戦略形ゲームに変換するということは，この 6 つの要素から，[p.17] 定義 1.1 における戦略形ゲームの 3 つの要素がどのように作られるかを示せばよい．

1 つ目の要素のプレイヤーの集合 N については同じである．

2 つ目の要素のプレイヤーの戦略の集合は次のようになる．プレイヤー i の戦略は，プレイヤー i のすべての情報集合において，どの行動を選ぶかを列挙したものである（手順 5 の STEP.1）．それは情報集合 H_i の要素 h_i にプレイヤー i の行動 $A_i(h_i)$ を対応させる関数と考えられる．これらのすべての関数の集合が，戦略の集合 S_i となる．

例 4.6 [p.118] 図 4.1 を例に，一ノ瀬をプレイヤー 1，二子山をプレイヤー 2 とすると，$N = \{1, 2\}$ となる．このとき，戦略を関数で表現してみよう．図 4.1 は完全情報ゲームであり，情報集合は意思決定点と同一視できるので，意思決定点 x_1, x_2, x_3 を情報集合とみなして考えよう[3]．

プレイヤー 2 から考える．ここで s_{ij} を，プレイヤー i の j 番目の戦略を表すとし，「プレイヤー 2 が x_2 で A，x_3 でも A を選ぶ戦略」を 1 番目の戦略 s_{21} とすると，s_{21} は以下の関数として表せる．

$$s_{21}: \quad s_{21}(x_2) = A, \qquad s_{21}(x_3) = A$$

これは，4.3.1 項では簡単に AA と表した戦略に対応する．このようにプレイヤーの 1 つの戦略は，情報集合（今回は意思決定点）が 1 つ決まると行動が 1 つ決まる関数となる．同じように，AB，BA，BB も関数として

$$s_{22}: \quad s_{22}(x_2) = A, \qquad s_{22}(x_3) = B$$
$$s_{23}: \quad s_{23}(x_2) = B, \qquad s_{23}(x_3) = A$$
$$s_{24}: \quad s_{24}(x_2) = B, \qquad s_{24}(x_3) = B$$

と表せる．このとき，プレイヤー 2 の戦略の集合 S_2 は

$$S_2 = \{s_{21}, s_{22}, s_{23}, s_{24}\}$$

となる．

プレイヤー 1 の情報集合は x_1 しかないので，戦略も 2 つしかない．これは $s_{11}(x_1) = A$，$s_{12}(x_1) = B$ となり，プレイヤー 1 の戦略の集合 S_1 は

$$S_1 = \{s_{11}, s_{12}\}$$

と表せる．　¶

---

3)　正確に表現したい読者は，[p.132] 図 4.10 の左の図で考え，意思決定点 x_1, x_2, x_3 を h_1, h_{21}, h_{22} に置き換えて考えればよい．

3つ目の要素であるプレイヤー i の利得関数 u_i は，すべてのプレイヤーの戦略の組によって到達する終点に対応する利得として定義される（手順5のSTEP.2）．ここで，$z(s)$ をプレイヤーの戦略の組 $s = (s_1, \cdots, s_n)$ が与えられたときに実現する終点であるとしよう．このとき，プレイヤー i の利得関数 u_i は $u_i(s) = v_i(z(s))$ で定義される．

例4.7 $^{\text{p.118}}$ 図4.1について，例4.6の戦略を使って利得関数を表してみよう．
プレイヤー1が s_{11}，プレイヤー2が s_{21} を選んだときに到達する終点は z_1 である．したがって，$z(s_{11}, s_{21}) = z_1$ となり，利得関数は
$$u_1(s_{11}, s_{21}) = v_1(z_1) = 200, \qquad u_2(s_{11}, s_{21}) = v_2(z_1) = 400$$
である（ここで v_1, v_2 は，$^{\text{p.129}}$ 例4.3で示してある）．同じように，$u_1(s_{11}, s_{22}) = v_1(z_1) = 200$，$u_2(s_{11}, s_{22}) = v_2(z_1) = 400$，$u_1(s_{12}, s_{21}) = v_1(z_3) = 300$，$u_2(s_{12}, s_{21}) = v_2(z_3) = 600, \cdots$ などが得られる． ¶

上記によって，図4.1の展開形ゲームは，戦略形ゲーム $(N, \{S_1, S_2\}, \{u_1, u_2\})$ に変換できる．

ここでプレイヤー1の戦略 s_{11}, s_{12} を A, B で表し，プレイヤー2の戦略 $s_{21}, s_{22}, s_{23}, s_{24}$ を AA, AB, BA, BB で表すことにしよう．そうすると，プレイヤーの戦略の集合は $S_1 = \{A, B\}$，$S_2 = \{AA, AB, BA, BB\}$ となり，利得関数も $u_1(A, AA) = 200$，$u_2(A, AA) = 400, \cdots$ と表せて，利得行列は $^{\text{p.134}}$ 図4.13となる．

なお，戦略を s_{11}，s_{21} と表すより，A，AA と表した方が意味がわかりやすいため，以降ではこのように表記する．しかし，AB と書かれている戦略は，情報集合から行動への「関数」であることを意識してほしい．

4.3.4 ナッシュ均衡による解

ここまでで，展開形ゲームは戦略形ゲームとして表せることがわかった．各プレイヤーは，相手の行動を観察してからではなく，予めすべての場合においてどう行動するかをゲームが始まる前に考えておけば，展開形ゲームは戦略形ゲームとなる．したがって，ゲームの解はナッシュ均衡として求めることができるはずである．

例4.8 図4.1において，純粋戦略のナッシュ均衡を求めてみよう（混合戦略は考えない）．このゲームを，戦略形ゲームに変換すると利得行列は図4.13となるのであった．ナッシュ均衡を求める $^{\text{p.34}}$ 手順1に従うと，これは図4.19の上の図にな

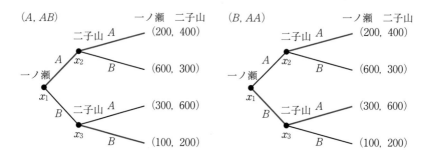

二子山 一ノ瀬	AA	AB	BA	BB
A	$(200, \underline{400})$	$(\underline{200}, \underline{400})$	$(\underline{600}, 300)$	$(\underline{600}, 300)$
B	$(\underline{300}, \underline{600})$	$(100, 200)$	$(300, \underline{600})$	$(100, 200)$

図 4.19 図 4.1 のナッシュ均衡

り，ナッシュ均衡は，(A, AB) と (B, AA) となる．対応する行動をゲームの木に書き入れると，図 4.19 の下の図になる．(A, AB) では「一ノ瀬は A に立地し，二子山も A に立地する」，(B, AA) では「一ノ瀬は B に立地し，二子山は A に立地する」という結果になる．¶

　すべての展開形ゲームは戦略形ゲームに変換できるので，展開形ゲームでも戦略形ゲームでも，すべてのゲームはナッシュ均衡という同じ原理で解を求めることができて，展開形ゲームの解を求める問題は解決したかのようにみえる．しかし，4.1.2 項でバックワードインダクションで求めた解は (B, AA)（一ノ瀬は B に，二子山は A に立地する）だけであるのに対して，例 4.8 のナッシュ均衡は，それとは異なる (A, AB) を含んでいる．これはどういうことであろうか．次の 4.4 節で，これについて詳しく検討する．

> **例題 4.5** ᵖ·¹³⁷例題 4.4 で考えた ᵖ·¹³⁷図 4.17 について，次の問いに答えよ．
> (1)　純粋戦略のナッシュ均衡を求め，戦略の組で表せ．
> (2)　ナッシュ均衡に相当する行動をゲームの木に赤線で書き入れて表せ．
> **[解]**　(1)　(YA, A)，(NA, B)，(NB, B) の 3 つである．
> (2)　図 4.20 のようになる．

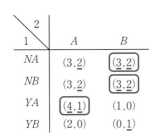

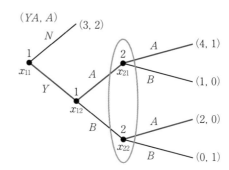

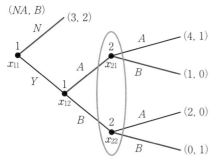

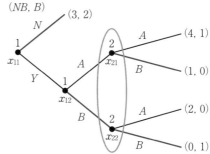

図 4.20 図 4.17 のナッシュ均衡

例題 4.6　p.128 図 4.9 の純粋戦略のナッシュ均衡を求めよ.
[解]　(H, CU), (Z, NU), (S, CA), (S, NA) の 4 つである.

4.4 部分ゲーム完全均衡

4.3 節では, どんな展開形ゲームも, すべて戦略形ゲームに変換できること
を学んだ. したがって, 展開形ゲームも戦略形ゲームと全く同じナッシュ均衡
によって統一的に解が導けるように思える.

しかし, 展開形ゲームにナッシュ均衡の概念をもち込むだけでは, 解として
不十分な場合がある. 本節ではそれについて学ぶと共に, 展開形ゲームの解と
して相応しい部分ゲーム完全均衡について学ぶ.

4.4.1 展開形ゲームにおけるナッシュ均衡の問題点

◆ 完全情報ゲームの場合

p.118 図 4.1 において, 例 4.8 で求めたナッシュ均衡は, バックワードイン
ダクション以外の解 (A, AB) を含んでいた. この (A, AB) がどのようなナッ

シュ均衡であるかを図 4.19 を参照しながら考えてみよう.

　ナッシュ均衡は，ゲームが始まる前に，両プレイヤーが考え抜いた結果の両プレイヤーの予測である．先手の一ノ瀬は，二子山が AB という戦略を選ぶと予測するならば，ナッシュ均衡の戦略の A を選ぶこと（利得 200）は，B を選ぶこと（利得 100）より利得を高くする．したがって，一ノ瀬はナッシュ均衡の予測のもとで最適反応戦略を選んでおり，戦略を変える誘因はない．また後手の二子山は，先手の一ノ瀬が A を選ぶと予測するならば，ナッシュ均衡の戦略の AB を選ぶこと（利得 400）は，他の戦略 BA と BB を選ぶこと（利得 300）より利得を高くし，AA を選ぶことは同じ利得を与える．したがって，二子山もナッシュ均衡の予測のもとで最適反応戦略を選んでおり，戦略を変える誘因はないように思える．

　このナッシュ均衡が，バックワードインダクションの戦略の組にならないのは，x_3 において二子山が利得を最大にする行動を選んでいないことにある．先手の一ノ瀬が A を選ぶと予想するならば，x_3 は実現しないので，x_3 で何を選んでも二子山の利得に影響はない．しかし，何らかの理由で x_3 が実現した場合には，二子山は**もはや B を選ばず，利得が高くなる A を選ぶ**だろう．この意味で，二子山が AB という戦略を選ぶという予測は，真に信じられる予測ではない．さらに，先手の一ノ瀬が「x_3 が実現した場合には，二子山はもはや B を選ばず，利得が高くなる A を選ぶだろう」と考えると，一ノ瀬は B に戦略を変えるので，その点でも (A, AB) はもはや信じられる予測ではない．

　このことから，^{p.118} 図 4.1 のナッシュ均衡は (A, AB) と (B, AA) の 2 つあるけれども，解に相応しい戦略の組は，バックワードインダクションで得られる (B, AA) のみであり，(A, AB) は解と考えるべきではない．

　このように，完全情報ゲームにおいては，その戦略の組において実現しない意思決定点であっても，その意思決定点での行動の選択が最適に行われているということが，ゲームの解に求められる．言い換えると，**すべての意思決定点に関して，それ以降の行動の選択が最適に行われているような戦略の組をゲームの解とすべきであり，これは，まさにバックワードインダクションで得られる解に他ならない．**

　まとめると，**完全情報ゲームにおいては，バックワードインダクションで解を求めるべきであり，戦略形ゲームに変換したナッシュ均衡は適切ではない解を含んでいる可能性がある，**といえる．

◆ 一般の展開形ゲームの場合

このことから，完全情報ゲームにおいては，バックワードインダクションで解を求めればよく，戦略形ゲームに変換する必要はない．しかし，不完全情報ゲームでは，単純なバックワードインダクションが使えないため，戦略形ゲームへの変換という考え方が，やはり重要になってくる．

p.137 図 4.17 を再び考えよう．このゲームにおいて情報集合を無視して，完全情報ゲームのようにバックワードインダクションを適用すると，プレイヤー 2 は，x_{21} で A を，x_{22} で B を選ぶことになる．しかし，x_{21} と x_{22} は同じ情報集合に属しているので，x_{21} と x_{22} で異なる行動を選ぶことはできない．プレイヤー 2 は，x_{21} と x_{22} を含む情報集合において 1 つの行動を選ばなければならないので，単純なバックワードインダクションを，このゲームに適用することはできないのである．

しかしながら，「すべての意思決定点に関して，それ以降の行動の選択が最適に行われているような戦略の組をゲームの解とすべき」とする考え方は，不完全情報ゲームでも必要な考え方である．

図 4.17 がどのようなゲームだったか，もう一度，思い出してみよう．このゲームは，「最初に 1 が N か Y かを選び，N を選べばゲームは終わり，Y を選ぶと 1 と 2 は p.137 図 4.16 の戦略形ゲームをする」というゲームであった．つまり図 4.17 は，図 4.21 のようにイメージされる展開形ゲームである．

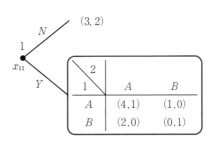

図 4.21　図 4.17 のゲームのイメージ

もし，「すべての意思決定点に関して，それ以降の行動の選択が最適に行われているような戦略の組」を考えるならば，x_{12} 以降の行動も最適に行われているべきであり，それは x_{12} 以降のゲーム（図 4.16 のゲーム）で各プレイヤーがナッシュ均衡を選んでいる戦略の組でなければならないということを意味している．

図 4.16 のナッシュ均衡は，「1 も 2 も A を選ぶこと」である（確認せよ）．図 4.17 のナッシュ均衡は (YA, A)，(NA, B)，(NB, B) の 3 つであるが（例題 4.5），これが満たされているのは (YA, A) だけであり，(NA, B) と (NB, B) は解として相応しくない．

つまり，展開形ゲームにおいて，「すべての意思決定点に関して，それ以降の行動の選択が最適に行われているような戦略の組をゲームの解とすべき」という考え方は，「すべての意思決定点に関して，それ以降が独立したゲームとして考えられるときには，そのナッシュ均衡が選ばれているべきである」という考え方に置き換えることができる．この考え方によるゲームの解を，**部分ゲーム完全均衡**とよぶ．次の4.4.2項では，この部分ゲーム完全均衡について学ぶ．

4.4.2 部分ゲームと部分ゲーム完全均衡

4.4.1項では，展開形ゲームを戦略形ゲームで表してナッシュ均衡を求めるだけでは不十分である，ということを学び，「ある意思決定点以降が独立したゲームとして考えられるときは，そのゲームのナッシュ均衡が選ばれている」戦略の組を，ゲームの解と考えるべきである，とした．そこで問題となるのは，ある点以降が独立したゲームであるかどうかを，どのように判別するかである．次の部分ゲームという定義は，それを与えるものである．

> **定義4.4**　与えられた展開形ゲームに対して，
> **条件1**：ある1つの意思決定点を出発点とし，それに続く**すべて**の点と枝を取り出す．
> **条件2**：その取り出された意思決定点すべてに対し，その点と同じ情報集合に属する意思決定点は，すべて取り出されている．
>
> としよう．このとき，取り出された点と枝は，展開形ゲームになる[4]．この取り出された展開形ゲームを，もとのゲームの**部分ゲーム**とよぶ．　¶

定義4.4から，もともとのゲーム（**全体ゲーム**とよぶ）は，部分ゲームでもある．全体ゲームではない部分ゲームは，真部分ゲームとよばれることもある[5]．

> **例4.9**　p.118 図4.1で考えたゲームの木に関して，以下の3つの点と枝の集合

---

4)　ここで「展開形ゲームになる」という言葉は，厳密には「取り出されたもの」をゲームの木とみなし，そこに含まれるプレイヤーをプレイヤーの集合とし，もとのゲームの情報集合，行動，利得関数を，そのプレイヤーの集合に制限すると，それは展開形ゲームになる」ということを意味する．さらに，正確には「取り出されたもの」がゲームの木になることを証明し，上記のようにプレイヤーと情報集合と行動と利得関数を決めると，それが展開形ゲームになることを証明しなければならないが，ここでは省略する．

5)　集合において，全集合は部分集合の1つであり，全集合ではない部分集合を真部分集合とよぶことに対応する．

を考え（図4.22），これが部分ゲームで
あるかどうかを考えてみよう．

　（a）　点の集合 $\{x_2, z_1, z_2\}$，枝の集合
$\{(x_2, z_1), (x_2, z_2)\}$

　（b）　点の集合 $\{x_2, x_3, z_1, z_2, z_3, z_4\}$，枝
の集合 $\{(x_2, z_1), (x_2, z_2), (x_3, z_3), (x_3, z_4)\}$

　（c）　点の集合 $\{x_1, x_3, z_3, z_4\}$，枝の集合
$\{(x_1, x_3), (x_3, z_3), (x_3, z_4)\}$

　このゲームは完全情報ゲームなので，
定義4.4の部分ゲームの条件2について
は考える必要がない．（a）は，1つの点
x_2 と，それに続く点と枝がすべて取り出
されているので，部分ゲームである．
（b）は，1つの点を出発点として続いて

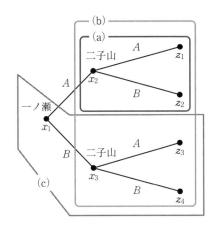

図4.22　例4.9：部分ゲームの例

はいないので（点 x_2 と x_3 に続く点がすべて取り出されてはいるが），部分ゲームで
はない．（c）は，x_1 に続く点のうち x_2 が取り出されていないので，部分ゲームでは
ない．　¶

p.118 図4.1には，例4.9で挙げた（a）に加えて，点の集合 $\{x_3, z_3, z_4\}$，枝
の集合 $\{(x_3, z_3), (x_3, z_4)\}$ から作られるゲーム（（d）とする），全体のゲーム，の
合計3つの部分ゲームがある．**（a）と（d）のゲームは，二子山が A か B を
選んでゲームが終わるプレイヤーが1人のゲームであり，このような，プレイ
ヤーが1人のゲームも部分ゲームとなることに注意しよう．**

例4.10　p.137 図4.17の展開形ゲームに関して，図4.23で示した（a），（b），
（c）のようにゲームを取り出したときに，これが部分ゲームであるかどうかを考え
てみよう．

　このゲームは完全情報ゲーム
ではないので，定義4.4の部分
ゲームの条件1と2の両方を考
慮する必要がある．（a）は，
1つの点 x_{22} と，それに続く点
と枝がすべて取り出されている
ため，条件1は満たす．しかし
x_{22} に対して，x_{22} と同じ情報集
合に属する x_{21} が含まれていな
いため，条件2を満たさない．
したがって，部分ゲームではな

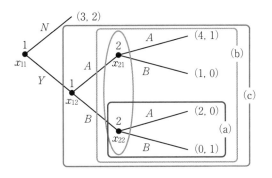

図4.23　例4.10：部分ゲームとなるか？

い．(b) は条件 2 は満たすが，1 つの点から続いてはいないので（点 x_{21} と x_{22} に続く点がすべて取り出されてはいるが）条件 1 を満たさず，部分ゲームではない．(c) は，x_{12} に続く点と枝がすべて取り出され，条件 1 と 2 を満たすので部分ゲームである．

図 4.23 は，上記で挙げた（c）と全体ゲーム以外は部分ゲームにならないので，部分ゲームは合計 2 つである．　¶

この部分ゲームを使って，部分ゲーム完全均衡を次のように定義する．

定義 4.5 　展開形ゲームに対して，すべての部分ゲームにおいてナッシュ均衡となる戦略の組を，部分ゲーム完全均衡とよぶ．　¶

全体ゲームは部分ゲームであるため，「すべての部分ゲームにおいてナッシュ均衡である」ということは，全体ゲームのナッシュ均衡でもある．つまり，部分ゲーム完全均衡はナッシュ均衡の部分集合であり，1.5.4 項の最後で述べたナッシュ均衡の精緻化となっている．

例 4.11 　4.4.1 項において，[p.137] 図 4.17 におけるナッシュ均衡のうち，解として相応しいのは (YA, A) だけである，ということをみた．ここで，ナッシュ均衡のうち，(YA, A) だけが部分ゲーム完全均衡になることを，定義 4.5 に従って確認してみよう．

例 4.10 でみたように，このゲームには全体ゲームと図 4.23 の（c）の 2 つの部分ゲームが存在する．この 2 つの部分ゲームを戦略形ゲームに変えて図に書くと，図 4.24 になる（(c) の部分ゲームは [p.137] 図 4.16 であったことを思い出そう）．

ここで，全体ゲームのナッシュ均衡は (YA, A), (NA, B), (NB, B) の 3 つであるが，

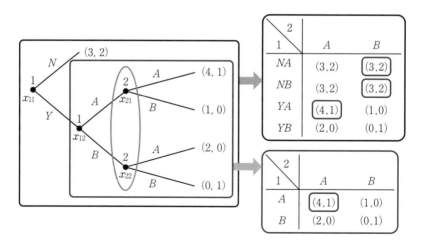

図 4.24 　部分ゲーム完全均衡（1）（図 4.17）

図 4.16 の戦略形ゲームのナッシュ均衡は (A, A) であるので，部分ゲーム完全均衡は (YA, A) だけであることがわかる．　¶

例 4.12　p.118 図 4.1 において，2 つのナッシュ均衡のうち (p.140 図 4.19)，バックワードインダクションで得られる解は (B, AA) であった (p.123 表 4.1)．定義 4.5 によって，ナッシュ均衡の中で (B, AA) だけが部分ゲーム完全均衡であることを確認してみよう．

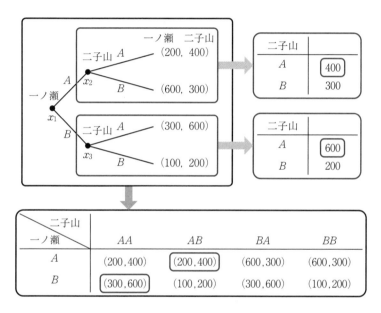

図 4.25　部分ゲーム完全均衡 (2)（図 4.1）

　4.4.2 項でみたように，このゲームには全体ゲームを含め，3 つの部分ゲームがある．このうち，x_2 と x_3 に続く 2 つの部分ゲームはプレイヤーが 1 人しかいないが，部分ゲームであることに注意しよう[6]．部分ゲームを戦略形ゲームに変えて図に書くと，図 4.25 になる．ここで，全体ゲームのナッシュ均衡は (A, AB)，(B, AA) の 2 つであるが，x_2 と x_3 に続く 2 つの部分ゲームでは，両方とも A が選ばれることから，部分ゲーム完全均衡は (B, AA) だけであることがわかる．　¶

　完全情報ゲームのバックワードインダクションで得られる解は，部分ゲーム完全均衡である．バックワードインダクションも，ナッシュ均衡の精緻化の 1 つである．

---

6)　終点の直前には，このような部分ゲームが現れることがあり，注意が必要である．

　ナッシュ均衡の精緻化の概念，および部分ゲーム完全均衡は Selten（1975）によって確立され，この功績によりゼルテンは，1994 年にノーベル経済学賞を受賞している．

　部分ゲーム完全均衡の求め方を，次の手順にまとめておく．

手順6　部分ゲーム完全均衡の求め方

STEP.1　ゲームからすべての部分ゲーム（全体ゲームを含む）を取り出し，戦略形ゲームに変換する．

STEP.2　すべての部分ゲームのナッシュ均衡を求める．

STEP.3　すべての部分ゲームでナッシュ均衡となっている全体ゲームのナッシュ均衡を選び出す．

　例題 4.7　p.128 図 4.9 の部分ゲーム完全均衡を求めよ．また，このゲームの結果がどうなるかを述べよ．

　[解]　全体ゲームのナッシュ均衡は (H, CU)，(Z, NU)，(S, CA)，(S, NA) の 4 つであった（p.141 例題 4.6）．全体ゲーム以外の部分ゲームは，x_4 から続く文太の 1 人ゲームであり，このゲームでは，文太は A を選ぶ．したがって，部分ゲーム完全均衡は (S, CA) と (S, NA) の 2 つである．この 2 つの解は同じ均衡経路になり，p.127 モデル 17（図 4.9）のゲームの結果は，「アリスがショッピングセンターにきて，文太が謝る」だけとなる．文太が謝らない結果は，ナッシュ均衡になるが部分ゲーム完全均衡にはならない．　　　✍

4.4.3　縮約による部分ゲーム完全均衡の計算

　前項で学んだように，部分ゲーム完全均衡を求めるためには，すべての部分ゲームを列挙して，ナッシュ均衡を求めればよい．しかし，この解き方では多くの戦略形ゲームが現れるばかりか，全体ゲームに近づくにつれて，ゲームが巨大になり，複雑になる．

　ここで，完全情報ゲームのバックワードインダクションでは，全体の戦略形ゲームを作らなくても，解（すなわち部分ゲーム完全均衡）が導けることを思い出そう．例えば，p.118 図 4.1 においては，全体ゲームの戦略形ゲームを作ってナッシュ均衡を求めなくても（p.134 図 4.13，p.140 図 4.19），バックワードインダクションで解を（簡単に！）得ることができている（4.1.2 項）．このことについて再考してみよう．

　バックワードインダクションでは，まず最初に x_2 と x_3 における二子山の最適な選択を求める（共に A を選ぶ）．その結果を反映することで，x_2 と x_3 へ到達することは，z_1 と z_3 に辿り着くことと同じと考えている．図で表すと，

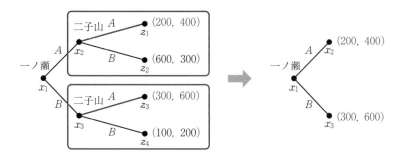

図 4.26 ゲームの縮約 (1)（図 4.1）

図 4.26 の左側のように x_2 と x_3 以降の最適な選択を求めて，図 4.26 の右側の
ような小さな展開形ゲームに変換し，x_1 における一ノ瀬の選択を求めている
ことになる．これによって，全体ゲームの戦略形を考えなくても解を求めるこ
とができている．

　同じ原理は，不完全情報ゲームでも使える．[p.137] 図 4.17 のゲームを考えて
みよう．このゲームは，x_{12} 以降に続く部分ゲームがある（[p.143] 図 4.21 も参
照）．x_{12} 以降に続く部分ゲームのナッシュ均衡は，プレイヤー 1 も 2 も A を
選ぶことである．これを反映すると，x_{12} に到達することは利得 $(4,1)$ に到達
することと同じと考えられる．図で表すと，図 4.27 の左側のように x_{12} 以降
の部分ゲームのナッシュ均衡を求め，図 4.27 の右側のような小さな展開形
ゲームに変換し，x_{11} でのプレイヤー 1 の選択を求めている（プレイヤー 1 は
Y を選ぶ）ことになる．

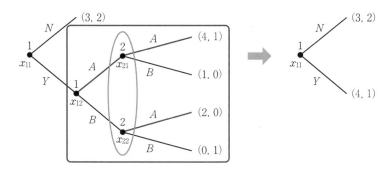

図 4.27 ゲームの縮約 (2)（図 4.17）

すなわち，全体の展開形ゲームの部分ゲーム完全均衡を求めるには，部分ゲームのナッシュ均衡を求め，その結果を「代入」して，小さな展開形ゲームを作っていけばよい．このように，小さな展開形ゲームを作ることを，**縮約**とよぶ．縮約による部分ゲーム完全均衡の求め方の手順をまとめておこう．

手順7　縮約による部分ゲーム完全均衡の求め方

STEP.1　与えられた展開形ゲームの終点に一番近い部分ゲームを取り出す．その部分ゲームの初期点を x とする．

STEP.2　取り出した部分ゲームのナッシュ均衡を求める．

STEP.3　x に，STEP.2 で求めた利得を対応させて終点とし，縮約した展開形ゲームを作る．x が全体ゲームの初期点であれば終わり．もしそうでなければ，縮約した展開形ゲームを与えられた展開形ゲームとして STEP.1 へ．

縮約によって求められた解が，部分ゲーム完全均衡になっていることの証明は，ここでは行わない（岡田（1996）などを参照）．

4.4.4　部分ゲーム完全均衡に関する補足

ここまで展開形ゲームについて学び，その解として，部分ゲーム完全均衡について学んできた．最後のこの項では，部分ゲーム完全均衡について，混合戦略と複数の均衡の2点について補足しておこう．

展開形ゲームは，戦略形ゲームに変換できるので，その混合戦略を考える必要もある．ここで図 4.28 のゲームをみてみよう．このゲームは，プレイヤー1 が Y（Yes）か N（No）を選び，Y を選んだときは，コインの表裏合わせになるゲームである．

このゲームの部分ゲーム完全均衡を求めてみよう．このゲームでは，x_{12} 以

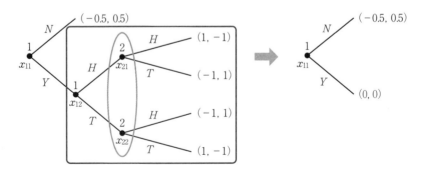

図 4.28　「コイン表裏合わせ」が部分ゲームとなるゲーム

降が部分ゲーム（コインの表裏合わせ）になり，この部分ゲームには純粋戦略のナッシュ均衡がないために，混合戦略を考える必要がある．^{p.94} 例題3.2でみたように，このゲームのナッシュ均衡は，プレイヤー1も2も，HとTを1/2ずつ選ぶことであり，そのナッシュ均衡におけるプレイヤー1の期待利得は0であった．

このことから，ゲームを縮約すると図4.28の右のようになり，プレイヤー1は，Nを選べば利得は-0.5，Yを選べば利得は0になるので，Yを選ぶことが部分ゲーム完全均衡になる．

このように，**部分ゲームにおいて，混合戦略のナッシュ均衡があるときは，そのナッシュ均衡の期待利得を考えてゲームを縮約し，手順7によって，部分ゲーム完全均衡を求めることができる．**

展開形ゲームにおける混合戦略については，6.2節でさらに詳しく学ぶ．

また，戦略形ゲームのナッシュ均衡が複数あることから，部分ゲーム完全均衡もそれに対応して複数存在することがある．例として，図4.29のゲームを考えよう．このゲームは，アリスがY（Yes）かN（No）を選び，Yを選んだときは，女と男の戦いになるゲームである．

図4.29の部分ゲーム完全均衡を考えてみよう．x_{12}以降の部分ゲームの純粋戦略のナッシュ均衡は，(Z, Z)と(S, S)の2つである（2.2.1項）．もし部分ゲームのナッシュ均衡が(Z, Z)であると考えれば，アリスはNを選べば利得は1.5，Yを選べば利得は2になるので，Yを選ぶことが部分ゲーム完全均衡になる．一方，部分ゲームのナッシュ均衡が(S, S)であると考えれば，アリスはNを選べば利得は1.5，Yを選べば利得は1になるので，Nを選ぶことが部分ゲーム完全均衡に

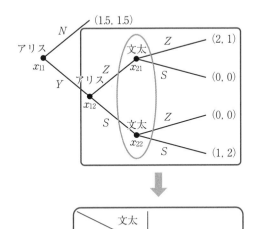

図4.29 「女と男の戦い」が部分ゲームとなるゲーム

なる.

　この例は，部分ゲームのナッシュ均衡が複数あるときには，私たちが，複数のナッシュ均衡の中のどの均衡が起こりやすいかを考えるだけではなく，ゲームのプレイヤーが，どのように予測するかを考える必要がある，ということを表している．例えば，女と男の戦いがアリスと文太の間に起きたときに，アリスが優先されるレディファーストのようなフォーカルポイント（2.2.2項）があれば，アリスは部分ゲームで (Z, Z) が結果になると予測し，アリスが Y を選ぶことが部分ゲーム完全均衡になる．

　また，図4.29では以下のような考え方が用いられることもある．ここで，アリスが Y を選び，実際に部分ゲームが実現したときに，(S, S) と (Z, Z) のどちらのナッシュ均衡になると2人は予測するだろうか．

　もし，(S, S) が実現するとアリスが予測していたならば，アリスは x_{11} で N を選んでいたはずである．アリスが Y を選んだということは，「アリスが (Z, Z) を予測していた」と文太は予測できる．そうならば，文太も Z を選ぶことが良いはずだ．つまり，アリスが Y を選べば (Z, Z) が実現し，(S, S) は実現しないと考えられる．アリスがこのことを推論すれば，x_{11} で Y を選べば利得は2，N を選べば1.5になるので，Y を選ぶだろう．つまり，図4.29ではアリスが Y を選ぶ部分ゲーム完全均衡だけが解になると考えられる．

　この考え方は**フォワードインダクション**とよばれ，ナッシュ均衡をさらに精緻化する考え方の一つである（8.5節で学ぶ直観的基準と近い考え方である）．

　しかし，バックワードインダクションや部分ゲーム完全均衡では，**プレイヤーはすべての時点で，それまでの経緯に関係なく，それ以降の利得が最大になるように行動するため，それ以降のゲームを独立したゲームと考える**としており，このフォワードインダクションの考え方と相反するところがある．ここで，女と男の戦いがアリスと文太の間に起きたときは，常に文太を優先する (S, S) が実現するようなフォーカルポイントがあったとしよう．アリスが Y を選んだときは，「女と男の戦い」という戦略形ゲームが，それまでに関係なくプレイされると考えれば，そこで (S, S) が実現する．そうアリスが予想すれば，アリスは Y は選ばずに N を選ぶであろう．

　このように，複数の部分ゲーム完全均衡のどれが選ばれるかという問題は興味深く，実験などによって，それを明らかにしようとする研究も存在する．

本章のまとめ

- すべてのプレイヤーが，それ以前に行動したプレイヤーが何を選んだかがすべてわかるゲームを，完全情報ゲームとよぶ．
- 完全情報ゲームの解は，バックワードインダクションで求める．
- バックワードインダクションによるゲームの解は，プレイヤーがすべての意思決定点でどのような選択をしたかを示す．結果として何が選択されたかだけを示す均衡経路と区別することが重要である．
- 戦略形ゲームは，不完全情報の展開形ゲームとして表せる．
- 不完全情報ゲームを展開形ゲームで表すときは，情報集合を用いる．
- 1つの情報集合の中の意思決定点は，プレイヤーがどの意思決定点で行動するかが識別できない点である．それは，それ以前のプレイヤーの行動が観察できないことに対応している．
- 展開形ゲームは，定義4.3の6つの要素で定義できる．
- 展開形ゲームは戦略形ゲームに変換できる．このとき，プレイヤーの戦略は「各情報集合で，どの行動を選んだかを，すべて決めたリスト」になる．
- 展開形ゲームの解は，戦略形ゲームに変換したナッシュ均衡と考えるだけでは問題がある．
- 展開形ゲームのある点以降が独立したゲームになっているとき，それを部分ゲームとよぶ（定義4.4）．
- すべての部分ゲームにおいてナッシュ均衡となる戦略の組を，部分ゲーム完全均衡とよぶ（定義4.5）．部分ゲーム完全均衡を解と考える．
- 完全情報ゲームの部分ゲーム完全均衡は，バックワードインダクションによる解である．
- 部分ゲーム完全均衡は，縮約による求め方が簡単である（手順7）．
- 部分ゲームに混合戦略のナッシュ均衡があるときは，そのナッシュ均衡における期待利得を考える．また，複数のナッシュ均衡があるときは，それに対応して，複数の部分ゲーム完全均衡がある．

演習問題

4.1 図4.30のゲーム1〜4の完全情報ゲームについて，バックワードインダクションによって解を求めよ．ここで点 x_{ij} はプレイヤー i の j 番目の意思決定点を表し，利得は左から順にプレイヤー1，2，3を表している．解答は，各プレイヤーがどの意思決定点で何を選ぶかによって表せ．

ゲーム1

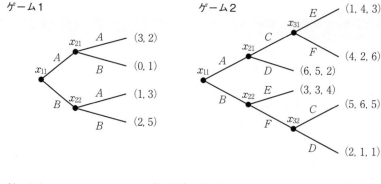

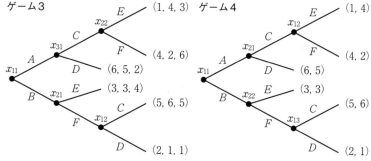

図4.30 演習問題4.1のゲームの木

4.2 [p.118] モデル16の解は「一ノ瀬が B を選び，二子山が A を選ぶ」となっており（[p.147] 例4.12），一ノ瀬と二子山が同時に行動する戦略形ゲーム（[p.12] 図1.1）と同じ結果になっている（1.4.1項）．図1.1では，二子山の A は支配戦略であったので，相手が何を選んでも A を選べばよかった．では，戦略形ゲームの支配戦略があれば，先手と後手のゲームでも支配戦略は選ばれるのであろうか．

K		
Q	A	B
A	$(2,4)$	$(4,3)$
B	$(1,0)$	$(3,1)$

図4.31 演習問題4.2の利得行列

そこで，図4.31の戦略形ゲームを考えてみよう．

(1) 図4.31の戦略形ゲームにおいて，プレイヤー Q の支配戦略を求めよ．また，ゲームの解を求めよ．

(2) このゲームを，同時に行動する戦略形ゲームではなく，Q を先手にしたときと，後手にしたときの，2つの完全情報ゲームを考え，ゲームの木を書き，バックワードインダクションでゲームの解を求めよ．

(3) 結果はすべて同じになるか確認せよ．

(4) 戦略形ゲームでの支配戦略は，展開形ゲームでも常に選ばれる行動といえるか？

4.3　図 4.32 のゲーム 1〜4 の展開形ゲームを戦略形ゲームに変換し，利得行列を書け．ここで h_{ij} はプレイヤー i の j 番目の情報集合を表し，利得は左にプレイヤー 1，右に 2 が対応している．

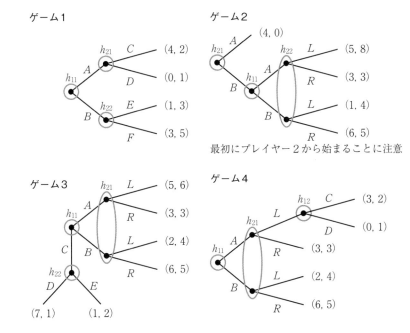

図 4.32　演習問題 4.3 のゲームの木

4.4　次ページの図 4.33 のゲーム 1〜4 の 4 つの展開形ゲームについて，それぞれナッシュ均衡と部分ゲーム完全均衡をすべて求めよ．混合戦略は考えない．ここで h_{ij} はプレイヤー i の j 番目の情報集合を表しており，利得は左にプレイヤー 1，右にプレイヤー 2 が対応している．

答は (YA, C) のように，カッコでプレイヤーごとの戦略をカンマで区切って並べ，各プレイヤーの戦略は情報集合の順に単に並べて書け．

4.5　次ページの図 4.34 のゲーム 1〜3 の 3 つの展開形ゲームについて，全体ゲームを戦略形ゲームに変換して利得行列を書き，ナッシュ均衡を求めよ．さらに，部分ゲーム完全均衡をすべて求めよ．

ただし，混合戦略は考えない．ここで h_{ij} は，プレイヤー i の j 番目の情報集合を表しており，利得は左にプレイヤー 1，右にプレイヤー 2 が対応している．

各プレイヤーの戦略は AC のように，情報集合の順に単に並べて書くこととし，均衡は (AC, B) のように，プレイヤーごとに戦略をカンマで区切って並べて書け．

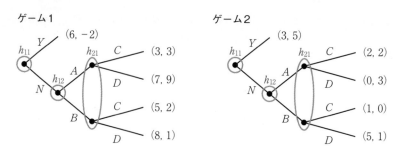

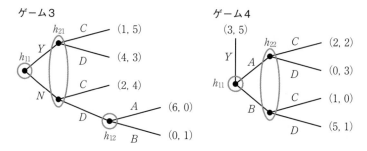

図 4.33 演習問題 4.4 のゲームの木

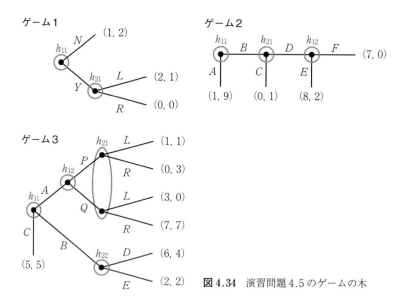

図 4.34 演習問題 4.5 のゲームの木

4.6 図 4.35 に示されているゲームの部分
ゲーム完全均衡を求めたい．ここで h_{ij} は，プ
レイヤー i の j 番目の情報集合を表す．次の
問いに答えよ．

（1）　このゲームの h_{12} 以下の部分ゲームに
は，純粋戦略のナッシュ均衡はない．この部
分ゲームにおける混合戦略のナッシュ均衡を
求めよ．

（2）　上記で求めた混合戦略のナッシュ均衡
におけるプレイヤー 1 の期待利得を求めよ．

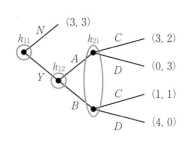

図 4.35　演習問題 4.6 の
ゲームの木

（3）　部分ゲーム完全均衡において，プレイヤー 1 は h_{11} で Y と N のどちらを選ぶ
か．

4.7 図 4.36 のゲーム 1 とゲーム 2 について，部分ゲーム完全均衡をすべて求め
よ．混合戦略は考えない．ここで h_{ij} は，プレイヤー i の j 番目の情報集合を表して
おり，利得は左にプレイヤー 1，右にプレイヤー 2 が対応している．

各プレイヤーの戦略は YA のように，情報集合の順に単に並べて書くこととし，
均衡は (YA, B) のように，カッコでプレイヤーごとに戦略をカンマで区切って並べ
て書け．

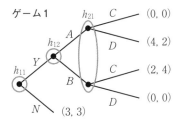

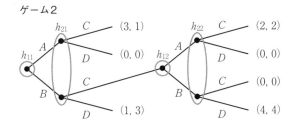

図 4.36　演習問題 4.7 のゲームの木

4.8 次のゲームを考える．

第 1 段階：プレイヤー 1 は A か B を選ぶ．A を選ぶと第 2 段階（a）に，B を選
　　ぶと第 2 段階（b）に移る．

第 2 段階（a）：プレイヤー 1 とプレイヤー 2 が，同時に C か D を選ぶ．

- 両プレイヤーが C を選ぶと 2 人の利得は 1
- 一方が C, もう一方が D を選ぶと, 2 人の利得は 0
- 両プレイヤーが D を選ぶと 2 人の利得は 3

第 2 段階 (b)：プレイヤー 1 とプレイヤー 2 が, 同時に E か F を選ぶ.

- 両プレイヤーが同じものを選ぶと 2 人の利得は 0
- 一方が E, もう一方が F を選ぶと, E を選んだ方の利得は 4, F を選んだ方の利得は 2

次の問いに答えよ.

(1)　純粋戦略の部分ゲーム完全均衡をすべて求めよ.

(2)　純粋戦略の部分ゲーム完全均衡の均衡経路（起こる結果）をすべて求めよ.

このとき均衡経路は,「第 1 段階でプレイヤー 1 が x を選んで, 第 2 段階 (x) に進み, そこでは戦略の組 (y, z) が選ばれる.」という形で書け.

5

展開形ゲームの応用例

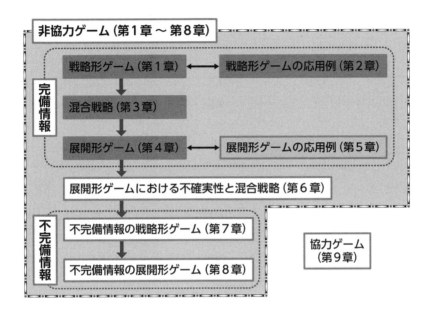

本章では第4章で学んだ展開形ゲームの応用例として，シュタッケルベルグ競争，交渉ゲーム，繰り返しゲームについて学ぶ．交渉ゲームや繰り返しゲームは大きく発展していて，多くの結果が存在するが，ここでは基本的な事項だけについて学ぶ．

本章のキーワード

シュタッケルベルグ競争，最後通牒ゲーム，割引因子，多期間交渉ゲーム，繰り返しゲーム，成分ゲーム，履歴，トリガー戦略，オウム返し戦略，フォーク定理

5.1 シュタッケルベルグ競争

2.5.2項では，2つの企業が，同時に生産量を決定するクールノー競争について学んだ．ここでは，一方の企業が先に生産量を決め，他社がそれを知ってから後に生産量を決めるような，**シュタッケルベルグ競争**とよばれるモデルについて学ぶ．

モデル 18　シュタッケルベルグ競争

^{p.71} モデル 12（クールノー競争）の設定を，企業 1 が先手で生産量 q_1 を，企業 2 が後手で生産量 q_2 を決定すると変えて，考えてみよう．モデル 12 と同じように，2 つの企業は，全く同じ製品（同質財）を生産しているとし，製品 1 単位を作るために必要な費用は両企業共に c，製品の価格 p は両者の生産量の合計によって決まり，

$$p = a - (q_1 + q_2) \tag{5.1}$$

で与えられるとする．ただし，$q_1 + q_2 > a$ のときは $p = 0$ とする．両企業が利益を最大にしようとするとき，両企業の生産量と利益はどうなるだろうか？

企業 1 と 2 の利益を $u_1(q_1, q_2)$，$u_2(q_1, q_2)$ とすると，(2.9) 式と (2.10) 式で示したように，u_1 と u_2 はそれぞれ

$$u_1(q_1, q_2) = pq_1 - cq_1 = -q_1^2 - q_1 q_2 + (a - c)q_1$$
$$u_2(q_1, q_2) = pq_2 - cq_2 = -q_2^2 - q_1 q_2 + (a - c)q_2$$

と表すことができた．

このゲームをバックワードインダクションで解いてみよう．まず，先手である企業 1 が生産量を q_1 と決定した場合に，企業 2 が利益を最大にする戦略を求める．これは $\partial u_2 / \partial q_2 = 0$ より

$$q_2 = -\frac{1}{2} q_1 + \frac{a - c}{2} \tag{5.2}$$

となる．

(5.2) 式は，先手の企業 1 が生産量を q_1 に選ぶときに，それを観察した企業 2 が利益を最大にするための生産量を表している．これを考慮すると，企業 1 が生産量を q_1 としたときの利益は，$u_1(q_1, q_2)$ に (5.2) 式を代入することで得られて，

$$-q_1^2 - q_1 q_2 + (a - c)q_1 = -q_1^2 - q_1\left(-\frac{1}{2}q_1 + \frac{a - c}{2}\right) + (a - c)q_1$$
$$= -\frac{1}{2}q_1^2 + \frac{1}{2}(a - c)q_1$$

と表せる．

企業 1 の利益が最大となる生産量は，これを q_1 で偏微分して 0 とおき，

$$-q_1 + \frac{1}{2}(a - c) = 0$$

を解くことで求められる．これより $q_1 = (a - c)/2$ であり，(5.2) 式より

$q_2 = (a - c)/4$ となる. 均衡における価格は $p = (a + 3c)/4$, 両企業の利益は企業1が $(a - c)^2/8$, 企業2が $(a - c)^2/16$ となる.

両企業が同時に生産量を決めるクールノー均衡では, 企業1と企業2の生産量は共に $(a - c)/3$, 利益は共に $(a - c)^2/9$ であった (2.5.2項). クールノー均衡に比べ, 先手の生産量と利益は増加し, 後手の生産量と利益は減少する. このことから, 先手には有利で, 後手が不利なゲームに変わっていることがわかる.

5.2 交渉ゲーム

「交渉」はゲーム理論の中心的なテーマとして, 長く研究されている. ここでは, 2人プレイヤーの交渉ゲームの最も基本的な形式について学ぶ.

5.2.1 1期間の交渉ゲーム

最初に, 次の簡単な交渉のモデルを考える.

モデル 19　2社の利益分配の交渉ゲーム

　一ノ瀬は, フランスで行われる日本食文化フェスティバルに出店しようと考えている. このフェスティバルでは, 日本の2つ以上の店舗が共同で出店することが条件になっており, 一ノ瀬は, 同じ菓子店の二子山に共同出店を呼びかけた.

　2店舗が共同で出店できれば, その利益は百万円であるが, その利益の分配をどうするかが問題だ. ここで, もし次のような交渉が行われたならば, 利益の分配はどうなるだろうか.

- 一ノ瀬は, 分配案を提案する.
- 二子山は, その案に「承諾」か「拒否」で答える. 承諾した場合は, 提案された分配で利益を分ける. 拒否した場合は, 交渉は決裂して出店できず, お互いの利益が0になる.

　このモデルでは, 一方のプレイヤーが利益の分配案を提示し, 他方のプレイヤーがそれに承諾か拒否を示す. そして, 承諾しても拒否しても, その1回の交渉だけでゲームが終了するという極端な設定になっている. このようなゲームは**最後通牒ゲーム**とよばれる.

　このゲームを, 展開形ゲームで表してみよう. 一ノ瀬と二子山をプレイヤー1と2とし, 一ノ瀬が提案する自分の取り分を x (百万円), $0 \leq x \leq 1$ とする

と，ゲームは次のように表せる.

- プレイヤー 1 が x を提案する
  $(0 \le x \le 1)$.

- プレイヤー 2 が，「承諾」か「拒
  否」かを選ぶ. 承諾を選んだ場
  合，プレイヤー 1 の獲得する利
  益は x，プレイヤー 2 の獲得す

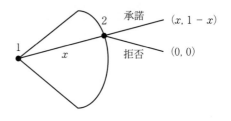

図5.1 モデル 19 のゲームの木

る利益は $1 - x$ とする. 拒否を選んだ場合，双方の利益は 0 とする.

　ここでプレイヤーの利得は，獲得した利益であるとする. 図5.1 は，この
ゲームのゲームの木である. プレイヤー 1 が選ぶ x は連続的な量なので，こ
れまでのように選択する枝を列挙できないため，枝に相当する部分は扇形に
よって表している.

　このゲームは完全情報ゲームなので，バックワードインダクションでプレイ
ヤー 2 の行動から解いてみよう. プレイヤー 2 は x の提案に対しては，承諾
すれば利得は $1 - x$，拒否すれば利得は 0 であるから，$x < 1$ の提案に対し
ては承諾する. $x = 1$ のときは，承諾を選んでも拒否を選んでも利得は 0 で同
じなので，行動は一意に決まらない. ここでプレイヤー 2 は承諾すると仮定す
ると，$0 \le x \le 1$ を満たすすべての x に対して，プレイヤー 2 は承諾するの
で，プレイヤー 1 は $x = 1$ を選ぶと利得が最大になる. したがって，バック
ワードインダクションの解は，「プレイヤー 1 が $x = 1$ を選び，プレイヤー 2
はすべての x で承諾する」となる.

　プレイヤー 1 が $x = 1$ を選んだとき，プレイヤー 2 が拒否すると仮定する
と，プレイヤー 1 は $x < 1$ を満たす x の中で最大の x を選ぶことが最適反応
戦略となる. しかし，$x = 1$ で不連続になるために最適解は存在せず，均衡が
存在しないことになる. 均衡の存在を仮定すると，「$0 \le x \le 1$ を満たすすべ
ての x に対し，プレイヤー 2 は承諾し，プレイヤー 1 は $x = 1$ を選ぶ」こと
が解となる. この結果，モデル 19 では「一ノ瀬は自分が百万円（二子山が 0 円）
の分配を提案し，二子山はそれを承諾する」がゲーム理論の解となる.

　実際には，提案は連続量ではなく，離散値（例えば，交渉は 1 万円単位で行
われるなど）であるから，それを考慮すると，たとえプレイヤー 1 が $x = 1$
を選んだときにプレイヤー 2 が拒否すると仮定しても，解は存在する（例えば
0.01 刻みの提案では，プレイヤー 1 は $x = 0.99$ を提案し，プレイヤー 2 は承

諾する）．しかしそうだとしても，結果はあまり変わらないため，近似的に，プレイヤー1が$x = 1$を選ぶことを解にする．

　現実的には，プレイヤーの利得は金銭だけで決まらず，公平感や互恵性も考慮しなければならない．したがって，上記のような金銭だけを利得と考え，すべてをプレイヤー1が獲得するような提案はほぼ拒否されることが実験で示されている．プレイヤーがどのようなことを利得として考えて，ゲーム理論をどのように修正していけばよいか？　最後通牒ゲームは，それらを探る代表的な例であり，実験経済学や行動ゲーム理論の分野で数多くの実験が行われ，考察されている（川越（2020）などを参照）．

5.2.2　多期間の交渉ゲーム

　交渉は，一方が出した提案を1回拒否することで終わることはほとんどない．相手の提案に不服がある場合は，自分が逆提案をして交渉が続くと考えるのが現実的である．そこで本項では，このような交渉がT期間続くような，**多期間交渉ゲーム**について考える（図5.2）．

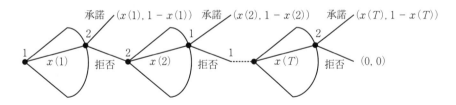

図5.2　T期間の交渉ゲーム（Tが奇数のとき）のゲームの木

- $t = 1, 3, 5, \cdots$ の奇数期においては，プレイヤー1が自分の獲得金額 $x(t) \, (0 \le x(t) \le 1)$ を提案し，プレイヤー2がそれに対して承諾か，拒否かを選ぶ．承諾した場合，プレイヤー1は$x(t)$，プレイヤー2は$1 - x(t)$の利得を得る．拒否した場合，$t < T$であれば次の期の交渉へ移る．$t = T$であれば交渉は決裂して，双方の利得は0となる．

- $t = 2, 4, 6, \cdots$ の偶数期においては，プレイヤー2が相手（プレイヤー1）の獲得金額 $x(t) \, (0 \le x(t) \le 1)$ を提案し，プレイヤー1がそれに対して承諾か，拒否かを選ぶ．承諾した場合，プレイヤー1は$x(t)$，プレイヤー2は$1 - x(t)$の利得を得る．拒否した場合，$t < T$であれば次の期の交渉へ移り，$t = T$であれば交渉は決裂して，双方の利得は0となる．

　このように多期間・長期間に亘ってゲームが続く場合，1期間後に得られる利得は，現在の利得よりも小さくなると考える．具体的には，1期間後の利得を現在の価値に換算する**割引因子** $\delta\,(0<\delta<1)$ というものを考えて，1期間後に得られる利得 a は，現在の利得に換算すると δa であるとする．

　例えば，$\delta=0.9$ のときは，1期間後に100の利得が得られても，それは現在の利得に換算すると90になる．したがって，もし，現在95の利得が得られるならば，1期間後に100の利得が得られるよりも良いと考えるのである．

　また，2期間後に a の利得が得られるならば，それは1期間後に得られる δa の利得と等しく，現在の利得に換算すれば $\delta^2 a$ となる．すなわち，一般に t 期間後に利得 a が得られることは，現在の利得に換算すると $\delta^t a$ であると考えるのである．

　この「利得の割引」を前提にして，多期間交渉ゲームを考えてみよう．$T=1$ の場合は最後通牒ゲームになるので，ここでは $T=2$ から考える．

◆ 2期間の交渉ゲーム

　$T=2$ のときを考える．バックワードインダクションで解くために，2期目 $(t=2)$ がどのような結果になるかを考えると，これは $T=1$ の最後通牒ゲーム（ただし，プレイヤー2が提案者）となるので，プレイヤー2が $x(2)=0$ を提案し，プレイヤー1が承諾することが解となる．

　これをもとに $t=1$ を考える．プレイヤー1の提案 $x(1)$ に対し，プレイヤー2は拒否すれば，2期目で1の利得を得られ，これは1期目の価値に換算すると δ となる．一方，プレイヤー2は承諾すれば利得が $1-x(1)$ となるから，

$$1-x(1) \geq \delta$$

であれば，プレイヤー2はプレイヤー1の提案 $x(1)$ を承諾する．つまり，$x(1) \leq 1-\delta$ であれば，プレイヤー2はプレイヤー1の提案 $x(1)$ を承諾する．

　プレイヤー1は，提案を拒否されると交渉は2期目に移り，利得が0になるので，プレイヤー2が承諾する提案の中で，自分の獲得金額が最大となる $x(1)=1-\delta$ を提案する．

　結果として，プレイヤー1が $t=1$ で $x(1)=1-\delta$ を提案し，プレイヤー2が承諾して，1期目でゲームは終了する．プレイヤー1の利得は $1-\delta$，プレイヤー2の利得は δ である．

◆ 3期間の交渉ゲーム

$T = 3$ のときを考える．$t = 1$ において，プレイヤー1の提案に対してプレイヤー2が拒否したとき（2期目以降の部分ゲーム）を考えると，これは2期間の交渉ゲームである．ただし，2期間の交渉ゲームで分析したときとプレイヤー1と2が逆転したゲームであるから，プレイヤー2が $x(2) = \delta$ を提案し，プレイヤー1が承諾することが解となり，プレイヤー2の利得は $1 - \delta$，プレイヤー1の利得は δ である．

これをもとに $t = 1$ を考える．プレイヤー1の提案 $x(1)$ に対し，プレイヤー2は拒否すれば，2期目で $1 - \delta$ の利得を得られ，これは1期目の利得に換算すると $\delta(1 - \delta)$ となる．一方，プレイヤー2は承諾すれば利得が $1 - x(1)$ となるから，

$$1 - x(1) \geq \delta(1 - \delta)$$

であれば，プレイヤー2はプレイヤー1の提案 $x(1)$ を承諾する．つまり，$x(1) \leq 1 - \delta(1 - \delta)$ であれば，プレイヤー2はプレイヤー1の提案 $x(1)$ を承諾する．

結果として，プレイヤー1が $t = 1$ で $x(1) = 1 - \delta(1 - \delta)$ を提案し，プレイヤー2が承諾して，1期目でゲームは終了する．プレイヤー1の利得は $1 - \delta(1 - \delta)$，プレイヤー2の利得は $\delta(1 - \delta)$ である．

◆ T 期間の交渉ゲーム

ここまでの結果を再帰的に考えていけば，T 期間の交渉ゲームも解けることがわかるであろう．

つまり，$T - 1$ 期間の解におけるプレイヤー1の利得を $y(T - 1)$ とすれば，T 期間の交渉ゲームでは，プレイヤー1が $t = 1$ で $x(1) = 1 - \delta y(T - 1)$ を提案し，プレイヤー2がそれを承諾して，1期目でゲームは終了する．このとき，プレイヤー1の利得 $y(T)$ は $y(T) = 1 - \delta y(T - 1)$ となる．

ここで最後通牒ゲーム $T = 1$ の結果から，$y(1) = 1$ であるので，

$$\begin{aligned}
y(T) &= 1 - \delta y(T - 1) = 1 - \delta\{1 - \delta y(T - 2)\} \\
&= 1 - \delta + \delta^2 y(T - 2) \\
&= 1 - \delta + \delta^2 - \delta^3 + \cdots + (-1)^{T-1}\delta^{T-1}y(1) \\
&= 1 - \delta + \delta^2 - \delta^3 + \cdots + (-1)^{T-1}\delta^{T-1}
\end{aligned}$$

となり，これは初項1，公比 $-\delta$ の等比数列の和になっているので，公式により

$$y(T) = \frac{1 - (-1)^T \delta^T}{1 + \delta}$$

となる．T 期間の交渉ゲームでは，1 期目にプレイヤー 1 が $\{1 - (-1)^T \delta^T\}/$ $(1 + \delta)$ を提案し，プレイヤー 2 が承諾し，1 期目でゲームは終了する．

解におけるプレイヤー 1 の利得は $\{1 - (-1)^T \delta^T\}/(1 + \delta)$，プレイヤー 2 の利得は $\{\delta + (-1)^T \delta^T\}/(1 + \delta)$ となる．

$T \to \infty$ とすると，この値は $(1/(1 + \delta), \delta/(1 + \delta))$ に近づき，さらに，$\delta \to 1$ とすると，両プレイヤーの利得はちょうど $1/2$ に近づくことがわかる．

5.3 繰り返しゲーム

同じゲームを何回も繰り返すような場合は，それ自体を 1 つのゲームとみなすことができ，それを**繰り返しゲーム**とよぶ．

繰り返しゲームは，プレイヤーの長期的な関係を明らかにする理論として大きく発展しており，ゲーム理論の中心的課題の 1 つであるといえる．

ここでは囚人のジレンマの繰り返しゲームを中心に，話題を限定して考えることで，繰り返しゲームの入門とする（繰り返しゲームの詳細については岡田 (1996)，グレーヴァ (2011)，神取 (2015) などを参照）．

モデル 20　囚人のジレンマの繰り返しゲーム

図 5.3 において，プレイヤー 1, 2 は C（協力）か，D（非協力）のどちらかを選ぶ．利得は $c > a > 0$，$e > 0$ とする．このとき，図 5.3 は，2.1.1 項で示した特徴を満たし，囚人のジレンマになる．

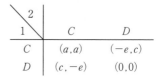

このゲームを何度も（有限回，無限回）繰り返したとき，ゲームの結果はどのようになるだろうか？　また，囚人のジレンマは 1 回のゲームでは「両者が協力しない」

図 5.3　囚人のジレンマ（成分ゲーム）の利得行列

ことだけがゲームの解となったが，何度も繰り返すゲームでは，協力を達成する可能性が生まれるだろうか？

5.3.1　繰り返しゲームの表現

繰り返しゲームは，戦略形ゲームを何回か繰り返すゲームであり，繰り返される戦略形ゲームを**成分ゲーム**とよぶ．本書では，毎回のゲームの結果を，

各プレイヤーは次のゲームが始まる前に完全に観察できるものとする[1].

図5.4は，囚人のジレンマの2回の繰り返しゲームを展開形ゲームとして表現したものである．これをもとに，繰り返しゲームの戦略と利得について，記号も使いながら学んでいこう．

成分ゲームは戦略形ゲームであるから，プレイヤーと戦略と利得関数の3要素によって，$(N, (A_i)_{i \in N}, (u_i)_{i \in N})$ と表せる（[p.17] 定義1.1を参照）．ただし，ここで成分ゲームの「戦略」は「行動」とよぶこととし，その集合を（定義1.1とは異なり）S_i ではなく A_i と表している．例えば図5.3では，$A_1 = A_2 = \{C, D\}$ である．プレイヤー i の成分ゲームでの利得関数は u_i であり，$u_1(C, C) = a,\ u_1(C, D) = -e,\ \cdots$ である．

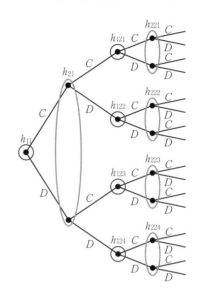

図5.4 囚人のジレンマの2回の繰り返しゲームのゲームの木

成分ゲームでプレイヤーが選択するものを「戦略」ではなく「行動」とよぶ理由は，図5.4のように，繰り返しゲームを展開形ゲームで表せば理解できる．展開形ゲームでは，プレイヤーは情報集合で「行動」を選択し，プレイヤーの戦略とは「すべての情報集合で何を選ぶか」をすべて記したものであった．

図5.4では，プレイヤー i は1回目のゲームにおいて，情報集合 h_{i1} で行動を選ぶ．また，2回目のゲームでは情報集合 $h_{i21}, h_{i22}, h_{i23}, h_{i24}$ で行動を選び，これは「1回目に (C, C), (C, D), (D, C), (D, D) が選ばれたときに，プレイヤー i が何を選ぶか」に対応する．

このように，繰り返しゲームでのプレイヤーの戦略は「1回目と2回目に何を選ぶか」という単純なものではなく，2回目以降の各プレイヤーは，「前の回までに各プレイヤーが何を選んだかという結果」に依存して行動を選ぶ．ここで，$t = 1, 2, \cdots$ の t 回目の成分ゲームの結果（＝行動の組）を $a^t = (a_1^t, a_2^t)$

のように表す. また, 1 回目から t 回目までの結果の列 $(a^1, \cdots, a^t)$ を h^t で表し, これを t 回目までの**履歴**とよぶ.

例えば 1 回目に (C, D), 2 回目に (D, C), 3 回目に (D, D) が選ばれた場合, $a^1 = (C, D)$, $a^2 = (D, C)$, $a^3 = (D, D)$ となり, 2 回目までの履歴は $h^2 = ((C, D), (D, C))$, 3 回目までの履歴は $h^3 = ((C, D), (D, C), (D, D))$ となる. なお, 1 回目までの履歴は $h^1 = a^1$ であり, (C, D) となる.

プレイヤーの戦略は, すべての回のすべての履歴に対して, 行動を決めることである. ここで, プレイヤー i が $t - 1$ 回目の履歴 h^{t-1} に対して t 回目に選ぶ行動を $s_i^t(h^{t-1})$ と表すことにしよう[2]. ただし 1 回目には, 履歴 h^0 がないため, 形式的に 0 回目の履歴を $h^0 = \emptyset$ として, $s_i^1(\emptyset)$ は単に 1 回目に選ぶ行動としておく. こうすると, プレイヤー i の戦略 s_i は $s_i = (s_i^1, s_i^2, \cdots)$ と表せる.

囚人のジレンマの 2 回の繰り返しゲームにおける各プレイヤーの戦略は 32 個あり, 3 回の繰り返しゲームでは 2^{21} 個, 4 回の繰り返しゲームでは…, のように, すべての戦略を考慮すると膨大な数となる. そこで, 以下では, 次の単純な 5 つの戦略を例として考えを進めてみよう.

- **すべて協力**:毎回, 過去の履歴に関わらず C を選ぶ.
- **すべて非協力**:毎回, 過去の履歴に関わらず D を選ぶ.
- **トリガー戦略**:1 回目は C を選ぶ. 2 回目以降は, 2 人がそれまで C を選び続けていれば C を, そうでなければ (相手も自分も過去に 1 回でも D を選んでいれば) D を選ぶ.
- **協力 - オウム返し**:1 回目は C を選ぶ. 2 回目以降は, 相手が前の回に選んだ行動を選ぶ.
- **非協力 - オウム返し**:1 回目は D を選ぶ. 2 回目以降は, 相手が前の回に選んだ行動を選ぶ.

例 5.1　図 5.3 において, プレイヤー 1 のトリガー戦略を s_1 とする. このとき, $s_1^1(\emptyset) = C$ であり, また, $s_1^t (t \geq 2)$ は, 履歴 $h^{t-1} = (a^1, \cdots, a^{t-1})$ がすべての τ 回目 $(1 \leq \tau \leq t - 1)$ において $a^\tau = (C, C)$ を満たすならば $s_1^t(h^{t-1}) = C$ であり, それ以外ならば $s_1^t(h^{t-1}) = D$ となる.

プレイヤー 1 の協力 - オウム返し戦略を s_1 とするならば, $s_1^1(\emptyset) = C$ であり, $s_1^t (t \geq 2)$ は $h^{t-1} = (a^1, \cdots, a^{t-1})$ において $a_2^{t-1} = C$ ならば $s_1^t(h^{t-1}) = C$, $a_2^{t-1} = D$ ならば $s_1^t(h^{t-1}) = D$ となる.　¶

---

2)　s_i^t は, $t - 1$ 回目までの履歴の集合から, 行動の集合への関数である.

「協力 - オウム返し」は，単に**オウム返し戦略**とよばれることが多い．この戦略は，実験やシミュレーションで繰り返しゲームを考察する場合に非常に重要な戦略である（渡辺（2008）などを参照）．

例題 5.1　図 5.3 の 4 回の繰り返しゲームを考える．各プレイヤーが次の戦略を選んだとき，その履歴を記せ．

(1)　プレイヤー 1 がすべて協力，プレイヤー 2 がすべて非協力

(2)　プレイヤー 1 がすべて非協力，プレイヤー 2 がトリガー戦略

(3)　プレイヤー 1 が協力 - オウム返し，プレイヤー 2 が非協力 - オウム返し

[**解**]　(1)　$((C, D), (C, D), (C, D), (C, D))$　　　(2)　$((D, C), (D, D), (D, D), (D, D))$

(3)　$((C, D), (D, C), (C, D), (D, C))$

さて，プレイヤーの戦略の組 $s = (s_1, \cdots, s_n)$ が決まると，t 回目の行動の組が決まる．これを $a^t(s) = (a_1^t(s), \cdots, a_n^t(s))$ と表すことにする．例えば，$s = (s_1, s_2)$ で s_1 が協力 - オウム返し，s_2 が非協力 - オウム返しのときは，例題 5.1 の (3) から $a_1^1(s) = C$, $a_2^1(s) = D$, $a^1(s) = (C, D)$, $\cdots a_1^4(s) = D$, $a_2^4(s) = C$, $a^4(s) = (D, C)$ である．

次に，繰り返しゲームの利得について考える．5.2 節の交渉ゲームと同じように，繰り返しゲームは長期間に亘るゲームなので，割引因子 δ を導入し，1 期間後の利得 x は現在の利得に換算すると δx になると考える．そして，1 回目のゲームで利得 x_1，2 回目のゲームで利得 x_2，3 回目のゲームで利得 $x_3, \cdots$ のように，t 回目のゲームで利得 x_t を得られたとき，T 回の繰り返しゲームで得られたプレイヤーの利得は，

$$\sum_{t=1}^{T} \delta^{t-1} x_t = x_1 + \delta x_2 + \delta^2 x_3 + \cdots + \delta^{T-1} x_T$$

であるとする（これを**割引利得和**とよぶ）．

例えば図 5.3 において，1 回目に (C, D)，2 回目に (D, C) が選ばれた場合，プレイヤー 1 の利得は $-e + \delta c$ であり，プレイヤー 2 の利得は $c - \delta e$ となる．

一般に，T 回の繰り返しゲームのプレイヤー i の利得 $U_i(s)$ は，次のように表せる．

$$U_i(s) = \sum_{t=1}^{T} \delta^{t-1} u_i(a^t(s)) \tag{5.3}$$

ここでプレイヤー i のすべての戦略の集合を S_i とすると，成分ゲーム

$(N, (A_i)_{i \in N}, (u_i)_{i \in N})$ から，$(N, (S_i)_{i \in N}, (U_i)_{i \in N})$ という新しいゲームが作られる．これが繰り返しゲームである．

5.3.2　有限回の繰り返しゲーム

　繰り返しゲームは，過去のさまざまな履歴に対応させて行動を選べるため，成分ゲームを1回だけプレイする場合と異なる結果を得ることが可能なときもある．しかしながら，成分ゲームのナッシュ均衡が1つしかないときは，有限回の繰り返しゲームでは，毎回のゲームで，そのナッシュ均衡を選ぶような戦略しか部分ゲーム完全均衡にならない．

> **命題5.1**　成分ゲームのナッシュ均衡が $a^* = (a_1^*, \cdots, a_n^*)$ の1つだけのときは，T 回繰り返しゲームの部分ゲーム完全均衡は，すべての t 回目で，どんな履歴 h^{t-1} に対しても，すべてのプレイヤー i が a_i^* を選ぶ $s_i^t(h^{t-1}) = a_i^*$ となるような戦略の組だけである．　¶

　なぜ命題5.1が成り立つのかを考えてみよう．まず，繰り返しゲームの「部分ゲーム」とは，すべての履歴に対する，「その後に続く繰り返しゲーム」に対応している．例えば，囚人のジレンマの2回の繰り返しゲーム ^{(p.167} 図5.4) の1回目のゲームの履歴 h^1 としては (C, C), (C, D), (D, C), (D, D) の

4つが考えられ，これは，プレイヤー1の4つの情報集合 h_{121}, h_{122}, h_{123}, h_{124} の後に続く部分ゲームに対応している．したがって，**繰り返しゲームにおける部分ゲーム完全均衡とは，すべての回のすべての履歴に対して，その後に続く部分ゲームのナッシュ均衡になっている戦略の組**を意味している．

　このことを踏まえて，最終回 T において任意の履歴 h^{T-1} を考え，何が部分ゲーム完全均衡で選ばれるかを考えてみよう．それまでの $T-1$ 回で得られた利得を M とする．T 回目に実現する行動の組を a^T とすると，繰り返しゲームの利得は，(5.3) 式より，$M + \delta^{T-1} u_i(a^T)$ となる．しかし，M は T 回目に選ぶ行動に無関係にすでに決まっているので，プレイヤーが利得を最大にするには，T 回目の1回だけのゲームの利得を最大にする必要がある．各プレイヤーが，1回だけのゲームの利得を最大にした結果はナッシュ均衡 a^* に他ならない．このことから，これまでの履歴 h^{T-1} とは無関係に，T 回目のゲームではナッシュ均衡の a^* が選ばれる．

　次に，これを前提に $T-1$ 回目を考えてみよう．任意の履歴 h^{T-2} を考えて，それまでの $T-2$ 回で得られた利得を M' とする．$T-1$ 回目に実現す

る行動の組を a^{T-1} とすると，繰り返しゲームの利得は (5.3) 式より，$M' + \delta^{T-2}u_i(a^{T-1}) + \delta^{T-1}u_i(a^T)$ となる．しかし，M' は $T-1$ 回目に選ぶ行動に無関係にすでに決まっており，a^T は $T-1$ 回目に選ぶ行動に無関係に a^* となるので，プレイヤーが利得を最大にするには，$T-1$ 回目の 1 回だけのゲームの利得を最大にする必要がある．このことから，これまでの履歴 h^{T-2} とは無関係に，$T-1$ 回目のゲームでも a^* が選ばれる．

これを続けて行くと命題 5.1 が成り立ち，部分ゲーム完全均衡は t 回目のすべての履歴 h^{t-1} に対して，$s_i^t(h^{t-1}) = a_i^*$ となる行動の組だけであることがわかる．

命題 5.1 を囚人のジレンマに当てはめると，有限回の繰り返しゲームでは，部分ゲーム完全均衡は，すべての回のすべての履歴において D を選ぶ戦略の組しかなく，その結果はすべての回で (D, D) になる．つまり，**囚人のジレンマを有限回繰り返しても，プレイヤー間の協力は達成されない**．

命題 5.1 は，「成分ゲームのナッシュ均衡が唯一」という前提で，かつ「部分ゲーム完全均衡」であるということに注意しよう．この前提が成り立たないときは，有限回の繰り返しゲームで，次のようなことが起こり得る．

（1）　成分ゲームのナッシュ均衡が唯一であっても，部分ゲーム完全均衡ではなく，ナッシュ均衡であれば，成分ゲームのナッシュ均衡以外の行動の組が，ある回に現れる可能性がある．

（2）　成分ゲームのナッシュ均衡が複数あれば，部分ゲーム完全均衡であっても，成分ゲームのナッシュ均衡以外の行動の組が，ある回に現れる可能性がある．

次の例は（1）の例であり，（2）の例としては，演習問題 5.5 がある．

例 5.2　図 5.5 は，唯一のナッシュ均衡が (D, R) である．このゲームを 2 回繰り返すゲームを考えると，次の戦略の組は $\delta \geq 1/3$ のときにナッシュ均衡となる．

- プレイヤー 1：1 回目は U，2 回目は 1 回目に何があっても D を選ぶ．
- プレイヤー 2：1 回目は L，2 回目は 1 回目にプレイヤー 1 が U を選べば R，D を選べば L を選ぶ．

この戦略の組がナッシュ均衡になることを示すには，各プレイヤーが，相手が上記の戦略を選んでいる場合に，どの戦略に変えても利得が高くならないことを示せばよい．

この戦略の組にプレイヤーが従えば，実現する履歴は $((U, L), (D, R))$ である．プレイヤー 1 は，この

1 ＼ 2	L	R
U	$(0, 8)$	$(0, 0)$
D	$(1, 0)$	$(4, 2)$

図 5.5　（1）の例

戦略に従えば割引利得和は $0 + 4\delta = 4\delta$ である．ここで，プレイヤー2が戦略を変更しないもとで，プレイヤー1だけが戦略を変えたときは，次の3つのケースが考えられる．

- 結果は変わらない場合．例えば，プレイヤー1が「1回目は U，2回目は1回目にプレイヤー2が R を選べば U，L を選べば D を選ぶ」という戦略に変えたときは，実現する履歴は $((U, L), (D, R))$ で変わらない．このとき利得は変化しない．

- 1回目は U を選び，2回目も U を選ぶような戦略に変えた場合．このときは，2回目の利得は0になり，割引利得和も 4δ から0に下がってしまう．

- 1回目に D を選ぶような戦略に変えた場合．このとき1回目は (D, L)，2回目は (U, L) か (D, L) になる．このときは1回目の利得は1，2回目の利得は0か1になるため，割引利得和は $1 + \delta$ 以下である．$\delta \geq 1/3$ のときは，$4\delta \geq 1 + \delta$ なので，利得は高くならない．

このことから，プレイヤー1は戦略を変えても，利得は高くならない．

同じように，プレイヤー2を考えると，上記の戦略に従えば利得は $8 + 2\delta$ であり，戦略を変えると利得が変化するのは，1回目の利得が8から0に下がるか，2回目の利得が2から0に下がるかの，どちらかの可能性しかないので，利得は高くならない．

このことから，上記の戦略の組み合わせはナッシュ均衡となり，1回目には成分ゲームのナッシュ均衡ではない (U, L) が実現することがわかる．   ¶

5.3.3 無限回の繰り返しゲーム

5.3.2項で学んだように，囚人のジレンマは，有限回では何回繰り返しても，プレイヤーの協力は達成されない．しかし無限回繰り返すと，囚人のジレンマでも協力が達成できる可能性がある．

無限回の繰り返しゲームも，有限回の繰り返しゲームと考え方は同じで，その利得は (5.3) 式において $T \to \infty$ とすればよい．例えば，^{p.166} 図5.3において，すべての回で協力が達成できて，(C, C) であったとすると，プレイヤーは利得 a をずっと獲得することになるので，繰り返しゲームの利得は $0 < \delta < 1$ から

$$a + \delta a + \delta^2 a + \cdots = \frac{a}{1 - \delta} \tag{5.4}$$

と計算できる．

無限回の繰り返しゲームでは，割引因子 δ がある程度大きいならば，トリガー戦略が部分ゲーム完全均衡となり，プレイヤーの協力が達成可能となる．その「大まかな」理由は次のようになる．

お互いにトリガー戦略を選んでいるときは,すべての回で協力が達成できるので,(5.4) 式で示したように,利得は $a/(1-\delta)$ となる.ここで,もし一方のプレイヤーが 1 回目に協力しないと,そのプレイヤーの 1 回目の利得は a から c に増加する.しかし,それ以降は相手が D を選ぶため,2 回目以降の利得は 0 か $-e$ になる.したがって,利得は多くても

$$c + \delta \times 0 + \delta^2 \times 0 + \cdots = c \tag{5.5}$$

である.ここで,$a/(1-\delta) \geq c$ を δ について解くと,

$$\delta \geq 1 - \frac{a}{c} \tag{5.6}$$

となるので,割引因子 δ がこの条件を満たせば,プレイヤーはトリガー戦略から逸脱しない方が利得が高くなる.

　囚人のジレンマでは,相手が協力しているときに自分が協力しなければ,その回は a から c へ 1 回だけ利得が高くなる(したがって,1 回だけのゲームでは協力が達成できない).しかし,無限回の繰り返しゲームで相手がトリガー戦略を選んでいる場合には,1 回だけの利得の増加よりも,それ以降に,相手が 2 度と協力してくれないという罰則による無限期間の利得の減少が大きいために,協力を続けた方が良いことになる.

　割引因子 δ は,自分が協力しなかったときの将来の罰則がどれくらい影響するかを示しており,これが大きい(1 に近い)場合にはプレイヤーは,現在の 1 回きりの利得の増加より,将来の長期間の利得を重視するため,協力が達成できる.反対に δ が小さい(0 に近い)場合は,プレイヤーは現在の 1 回の利得を重視し,その後の長期間の利得を評価しないために,協力が達成できない.

　この論理が,有限回の囚人のジレンマで成り立たない理由は,有限回では最終回が存在するために,最終回で協力しないときの「罰則」が機能しなくなることにある.それによって,最終回の 1 つ前の回,もう 1 つ前の回,…も協力しないことになり,協力が達成できない.

　以上が,「大まかな」説明である.しかし,トリガー戦略が部分ゲーム完全均衡になることを正確に証明するのは,上記の「イメージ」より,ずっと複雑である.上記は,両プレイヤーが (C, C) を続けているとき(均衡経路,^{p.123}定義 4.2)において,協力から外れる(D を選ぶ)ことが利得を高くしないことを説明しているだけだからである.部分ゲーム完全均衡であることを説明するには,「プレイヤーがどんな戦略に変えても」,「どの回のどの履歴に対して

も（たとえ (C, C) が続いていなくても）」そこから後に続く部分ゲームの利得が高くならないことを示さなければならない.

本書では，これについては割愛する．この複雑な証明は**1回逸脱の原理**とよばれる方法によって，かなり単純化される（1回逸脱の原理については，神取（2015）や Tadelis（2012）などを参照）.

無限回の繰り返しゲームを考えると，有限回の繰り返しゲームでは達成できなかったさまざまな結果が，ナッシュ均衡や部分ゲーム完全均衡で達成可能になる．これは**フォーク定理**や完全フォーク定理とよばれている.

本章のまとめ

- 同時に生産量を決めるクールノー競争を，先手と後手で生産量を決める競争とすると，シュタッケルベルグ競争となる.
- シュタッケルベルグ競争はバックワードインダクションで解く.
- 交渉ゲームの簡単な例として，最後通牒ゲームがある.
- 多期間の交渉ゲームでは，割引因子が交渉結果の重要な要因となる.
- 戦略形ゲームを何回か（有限回，無限回）繰り返すゲームを，繰り返しゲームとよび，その毎回のゲームを成分ゲームとよぶ.
- 成分ゲームにナッシュ均衡が1つしかないとき，有限回の繰り返しゲームにおける部分ゲーム完全均衡では，すべての回で成分ゲームのナッシュ均衡が選ばれる．例えば囚人のジレンマでは，すべての回で協力しないことになる.
- これに対して無限回の繰り返しゲームにおいては，部分ゲーム完全均衡でも成分ゲームのナッシュ均衡以外のさまざまな結果が選ばれる可能性がある．例えば囚人のジレンマで，すべての回で協力する結果が部分ゲーム完全均衡になる可能性がある.

演習問題

5.1 [p.160] モデル 18（シュタッケルベルグ競争）では，両企業が製品1単位を生産するためにかかる費用（限界費用とよぶ）を同じ c とした．では，企業1の限界費用は c_1，企業2の限界費用は c_2 と異なる場合に，シュタッケルベルグ競争の結果はどうなるか．各企業の生産量，価格，利益を求めよ.

5.2 企業1と2が，差別化された製品を販売し，価格競争している．企業 $i\,(i = 1, 2)$ の製品1単位の価格を p_i とするとき，企業 i の製品の需要 q_i は，

$$q_i = a - p_i + p_j$$

で与えられるものとする．ここで p_j は相手企業の価格を表す．製品1単位を生産す

るためにかかる費用（限界費用）は，どちらの企業も c であるとする．そして，企業1が先手で価格を決定し，それを知って企業2が後手で価格を決定するとする．このような価格競争の先手と後手がある競争について，各企業の均衡価格を求め，そのときの各企業の利益を求めよ（単純化のために，価格は負になることも認めることとし，$-\infty < p_i < \infty$ であるとして解け）．

5.3 企業1（既存企業）の独占市場に，企業2（参入企業）が参入するかどうかのゲームを考える．企業1と2は同じ財を販売するものとし，各企業は生産量を決定する．企業1と2の生産量を q_1 と q_2 とすると，財の価格 p は各企業の生産量の合計で決まり，$p = a - (q_1 + q_2)$ で与えられるものとする．簡単にするために，両企業が財を生産するための費用は0とし，企業2はこの市場に参入するためには固定費用 F を払うものとする．したがって，企業1の利益は pq_1，企業2の利益は参入した場合は $pq_2 - F$，参入しない場合は0であるとする．このゲームは，以下の3段階で行われるとする．

第1段階：企業1が生産量 q_1 を決定する．

第2段階：企業2は q_1 を知った上で，参入するか，参入しないかを決定する．

第3段階：企業2が参入する場合は，生産量 q_2 を決定する．

参入しない場合は，$q_2 = 0$ として価格 p が決まる．なお，第2段階で参入したときとしないときの利益が同じ（すなわち，参入したときの利益が0）場合は，企業2は参入しないと仮定する．次の問いに答えよ．

（1）このゲームをバックワードインダクションで解くために，第3段階を考える．企業1が第1段階で生産量を q_1 と決定し，第2段階で企業2が参入するとしたとき，第3段階で企業2の利益を最大にする生産量 q_2 と，そのときの企業2の利益 π_2 を求めて，a, F, q_1 で表せ．

（2）第2段階において，企業1の生産量がいくつ以上であれば企業2は参入しないか．その企業1の生産量の境界値 q_1^E を求めて，a と F で表せ．

（3）企業2の固定費用 F の大きさによって，第1段階での企業1の決定がどう変わるかを考える．このために，まず企業2が参入せず企業1が市場を独占できる（$q_2 = 0$）と仮定したときに，企業1の利益を最大にする生産量 q_1^M を求めよ．

また，このことから，もし $q_1^E \leq q_1^M$ であれば，企業は q_1^M を生産すれば，企業2は参入せずに企業1は利益を最大にできる．この状態（**参入封鎖**とよばれる）が成り立つのは，F がいくつ以上のときか．

（4）$q_1^E > q_1^M$ の場合を考える．このとき企業1にとって，企業2の参入を阻止して利益を最大にする生産量は q_1^E である．このときの企業1の利益 π_1^E を求めよ．

（5）一方，企業2の参入を許すならば，企業1と企業2はシュタッケルベルグ競争を行うことと同じになる．まず，企業1と企業2がシュタッケルベルグ競争を行うときの企業1の生産量 q_1^S を求め，そのときの企業1の利益 π_1^S を求めよ．また $q_1^E > q_1^M$ であることから，q_1^S で生産すると企業2は参入することを確認せよ．

（6）$\pi^E \geq \pi^S$ であれば，企業1は q_1^E を生産して参入を阻止した方が良い（この状

態を**参入阻止**とよぶ）．一方で，$\pi^E < \pi^S$ であれば，企業1は q_1^S を生産して参入を許して，2社でシュタッケルベルグ競争をした方が良い（この状態を**参入許容**とよぶ）．企業2の参入許容となる企業2の固定費用 F の範囲を求めよ．$q_1^E > q_1^M$ であることに注意せよ．

（7）上記から，参入封鎖，参入阻止，参入許容となる F の範囲をまとめよ．

5.4 図 5.6 の囚人のジレンマについて，プレイヤー1が「協力 – オウム返し」戦略を選び，プレイヤー2が「非協力 – オウム返し」戦略を選ぶとする．

（1）この戦略でこのゲームを5回繰り返したときの履歴を答えよ．

（2）このゲームを $2m$ 回（m は自然数）繰り返したとき，プレイヤー1と2の利得を答えよ．割引因子を $\delta\,(0 \le \delta < 1)$ とする．

（3）上記の戦略で，このゲームを無限回繰り返したとき，プレイヤー1と2の利得を答えよ．割引因子を δ とする．

5.5 図 5.7 のゲームを考える．このゲームにはプレイヤー1の戦略が3つ，プレイヤー2は2つあり，純粋戦略のナッシュ均衡は (A, A) と (C, B) の2つである．このゲームを2回繰り返すゲームを考える．次の問いに答えよ．

ここでプレイヤー1の戦略を

$$(C, ACAABA)$$

のように表すことにする．カンマの前は1回目に選んだ行動で，カンマの後の6つの行動は，左から順に1回目に (A, A)，(A, B)，(B, A)，(B, B)，(C, A)，(C, B) が選ばれたときの，2回目に選ぶ行動を表す．プレイヤー2も同じように表す（プレイヤー2は C を選ぶことはない）．

例えば，プレイヤー1と2が戦略の組，

$$((C, ACAABA), (B, ABAABA))$$

を選んだとする．このとき，1回目では (C, B) が実現して (C, B) が選ばれたときに，2回目では，プレイヤー1が A，プレイヤー2が A を選ぶので，(A, A) が実現する．よって，実現する履歴は

$$(C, B)(A, A)$$

となる．

（1）以下の戦略の組（ i ）〜（ v ）が実現する履歴を示せ．

（ i ）$((A, CCCCCC), (A, BBBBBB))$

（ ii ）$((B, CCCACC), (B, BBBABB))$

（ iii ）$((C, CAAAAC), (B, AABBBB))$

2 1	C	D
C	$(4,4)$	$(0,5)$
D	$(5,0)$	$(1,1)$

図 5.6 演習問題 5.4 の利得行列（囚人のジレンマ）

2 1	A	B
A	$(5,1)$	$(0,0)$
B	$(0,0)$	$(1,5)$
C	$(0,0)$	$(2,2)$

図 5.7 演習問題 5.5 の利得行列

　（iv）　$((C, AAAAAA), (B, AAAAAA))$

　（ v ）　$((C, CACCCC), (B, BABBBB))$

　（2）　（1）の（ i ）〜（iii）における各プレイヤーの利得を答えよ．利得の割引は考えない（割引因子 $\delta = 1$ とする）．

　（3）　（1）の（ i ）〜（ v ）の中で，部分ゲーム完全均衡になるものをすべて選べ．割引因子は $\delta = 1$ とする（割引は考えない）．

　（4）　（ある回において）成分ゲームのナッシュ均衡以外の結果が現れる部分ゲーム完全均衡はあるか？

5.6　囚人のジレンマの繰り返しゲームにおいて，毎回，確率 p で次の回へゲームが継続するが，確率 $1 - p$ で終了するゲームを考える．

　囚人のジレンマの有限回の繰り返し（p.166 モデル20）では，最終回に裏切ることが原因となって，すべての回で協力しないことが唯一のナッシュ均衡であったのに対して，このゲームでは，いつが最終回かわからないため，協力し合うことがナッシュ均衡となる可能性がある．

　図5.6の囚人のジレンマを考え，割引因子を δ とする．このとき，確率 p がいくつ以上ならば，トリガー戦略を選び合うことがナッシュ均衡になるか考えてみよう．

　（1）　お互いがずっと協力した場合に得られる割引利得和の期待値を v_C とする．このとき，1回目は必ずプレイされ，プレイヤーは1回目に利得4を獲得する．そして，確率 $1 - p$ でゲームは終わり，それ以降の利得は0となり，確率 p でゲームは続く．ゲームが続いたとき，それ以降に得られる期待利得は，1回目と同じであり，それは v_C であることから

$$v_C = 4 + \delta\{(1 - p) \times 0 + p \times v_C\}$$

となる．これより，v_C を求めよ．

　（2）　お互いがずっと協力しない場合の割引利得和の期待値を v_D とする．同じようにして v_D を求めよ．

　（3）　上記を利用して，p がいくつ以上であればトリガー戦略を選び合い，協力を続けることがナッシュ均衡になるか．

　（4）　$\delta = 3/4$ のときは，p がいくつ以上であれば協力が達成できるか．

5.7　次のゲームを考える．

- プレイヤー1と2が，毎回 A か B を同時に選ぶ．
- 同じものを選ぶと，プレイヤー1がポイントを得る．ここで両方が A を選ぶとプレイヤー1は2ポイント獲得し，両方が B を選ぶとプレイヤー1は1ポイント獲得する．
- 異なるものを選ぶと，プレイヤー2がポイントを得る．ここでプレイヤー1が A を選び，プレイヤー2が B を選ぶと，プレイヤー2は2ポイント獲得し，プレイヤー1が B を選び，プレイヤー2が A を選ぶと，プレイヤー2は1ポイント獲得する．

ゲームは，上記を繰り返し，先に2ポイント以上を獲得したプレイヤーが勝ちで

ある．勝ったプレイヤーの利得は $+1$，負けたプレイヤーの利得は -1 である（負け
た方が何ポイントを取ったかは勝敗に関係がない）．このゲームの部分ゲーム完全均
衡はどうなるか．以下の問いに答えよ．プレイヤーは各ゲームではポイントではな
く，利得を最大化すると考える．

（1）　両者が 1 ポイントずつ獲得しているとき，プレイヤー 1 と 2 がそれぞれ A を
選ぶ確率，およびプレイヤー 1 と 2 の期待利得を求めよ．

（2）　プレイヤー 1 が 1 ポイント獲得し，プレイヤー 2 が 0 ポイントのとき，プレイ
ヤー 1 と 2 がそれぞれ A を選ぶ確率，およびプレイヤー 1 と 2 の期待利得を求めよ．

（3）　ゲームの開始時（両者ともポイント 0）において，プレイヤー 1 と 2 がそれ
ぞれ A を選ぶ確率，およびプレイヤー 1 と 2 の期待利得を求めよ．

5.8　『賭博黙示録カイジ（福本伸行 著，講談社）』にある E カードについて分析する．
これは皇帝（プレイヤー 1）と奴隷（プレイヤー 2）の次のようなゲームである．

- プレイヤー 1 は，市民カード（C : Citizen）を 4 枚と皇帝カード（E : Emperor）
  を 1 枚持つ．
- プレイヤー 2 は，市民カード（C : Citizen）を 4 枚と奴隷カード（S : Slave）を
  1 枚持つ．
- プレイヤーは 1 つのゲームで，毎回カードを 1 枚ずつ同時に出していく．全部
  で 5 回の勝負がある．
- 基本的には，皇帝カードは市民カードに勝ち，市民カードは奴隷カードに勝ち，
  奴隷カードは皇帝カードに勝つ．市民カード同士は引き分けると考える．
- プレイヤー 1 が皇帝カードを出したときに，プレイヤー 2 が奴隷カードを出す
  ことができれば，そのときのみプレイヤー 2 がゲームに勝つ．それ以外は，プ
  レイヤー 1 がゲームに勝つ．

このルールより，

- プレイヤー 1 が皇帝カードを出したときに，プレイヤー 2 が市民カードを出し
  てしまうと，その時点でプレイヤー 1 の勝ちが確定する．
- また，プレイヤー 2 が奴隷カードを出したときにプレイヤー 1 が市民カードを
  出すと，やはりプレイヤー 1 の勝ちが確定する．

したがって，ここでは皇帝カードか奴隷カードが出た時点でゲームは終わると考
える（同書では，一応，5 回ともゲームはする）．

ここで，ゲームに勝つと利得が $+1$，負けると -1 とする．このゲームは，プレイ
ヤー 1（皇帝）が絶対的に有利なゲームであることに留意して，皇帝の勝つ確率と期
待利得を計算したい．

そこで，市民カードが n 枚であるゲーム G_n を考え，$n = 1, 2, \cdots$ として再帰的に
考える．G_n の部分ゲーム完全均衡において，プレイヤー 1 が E を選ぶ確率を p_n，
プレイヤー 1 の期待利得を v_n，プレイヤー 1 が勝つ確率を w_n とする．なお，この
ゲームはゼロサムゲームであり，プレイヤー 2 の期待利得は $-v_n$ となることを用いよ．

（1）　G_1 における p_1, v_1, w_1 を計算せよ．

(2)　G_2 における $p_2,\ v_2,\ w_2$ を計算せよ.

(3)　ゲーム G_{n+1} を考え, p_{n+1} を v_n で表せ.

(4)　v_{n+1} を v_n で表せ.

(5)　市民カードが4枚であるときの v_4 と w_4 を求めよ.

6

展開形ゲームにおける不確実性と混合戦略

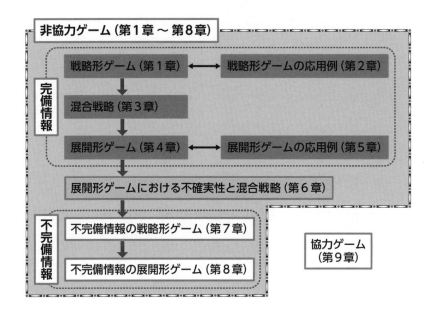

第4章では展開形ゲームについて，戦略形ゲームへの変換や，部分ゲーム完全均衡の求め方について学んだ．本章では，さらに一歩進み，展開形ゲームの混合戦略の考え方や，ゲームに不確実性がある場合について学ぶ．

本章のキーワード

条件付き確率，事前確率，事後確率，全確率の公式，ベイズの定理，行動戦略，局所戦略，到達確率，自然，事前，事後，事前の利得，事後の利得

6.1 確率とベイズの定理

　不確実性があるゲームを考えるためには，ゲーム理論における「情報」の考え方について知り，条件付き確率とベイズの定理に関して理解することが必要となる．本節では，その基礎事項について学ぶ．これらは，第7章と第8章の不完備情報ゲームで，中心的な役割を果たすことになる．

　なお，確率に関する用語や記号については，必要に応じて付録の「確率の基本事項」を，さらに詳細については，確率論の本を参照してほしい．

6.1.1 情報と条件付き確率

　「情報」という概念は，ゲーム理論において中心的な役割を果たす．ここでは，情報によって確率が更新される「条件付き確率」について学ぶ．

　^{p.11} モデル1の「面倒なじゃんけん」において，「時間的に前後して行動しても，各プレイヤーが他のプレイヤーの行動について何ら情報を知ることなく自分の行動を決定する場合は，同時に行動することと同じである」ということを学んだ．

　確率や不確実な事象も，同じように考えることができる．例えば，「サイコロを振って2の目が出る確率は？」と問われたとき，私たちは「まだサイコロが振られていない（これから振る）」と考えるのではないだろうか．一般に「確率」や「不確実な事象」は，これから起こる未来のことであるかのようにイメージしがちだ．

　しかしサイコロはすでに振られており，私はすでに何の目が出たかを知っているとしよう．そこで私があなたに「このサイコロで2の目が**出た**確率は？」と尋ねても，私があなたに何の情報も与えなければ，それはこれから振られるサイコロと同じであるといえる（確率は1/6である）．

　しかし，そこで私が「偶数の目が出た」という情報をあなたに与えたならば，その確率は変わってくる．これが条件付き確率である．

　事象 X が起こったという条件のもとで事象 Y が起こる**条件付き確率**を，$P(Y|X)$ と表す．条件付き確率は，事象 X を観察したという「情報」を得た後で推測される，事象 Y が起こる確率を表している．

　条件付き確率は一般の確率論における用語であるが，ゲーム理論では情報が与えられる前の確率 $P(X)$ を**事前確率**，条件付き確率 $P(Y|X)$ を**事後確率**とよぶこともある．

例 6.1　1 個のサイコロを振ったときに出る目について考える.「x の目が出る」という事象を ω_x で表すことにすると, 全事象は $\Omega = \{\omega_1, \omega_2, \omega_3, \omega_4, \omega_5, \omega_6\}$ である. ここで,「偶数の目が出る」,「4 以下の目が出る」,「2 の目が出る」という事象を, それぞれ A, B, C で表すことにすると, $A = \{\omega_2, \omega_4, \omega_6\}$, $B = \{\omega_1, \omega_2, \omega_3, \omega_4\}$, $C = \{\omega_2\}$ である (付録の ^{p.271} 例 A.1 も参照).

このとき $P(C|A)$ と $P(C|B)$ は, それぞれ「偶数の目が出た条件のもとで, 2 の目が出る」,「4 以下の目が出た条件のもとで, 2 の目が出る」確率を表している.　¶

条件付き確率は, どのように求めればよいのだろうか. 例 6.1 において, すべての目が出る確率が等しいと考えれば,「偶数の目が出た (2, 4, 6 の 3 通り)」という条件において 2 が出る確率は $P(C|A) = 1/3$ だろうと考えられる. 同じように, $P(C|B) = 1/4$ である. 一般には, 次の式が成り立つ.

定義 6.1　条件付き確率と積事象には, 以下の関係が成り立つ.
$$P(X \cap Y) = P(X|Y)P(Y) \tag{6.1}$$
　¶

$P(Y) \neq 0$ のときは, (6.1) 式を $P(X|Y) = P(X \cap Y)/P(Y)$ と変形でき, これを用いて条件付き確率を計算できる.

例えば, 例 6.1 の $P(C|A)$ は, $P(C \cap A) = P(C) = 1/6$ であることから,
$$P(C|A) = \frac{P(C \cap A)}{P(A)} = \frac{1/6}{1/2} = \frac{1}{3}$$

となる.

例題 6.1　例 6.1 において, (6.1) 式を用いて次の確率を求めよ.
(1)　偶数の目が出たという条件のもとで, 4 以下の目が出る確率
(2)　4 以下の目が出たという条件のもとで, 偶数の目が出る確率
(3)　4 以下の目が出たという条件のもとで, 奇数の目が出る確率

[解]　(1)　$P(B|A)$ を求めればよい. $P(A \cap B) = 1/3$, $P(A) = 1/2$ より, $P(B|A) = P(A \cap B)/P(A) = 2/3$.

(2)　$P(A|B)$ を求めればよい. $P(A \cap B) = 1/3$, $P(B) = 2/3$ より, $P(A|B) = P(A \cap B)/P(B) = 1/2$.

(3)　$P(\bar{A}|B)$ を求めればよい[1]. $P(B) = 2/3$ より, $P(\bar{A}|B) = P(\bar{A} \cap B)/P(B) = 1/2$.　✒

例題 6.1 の (3) は (2) の余事象であるから, $1 - P(A|B) = 1/2$ と求めることもできる. 余事象の確率に関して $P(A) + P(\bar{A}) = 1$ が成り立つのと同じ

---
1)　$\bar{A}$ は A の余事象を表す. 付録を参照せよ. $P(\bar{A} \cap B) = 1/3$ である.

ように，条件付き確率においても，$P(A\,|\,B) + P(\overline{A}\,|\,B) = 1$ が成り立つことに注意しよう．

ここまでは，「条件が付かないときの事象の確率」から「条件付き確率」を求めた．それとは反対に，「条件付き確率」から「（条件が付かないときの）事象の確率」を求める場合もある．次のモデルを考えてみよう．

モデル 21　条件付き確率

アリスと文太には，小学校のときからお世話になっている和尚から，月初めに禅の会の「誘い」が届くときがある．この誘いは2人に必ず届くわけではない．文太に誘いが届く割合は5回に3回，確率にして 3/5 であった．

文太は毎月初めに，アリスに禅の会の誘いが届いているかどうかを尋ねている．文太に禅の会の誘いが届いているときに，アリスに誘いが届く確率は 2/3，届かない確率は 1/3 であり，文太に誘いが届いていないときに，アリスに誘いが届くか届かないかの割合は半々で，確率は共に 1/2 であった．

さて，月初めに「アリスに誘いが届き，かつ文太にも誘いが届く確率」と「アリスに誘いが届く確率」はどうなるだろうか？

確率の問題を考える場合には，事象を排反な事象に分けることが重要である．モデル21では，

A：アリスに誘いが届く．　　B：文太に誘いが届く．

という2つの事象があり，この2つは排反ではないことに注意しよう（同時に起こることがある）．このときは問題を，次のように4つの排反な事象に分けて考えることが大切である（付録の $^{\text{p.272}}$ 図 A.1 のイメージ）．

$A \cap B$：アリスに誘いが届き，かつ文太にも誘いが届く．

$A \cap \overline{B}$：アリスに誘いが届き，かつ文太には誘いが届かない．

$\overline{A} \cap B$：アリスには誘いが届かず，かつ文太には誘いが届く．

$\overline{A} \cap \overline{B}$：アリスには誘いが届かず，かつ文太にも誘いが届かない．

「文太に禅の会の誘いが届いているときに，アリスに誘いが届く確率は 2/3」ということは，$P(A\,|\,B) = 2/3$ であることを示している．よって，(6.1) 式より，「アリスに誘いが届き，かつ文太にも誘いが届く」確率は

$$P(A \cap B) = P(A\,|\,B)P(B) = \frac{2}{3} \times \frac{3}{5} = \frac{2}{5}$$

である．

同じように，「アリスに誘いが届き，かつ文太には誘いが届かない」確率は

$$P(A \cap \bar{B}) = P(A \mid \bar{B})P(\bar{B}) = \frac{1}{2} \times \frac{2}{5} = \frac{1}{5}$$

である.

次に, $P(A)$ は $A \cap B$ と $A \cap \bar{B}$ が排反であることから, $P(A) = P(A \cap B) + P(A \cap \bar{B})$ として計算ができ,

$$P(A) = P(A \cap B) + P(A \cap \bar{B}) = \frac{2}{5} + \frac{1}{5} = \frac{3}{5} \tag{6.2}$$

となる.

以上のことを図に表すと, 図 6.1 のようになる.

ここで (6.2) 式の「すべての事象が, B と $\bar{B}$ のような 2 つの排反な事象に分割できるときに, $P(A)$ が $P(A \cap B)$ と $P(A \cap \bar{B})$ の和で表せる」ということを, 以下の命題に一般化してみよう.

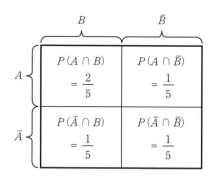

図 6.1 モデル 21 における各事象の確率

命題 6.1 全事象 Ω が, $X_1, X_2, \cdots, X_n$ のような n 個の排反な事象に分割できるときに[2], 事象 Y の確率は

$$P(Y) = P(X_1 \cap Y) + \cdots + P(X_n \cap Y) \tag{6.3}$$

と計算できる. (6.3) 式は, **全確率の公式**とよばれる. ¶

また, 全確率の公式 (6.3) 式と条件付き確率の式 (6.1) 式を合わせると

$$P(Y) = P(Y \mid X_1)P(X_1) + \cdots + P(Y \mid X_n)P(X_n) \tag{6.4}$$

が得られる.

例題 6.2 アリス, 文太, キャサリンの 3 人は, 毎月 15 日にお寺に掃除に来るように, 必ず 1 人だけ和尚によばれる. それぞれがよばれる確率は, アリスが 0.6, 文太が 0.3, キャサリンが 0.1 である.

3 人はお寺によばれて掃除をしているときに, 和尚が大事にしている庭の植木鉢を割ってしまうことがある. それぞれがお寺によばれているときに, 植木鉢を割ってしまう確率は, アリスが 0.1, 文太が 0.4, キャサリンが 0.6 である. このとき, 和尚の植木鉢が割れる確率を求めよ.

---

2) すなわち, $X_1 \cup \cdots \cup X_n = \Omega$, かつ, すべての $i \neq j$ に関して $X_i \cap X_j = \emptyset$ のとき.「分割」については, [p.130] 数学表現のミニノート (5) を参照せよ.

[解] アリス，文太，キャサリンの3人がお寺によばれる事象を A, B, C で表し，植木鉢が壊れる事象を U とする．問題文から，全事象は A, B, C に分割できて，
$$P(A) = 0.6, \qquad P(B) = 0.3, \qquad P(C) = 0.1$$
であり，
$$P(U|A) = 0.1, \qquad P(U|B) = 0.4, \qquad P(U|C) = 0.6$$
である．これより
$$P(U) = P(U|A)P(A) + P(U|B)P(B) + P(U|C)P(C) = 0.24$$
であり，和尚の植木鉢が割れる確率は 0.24 である．

　確率は，確からしさの「割合」や「比率」を表すことを念頭に置き，例題 6.2 などは，図 6.2 のような図で理解するとよい．$P(A) = 0.6$ は，図 6.2 の下の図のように，すべての事象における A が起こる割合が 0.6 であることを表し，$P(U|A) = 0.1$ は，上の図のように，A が起こることを 1 としたときに U が起こる割合が 0.1 であることを示している．そこから，すべての事象の中で，A が起こって，なおかつ U が起こる確率が $P(A \bigcap U) = P(U|A)P(A) = 0.06$ であることが計算でき，これは A の中の赤茶色の領域で表されている．同じように B と C においても U が起こる割合を計算して，すべてを合計すると，全体の中で U が起こる割合が計算できる．

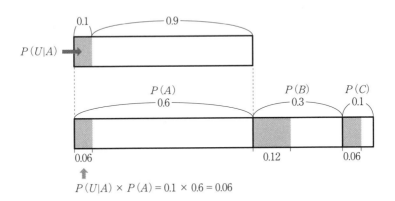

図 6.2　例題 6.2 における条件付き確率の理解

6.1.2　ベイズの定理

　6.1.1 項での準備をもとにして，ベイズの定理について学ぶ．以下のモデルを考えよう．

モデル 22　ベイズの定理

p.183 モデル 21 において，アリスに禅の会の「誘い」が届いた．アリスは，文太に誘いが届いている確率をどのように考えるべきか？

モデル 21 において，何も情報がない場合に文太に誘いが届く確率は $P(B) = 3/5$ であるが，モデル 22 のように，「アリスに誘いが届いた」という情報があれば，文太に誘いが届く確率は，事後確率 $P(B|A)$ に更新される．この確率を求めてみよう．

(6.1) 式において，もし $P(Y) \neq 0$ ならば，この式は

$$P(X|Y) = \frac{P(X \cap Y)}{P(Y)} \tag{6.5}$$

と書き直すことができ，これを**ベイズの定理**とよぶ．ここで Y を A，X を B と当てはめると，$P(B|A) = P(A \cap B)/P(A)$ となり，モデル 21 で求めた $P(A \cap B) = 2/5$ と $P(A) = 3/5$ から，

$$P(B|A) = \frac{2/5}{3/5} = \frac{2}{3}$$

となる．

ここでは，モデル 21 で $P(A \cap B)$ と $P(A)$ をすでに求めていたので簡単に計算できた．一般的には，モデル 21 のような条件から，直接，モデル 22 のような問題を解くための公式があれば便利である．ここまでのことをまとめると，それは次の定理で与えられる．

定理 6.1　ベイズの定理　全事象が $X_1, \cdots, X_n$ のように排反な事象に分割できるとき，$P(Y) \neq 0$ ならば

$$P(X_i|Y) = \frac{P(Y|X_i)P(X_i)}{P(Y|X_1)P(X_1) + \cdots + P(Y|X_n)P(X_n)} \tag{6.6}$$

が成り立つ．

証明　$P(Y) \neq 0$ ならば，(6.5) 式から

$$P(X_i|Y) = \frac{P(X_i \cap Y)}{P(Y)} \tag{6.7}$$

である．さらに，(6.1) 式より $P(X_i \cap Y) = P(Y|X_i)P(X_i)$ となる．これと全確率の公式 (6.3) 式から，(6.6) 式が得られる．　¶

(6.5) 式ではなく，(6.6) 式をベイズの定理や**ベイズの公式**とよぶ場合もある．

例題 6.3　例題 6.2 において，和尚の植木鉢が割れていたとき，アリス，文太，キャサリンが割った確率（掃除に来ていた確率）をそれぞれ求めよ．誰が割った可能性が高いか？

[**解**]　アリスが割った確率は

$$P(A\,|\,U) = \frac{P(U\,|\,A)P(A)}{P(U\,|\,A)P(A) + P(U\,|\,B)P(B) + P(U\,|\,C)P(C)} = \frac{0.06}{0.24}$$

より 1/4 である．同じようにして，文太が割った確率は 1/2，キャサリンが割った確率は 1/4 と計算できるので，文太が割った可能性が高い．キャサリンは，掃除に来たという条件のもとで植木鉢を割る確率が 0.6 と高いが，そもそも掃除に来ていた可能性が 0.1 と低いので，アリスと同じ確率になることに注意したい．

　ベイズの定理も，確率は確からしさの割合や比率であることを念頭に，**図 6.3 のような図で理解する**とよい．図 6.3 の上の図で色がついているところは，アリス，文太，キャサリンがそれぞれ植木鉢を割った確率（$P(U \cap A)$，$P(U \cap B)$，$P(U \cap C)$）を，全事象に対する確率を 1 として表している．下の図のように，色がついているところだけを集めて，それ全体を 1 としてその中でアリスが割った確率 $P(A\,|\,U)$ を求めると，1/4 になる．

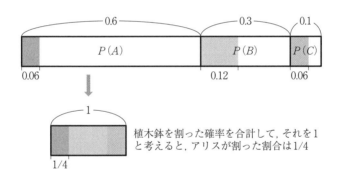

図 6.3　例題 6.3 における理解

6.2　行動戦略と混合戦略

　第 3 章では，戦略形ゲームにおいて各プレイヤーが確率で戦略を選択する混合戦略について学んだ．第 4 章では，展開形ゲームの混合戦略については簡単にしか触れなかったが（4.4.4 項，p.150 図 4.28），本節では，それについてさらに詳しく考える．それは，第 7 章と第 8 章の不完備情報ゲームの解を求めるためにも必要な考え方となる．

6.2.1 混合戦略と展開形ゲームの解

展開形ゲームは戦略形ゲームに変換できることから，その戦略形ゲームの混合戦略を，もとの展開形ゲームの混合戦略と考えればよい．

例 6.2 ᵖ·¹¹⁸ 図 4.1 を例に考えよう．このゲームは，戦略形ゲームに変換すると ᵖ·¹³⁴ 図 4.13 となる．展開形ゲームである図 4.1 の混合戦略は，戦略形ゲームの図 4.13 の混合戦略であると考えればよい．

例えば，「A と B をそれぞれ 1/5，4/5 で選ぶ」という混合戦略を ϕ_1 とすれば，

$$\phi_1(A) = \frac{1}{5}, \qquad \phi_1(B) = \frac{4}{5} \tag{6.8}$$

と表せる[3]．一方，二子山の混合戦略の例として，AA，AB，BA，BB をそれぞれ 9/20，3/20，6/20，2/20 で選ぶような混合戦略を ϕ_2 とすれば，

$$\phi_2(AA) = \frac{9}{20}, \ \ \phi_2(AB) = \frac{3}{20}, \ \ \phi_2(BA) = \frac{6}{20}, \ \ \phi_2(BB) = \frac{2}{20} \tag{6.9}$$

と表せる．図 6.4 は，これらの混合戦略を利得行列に表したものである．

二子山 一ノ瀬		9/20 AA	3/20 AB	6/20 BA	2/20 BB
1/5	A	(200,400)	(200,400)	(600,300)	(600,300)
4/5	B	(300,600)	(100,200)	(300,600)	(100,200)

図 6.4 図 4.1 の混合戦略の例　　　　　　　　　　　　　　　　　　¶

有限の完全情報の展開形ゲームには，バックワードインダクションによる解が存在する（ᵖ·¹²⁶ 定理 4.1）．バックワードインダクションの解は，純粋戦略の部分ゲーム完全均衡であり（4.4.2 項），部分ゲーム完全均衡はナッシュ均衡であるため，有限の完全情報の展開形ゲームでは，部分ゲーム完全均衡と純粋戦略のナッシュ均衡が必ず存在する．しかし，不完全情報の展開形ゲームに，必ずしも純粋戦略の均衡が存在するわけではない．例えば，コインの表裏合わせ（ᵖ·⁶⁴ モデル 9）を展開形ゲームと考えれば，それは，純粋戦略でのナッシュ均衡は存在しない不完全情報の展開形ゲームの例になる[4]．

しかし，すべての戦略形ゲームは，混合戦略まで含めるとナッシュ均衡が存在する（ᵖ·¹⁰⁶ 定理 3.1）ので，混合戦略まで考えれば，不完全情報の展開形ゲームも必ずナッシュ均衡が存在する．また同じように考えれば，部分ゲーム

---

3) 混合戦略の表記は 3.1.1 項で学んだ（記号表も参照）．

4) 戦略形ゲームは，不完全情報の展開形ゲームでもある（4.2.1 項）．

完全均衡も必ず存在することがわかる. これらのことをまとめると, 次のようになる.

命題 6.2　有限の展開形ゲームには, 混合戦略を考えれば部分ゲーム完全均衡とナッシュ均衡が存在する. 特に完全情報の展開形ゲームでは, 純粋戦略の部分ゲーム完全均衡とナッシュ均衡が存在する.　¶

6.2.2　行動戦略

6.2.1 項では, 展開形ゲームの混合戦略は戦略形ゲームに変換し, その戦略形ゲームの混合戦略を考えればよいとした. しかし, **展開形ゲームでは, 各プレイヤーは各情報集合ごと (完全情報の場合は意思決定点ごと) に行動を選択するので, 各情報集合ごとに確率で行動を選択する戦略を考える方が自然な場合もある. このような戦略を行動戦略とよぶ.**

例えば, $^{p.118}$ 図 4.1 における, 一ノ瀬と二子山の行動戦略の例としては, それぞれ, 「x_1 では A を 1/5, B を 4/5 で選ぶ」, 「x_2 では A を 3/5, B を 2/5 で選び, x_3 では A を 3/4, B を 1/4 で選ぶ」というようなものが考えられる[5]. 図 6.5 は, これらの行動戦略を図に示したものである.

混合戦略は, 各プレイヤーがゲームが始まる前に, 乱数を使って「どの点でどの行動を選ぶか」をすべて決めているという考え方であるのに対し, 行動戦略は, 各プレイヤーが各情報集合に到達した時点において, その度に乱数を用いて行動を決めるという考え方である.

例えば二子山は, 混合戦略では, ゲームの前に乱数を使って, AA, AB, BA, BB のどれかを決めてしまっているのに対し (図 6.4), 行動戦略では, x_2 や x_3 に到達した時点で, 乱数を使って A か B かを決めている (図 6.5) と考えられる.

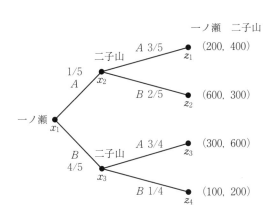

図 6.5　図 4.1 の行動戦略の例

---

5)　完全情報なので, 情報集合を意思決定点と同一視している.

定義6.2   プレイヤー i の行動戦略を γ_i で表す．ここで，$\gamma_i(h_i)(a_i)$ は，情報集合 h_i において行動 a_i を選ぶ確率を表す．任意の $a_i \in A_i(h_i)$ に対して $\gamma_i(h_i)(a_i) \geq 0$ であり，$\sum_{\bar{a}_i \in A_i(h_i)} \gamma_i(h_i)(\bar{a}_i) = 1$ である．また，純粋戦略や混合戦略と同じように，行動戦略の組 $(\gamma_1, \cdots, \gamma_n)$ を γ で表す．¶

例えば，一ノ瀬が「意思決定点 x_1 で A を 1/5，B を 4/5 で選ぶ」という行動戦略を γ_1 で表すと

$$\gamma_1(x_1)(A) = \frac{1}{5}, \qquad \gamma_1(x_1)(B) = \frac{4}{5} \tag{6.10}$$

となり，二子山が「x_2 では A を 3/5，B を 2/5 で選び，x_3 では A を 3/4，B を 1/4 で選ぶ」という行動戦略を γ_2 で表すと

$$\gamma_2(x_2)(A) = \frac{3}{5}, \qquad \gamma_2(x_2)(B) = \frac{2}{5}, \qquad \gamma_2(x_3)(A) = \frac{3}{4}, \qquad \gamma_2(x_3)(B) = \frac{1}{4} \tag{6.11}$$

となる[6]．

「$\gamma_i(h_i)(a_i)$ は，情報集合 h_i において行動 a_i を選ぶ確率」であり，γ_i にカッコが 2 個付いている理由は次のとおりである．

まず，行動戦略 γ_i は，情報集合に対して確率分布を与える関数として定義される．つまり，$\gamma_2(x_2)$ や $\gamma_2(x_3)$ は，x_2 や x_3 で選ぶ行動の確率分布を与える．ここで，x_2 で選ぶ行動の確率分布である $\gamma_2(x_2)$ を P で置き換えてみよう．すると「x_2 では A を 3/5，B を 2/5 で選ぶ」ということは，$P(A) = 3/5$，$P(B) = 2/5$ と表せる．P を $\gamma_2(x_2)$ に戻せば，$\gamma_2(x_2)(A) = 3/5$，$\gamma_2(x_2)(B) = 2/5$ と表せる．このために，カッコが 2 個必要になるのである．

1 つの情報集合で選ぶ行動の確率分布を，その情報集合における**局所戦略**とよぶ．$\gamma_2(x_2)$ と $\gamma_2(x_3)$ は，それぞれ x_2 と x_3 における局所戦略である．また，**行動戦略は，各情報集合の局所戦略を与える関数である．**

6.2.3   行動戦略における期待利得

行動戦略の組 $\gamma = (\gamma_1, \cdots, \gamma_n)$ が与えられると，初期点からある点 x（意思決定点，または終点）までの**到達確率**が決まる．それは経路 (p.123 定義 4.2) において，各プレイヤーが行動を選ぶ確率を掛け合わせればよい．この初期点

---

6)   情報集合が 1 つの意思決定点しか含まないので，情報集合を意思決定点と同一視している．

から点 x へ到達する確率
を $P(x)$ と書くことにす
る．この確率は本来は行動
戦略 γ に依存して決まるの
で，γ を引数にして P_γ と
書くべきであるが，煩雑に
なるため，文脈からわかる
ときは γ を省略する[7]．

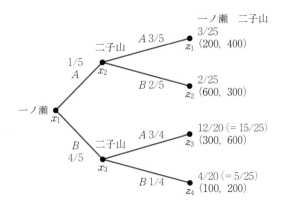

図6.6 図6.5の行動戦略による終点への到達確率

例6.3 図 6.5 のよう
に，（6.10）式と（6.11）式
の行動戦略の組が与えられた
とき，初期点から各点への到達確率を計算してみよう．x_2 と x_3 への到達確率は
$P(x_2) = 1/5$，$P(x_3) = 4/5$ であり，終点 z_1 から z_4 までの到達確率はそれぞれ，

$$P(z_1) = \frac{1}{5} \times \frac{3}{5} = \frac{3}{25}$$

$$P(z_2) = \frac{1}{5} \times \frac{2}{5} = \frac{2}{25}$$

$$P(z_3) = \frac{4}{5} \times \frac{3}{4} = \frac{12}{20}\left(= \frac{15}{25}\right)$$

$$P(z_4) = \frac{4}{5} \times \frac{1}{4} = \frac{4}{20}\left(= \frac{5}{25}\right)$$

である（図6.6）．　¶

　例 6.3 において，終点 z_1 から z_4 までの確率を足し合わせると 1 になる（図
6.6）．このように，**行動戦略の組は，終点上の確率分布を与える．**

　「点への到達確率」と同じように，「情報集合への到達確率」も考えることが
できて，それは，情報集合内の点の到達確率の和となる．各点や各情報集合へ
の到達確率は，この後もよく使うので覚えておいて欲しい．点や情報集合の到
達確率をまとめると，次のように定義できる．

定義6.3　初期点 x_0 から y へ到るまでの経路の点を $x_0, x_1, \cdots, x_m, y$ と順番に表す
（$m \geq 0$）．このとき，行動戦略の組 γ による点 y への到達確率 $P(y)$ は $y = x_{m+1}$ として，

$$P(y) = \prod_{j=0}^{m} \gamma_{i(j)}(h(j))(a(j))$$

と定義される．ここで，情報集合 $h(j)$ は，点 x_j が属する情報集合，$i(j)$ は情報集合

---

7)　8.2節には，省略しない表記が登場する．

$h(j)$ で行動するプレイヤー，$a(j)$ は情報集合 $h(j)$ で点 x_{j+1} へ到る行動を表す．また，ある情報集合 h への到達確率は

$$P(h) = \sum_{y \in h} P(y)$$

と定義される．¶

　行動戦略の組 γ に対するプレイヤーの期待利得は，各終点の到達確率で利得の期待値を計算すればよい．プレイヤー i の期待利得を $u_i(\gamma)$ とすると

$$u_i(\gamma) = \sum_{\hat{z} \in Z} P(\hat{z}) v_i(\hat{z}) \tag{6.12}$$

と表せる（$v_i(z)$ は終点 $z \in Z$ のプレイヤー i の利得である．^{p.130} 定義 4.3 を参照）．

　例 6.4　例 6.3 において，各プレイヤーの期待利得 $u_i(\gamma)$ を計算すると，プレイヤー 1 は

$$\begin{aligned}
u_1(\gamma_1, \gamma_2) &= \sum_{\hat{z} \in Z} P(\hat{z}) v_1(\hat{z}) \\
&= P(z_1) v_1(z_1) + P(z_2) v_1(z_2) + P(z_3) v_1(z_3) + P(z_4) v_1(z_4) \\
&= \frac{3}{25} \times 200 + \frac{2}{25} \times 600 + \frac{12}{20} \times 300 + \frac{4}{20} \times 100 = 272
\end{aligned}$$

であり，プレイヤー 2 は

$$\begin{aligned}
u_2(\gamma_1, \gamma_2) &= \sum_{\hat{z} \in Z} P(\hat{z}) v_2(\hat{z}) \\
&= P(z_1) v_2(z_1) + P(z_2) v_2(z_2) + P(z_3) v_2(z_3) + P(z_4) v_2(z_4) \\
&= \frac{3}{25} \times 400 + \frac{2}{25} \times 300 + \frac{12}{20} \times 600 + \frac{4}{20} \times 200 = 472
\end{aligned}$$

である．¶

　例題 6.4　^{p.137} 図 4.17 に以下の行動戦略の組 (γ_1, γ_2) が与えられたとき，次の問いに答えよ[8]．

$$\gamma_1(x_{11})(Y) = \frac{3}{4}, \quad \gamma_1(x_{11})(N) = \frac{1}{4}, \quad \gamma_1(x_{12})(A) = \frac{1}{5}, \quad \gamma_1(x_{12})(B) = \frac{4}{5}$$

$$\gamma_2(h_2)(A) = \frac{2}{3}, \quad \gamma_2(h_2)(B) = \frac{1}{3}$$

(1)　図 4.17 の各枝に，行動戦略によって選択される確率を書き入れよ．

(2)　各終点 z_1 から z_5 への到達確率を求めよ．分母は 20 で通分せよ．

(3)　各プレイヤーの期待利得を求めよ．

　[解]　(1)　選択される確率は図 6.7 の左図のようになる．ここで情報集合 h_2 のすべての意思決定点 x_{21}, x_{22} において，行動 A, B を選ぶ確率は同じであり，それは情報集合における局所戦略 $\gamma_2(h_2)$ として与えられていることに注意せよ．

---

8)　x_{11}, x_{12} は意思決定点を情報集合と同一視している．

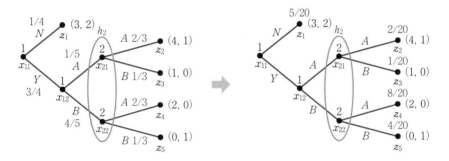

図 6.7　p.137 図 4.17 に書き入れた行動戦略

(2)　終点 z_1 から z_5 までの到達確率は,

$$P(z_1) = \frac{5}{20}, \quad P(z_2) = \frac{3}{4} \times \frac{1}{5} \times \frac{2}{3} = \frac{2}{20}, \quad P(z_3) = \frac{3}{4} \times \frac{1}{5} \times \frac{1}{3} = \frac{1}{20}$$

$$P(z_4) = \frac{3}{4} \times \frac{4}{5} \times \frac{2}{3} = \frac{8}{20}, \quad P(z_5) = \frac{3}{4} \times \frac{4}{5} \times \frac{1}{3} = \frac{4}{20}$$

となる（図 6.7 の右図）.

(3)　各プレイヤーの期待利得は, プレイヤー 1 が

$$\frac{5}{20} \times 3 + \frac{2}{20} \times 4 + \frac{1}{20} \times 1 + \frac{8}{20} \times 2 + \frac{4}{20} \times 0 = \frac{40}{20}$$

プレイヤー 2 が

$$\frac{5}{20} \times 2 + \frac{2}{20} \times 1 + \frac{1}{20} \times 0 + \frac{8}{20} \times 0 + \frac{4}{20} \times 1 = \frac{16}{20}$$

となる.

　例題 6.4 のように各プレイヤーの行動戦略の組 γ を 1 つ与えると, プレイヤーの期待利得 $u_i(\gamma)$ が 1 つ決まるから, すべての行動戦略を戦略の集合と考えると, 展開形ゲームを行動戦略によって戦略形ゲームに変換できる.

6.2.4　行動戦略と混合戦略の対応

　さて, ここで「この混合戦略と行動戦略は 1 対 1 に対応するのだろうか」という疑問が生じる. すなわち,「すべての混合戦略に対して, それと同じ結果を導く行動戦略が存在するのか」ということと, 反対に「すべての行動戦略に対して, それと同じ結果を導く混合戦略はあるのだろうか」という 2 つの疑問である[9].

---

9)　本項は, その疑問に答えるものであり, 他では使わないので, 読み飛ばしても差し支えない.

例として，(6.8) 式と (6.9) 式の混合戦略 [p.188 図 6.4] に対応する行動戦略を考えてみよう．一ノ瀬の混合戦略に対しては，「x_1 で A を 1/5，B を 4/5 で選ぶ」という行動戦略が対応することは明らかである．そこで次に，二子山の混合戦略に対応する x_2 における局所戦略（x_2 で A と B を選ぶ確率）を考えよう．

二子山が x_2 で A を選ぶ純粋戦略は AA と AB であるので，A を選ぶ確率はこれらに割り振られた確率を合計して 9/20 + 3/20 = 3/5 である．同じように，x_2 で B を選ぶ純粋戦略は BA と BB であるから，B を選ぶ確率は，6/20 + 2/20 = 2/5 である．これが x_2 における局所戦略となる．

同じように，二子山の x_3 における局所戦略を考えると，x_3 で A を選ぶ純粋戦略は AA と BA であるから，A を選ぶ確率は 9/20 + 6/20 = 3/4 であり，x_3 で B を選ぶ純粋戦略は AB と BB であるから，B を選ぶ確率は 3/20 + 2/20 = 1/4 である．これらが x_3 における局所戦略となる．

この x_2 と x_3 における局所戦略は，二子山の行動戦略となる．実は，これは行動戦略の例として挙げた (6.10) 式と (6.11) 式の行動戦略 [p.189 図 6.5] である．つまり，図 6.4 の混合戦略と図 6.5 の行動戦略は，同じ結果を導く戦略の組である．

これとは反対に，行動戦略が与えられたときに，それに対応する混合戦略を作るには，上と逆の計算を行えばよい．例えば，図 6.5 に赤茶色で記入された行動戦略に対応する，プレイヤー 2 の混合戦略 ϕ_2 を求めるには

$$\begin{cases} \phi_2(AA) + \phi_2(AB) = \dfrac{3}{5}, \quad \phi_2(BA) + \phi_2(BB) = \dfrac{2}{5} \\[2mm] \phi_2(AA) + \phi_2(BA) = \dfrac{3}{4}, \quad \phi_2(AB) + \phi_2(BB) = \dfrac{1}{4} \\[2mm] \phi_2(AA) + \phi_2(AB) + \phi_2(BA) + \phi_2(BB) = 1 \end{cases} \tag{6.13}$$

となる連立方程式を解けばよい．(6.9) 式はこれを満たす解であり，図 6.4 の混合戦略と (6.11) 式の行動戦略は，同じ結果を導く戦略の組であることが確認できる．

ただし，(6.13) 式には冗長な方程式が含まれており，これを満たす混合戦略の組は無数に存在する．例えば，$\phi_2(AA) = 3/5$，$\phi_2(AB) = 0$，$\phi_2(BA) = 3/20$，$\phi_2(BB) = 1/4$ も (6.13) 式を満たす．すなわち，行動戦略に対応する混合戦略は 1 つではない．

なお, 行動戦略に対応する混合戦略は, プレイヤーが一度だけ行動する場合には上記の考え方で正しいが, そうではない場合は, 上記のような計算では問題が生じるため, さらに緻密に考える必要がある (岡田 (1996) を参照).

ここでは結論だけを示すと, **完全記憶ゲーム**とよばれるゲームでは, 必ず行動戦略に対応する混合戦略が存在することが証明できる. 完全記憶ゲームとは, すべてのプレイヤーに対して

- 自分が選んだ行動は, その後も記憶されている (ある意思決定点の異なる行動の後にある自分の意思決定点は, 同じ情報集合に属することはない).
- 自分が一度識別できた情報は, その後も記憶されている (異なる情報集合に属する意思決定点の後に続く自分の意思決定点は, 同じ情報集合に続くことはない).

というゲームである.

6.3 不確実性のある場合の展開形ゲーム

6.3.1 自然というプレイヤー

ここまで考えたゲームでは, プレイヤーが混合戦略を用いて, 確率的に行動を決める場合はあっても, プレイヤーの行動以外には, 不確実なことはなかった. したがって, すべてのプレイヤーが戦略の組を確定すれば, 結果は一意に決まり, 不確実性はなかったのである. しかし, 私たちが日常直面する問題には, プレイヤー以外の不確実な要因によって, 結果が左右される場合が多くある. 本節では, そのような不確実性が存在する場合の展開形ゲームについて学ぶ. まず, 次のモデルを考えよう.

モデル 23　傘を持つかどうかの意思決定

アリスは, 出かけるときに傘を持つ (U：Umbrella) か, 持たない (N：Not) かを悩んでいる. 雨 (R：Rain) の確率は 1/3, 晴れ (S：Shine) の確率は 2/3 であるとし, アリスの利得は, 雨のときに傘を持っていれば 3, 傘を持っていなければ -6 であり, 晴れたときに傘を持っていれば -3, 傘を持っていなければ 0 とする.

ここで, 「雨が降るか降らないかがわかった後に, 傘を持つかどうかを決定する場合 (ケース 1)」と「行動した後に雨が降るか, 降らないかが決まる場合 (ケース 2)」の 2 つのケースについて, アリスの最適な意思決定とそのときの利得はどのようになるか.

　このモデルは，意思決定をするプレイヤーが1人しかいないため，「ゲーム」ではなく「個人の意思決定問題」であるが，まずは，この単純な例から出発しよう．

　ゲームに不確実性が存在する場合は**自然**という仮想的なプレイヤーを導入し，それを展開形ゲームとしてゲームの木で表す．図6.8は，モデル23のケース1とケース2をゲームの木で表したものである．

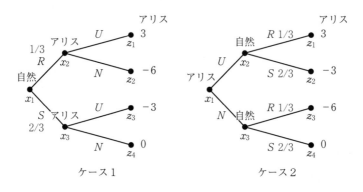

図6.8　モデル23のゲームの木

　自然は，不確実な事象の確率分布を行動戦略としてもつ，「利得が存在しないプレイヤー」とみなすことができる．**自然を「行動がすでに決定しているプレイヤー」とみなすことで，不確実性があるときのゲームは，不確実性がないときのゲームに「自然」という特殊なプレイヤーが加わったゲームであると考えることができる．**

　例6.5　モデル23のケース1において，自然をプレイヤー0，アリスをプレイヤー1と考えて，6.2.3項で学んだことと同じように行動戦略を表し，期待利得を計算してみよう．

　ケース1では，自然の行動戦略は $\gamma_0(x_1)(R) = 1/3$，$\gamma_0(x_1)(S) = 2/3$ と表せる．ここで，アリスが x_2 においては U（傘を持つ），x_3 においては N（傘を持たない）という戦略を選んだとすると，アリスの行動戦略は $\gamma_1(x_2)(U) = 1$，$\gamma_1(x_2)(N) = 0$，$\gamma_1(x_3)(U) = 0$，$\gamma_1(x_3)(N) = 1$ と表せる．

　このときのアリスの期待利得は，(6.12) 式と [p.191] 定義6.3より

$$P(z_1)v_1(z_1) + P(z_2)v_1(z_2) + P(z_3)v_1(z_3) + P(z_4)v_1(z_4)$$
$$= \gamma_0(x_1)(R)\,\gamma_1(x_2)(U)\,v_1(z_1) + \cdots + \gamma_0(x_1)(S)\,\gamma_1(x_3)(N)\,v_1(z_4)$$
$$= \frac{1}{3} \times 3 + 0 \times (-6) + 0 \times (-3) + \frac{2}{3} \times 0 = 1$$

となる. ¶

　このような考え方によって不確実性があるゲームも，これまでと同じ原理（戦略形ゲームに変換して，ナッシュ均衡を求めたり，部分ゲーム完全均衡を求めたりすること）で，解くことができる.

　特に図 6.8 は完全情報ゲームであるから，バックワードインダクションで解ける．ケース 1 の場合，最後のプレイヤーはアリスである．x_2 におけるアリスの最適な行動は「傘を持つ」，x_3 におけるアリスの最適な行動は「傘を持たない」である（図 6.9 の左図）．このとき，アリスの期待利得は例 6.5 で計算した 1 となる.

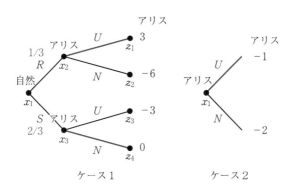

図 6.9 モデル 23 を解く

　この期待利得 1 は，不確実な事象が起こる前（ゲームが始まる前）の利得の期待値であり，**事前の利得**とよばれる．プレイヤーの利得の考え方としては，不確実な事象が起きた後（ゲームがすべて終わった後）の利得という考え方もあり，それを**事後の利得**とよぶ．アリスの事後の利得は，「雨が降ったときは 3，雨が降らないときは 0」となる.

　このように不確実性があるときの利得については，**事前**と**事後**について区別することが大切である．第 7 章では，これに加えて，ゲーム理論に特有の中間期という概念を学ぶ.

　ケース 2 の場合，最後のプレイヤーは自然である．アリスが U を選んだときの期待利得は，

$$\frac{1}{3} \times 3 + \frac{2}{3} \times (-3) = -1$$

N を選んだときの期待利得は,

$$\frac{1}{3} \times (-6) + \frac{2}{3} \times 0 = -2$$

である. これより, x_1 におけるアリスの最適な行動は傘を持つことである. この解法を自然の行動を所与として, [p.150] 手順7に従って, ゲームを縮約して解いていると意識することは, (複雑な問題に対応するためにも) 大切である. 図6.9の右図は, それを表している. 事後の期待利得は「雨が降ったときは3, 雨が降らないときは -3」となる. 事前の期待利得は -1 である.

ゲームに不確実性がある場合も, 完全情報の場合は自然をプレイヤーとみなすことで, バックワードインダクションによって解くことができる.

6.3.2 戦略形ゲームへの変換

不完全情報の場合も同じであり, 自然をプレイヤーとみなすことで, 戦略形ゲームへの変換や部分ゲーム完全均衡の概念を用いて, 不確実性がない場合と同じように解くことができる. ここでは, 以下のモデルを考えてみよう.

モデル24 帰ってこないアリス

結婚して夫婦となったアリスと文太の次のゲームを考える. このゲームは図6.10の展開形ゲームで表現でき, 利得は図6.10のように表されるとする.

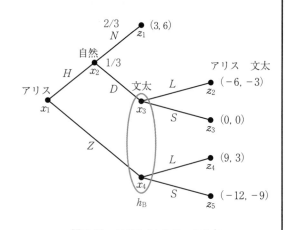

図6.10 モデル24のゲームの木

- アリスは仕事が終わって家に帰る (H: Home) か, こっそり寺に座禅をしに行くか (Z: Zazen) を選ぶ.

- アリスがまっすぐ家に帰ることを選択すると, 2/3の確率で家に辿り着き (N: No Accident), 1/3の確率でドブ (D: Dobu) にはまって帰れない.

- 家にアリスが帰ってくるとゲームは終わり.

- 家に帰ってこないとき (情報集合 h_B) は, 文太はアリスがドブにはまったのか,

寺で座禅をしているのかわからないので，放置（L：Leave）するか，警察に
捜索願い（S：Sousaku）を出すか，を決める．ドブにはまっているならば，
捜索願いが必要であるのに対し，寺で座禅を組んでいるときに捜索願いを出
されると，2人とも大変なことになる．

このゲームは，部分ゲームがないので縮約では解けない．そこで，自然を
プレイヤーとみなして，ゲームを戦略形ゲームに変換し，ナッシュ均衡を求め
る．^{p.136} 手順5では，展開形ゲームを戦略形ゲームに変換する手順を示した．
この手順5のSTEP.2を少し修正して，STEP.2*とすれば，次のような手順
で，不確実性のある展開形ゲームを戦略形ゲームに変換できる．

手順8　展開形ゲームから戦略形ゲームへの変換（不確実性がある場合）

STEP.1　各プレイヤーに対して，すべての情報集合において，どの行動を選ぶ
　　　　かを列挙したものを戦略とし，そのすべての組み合わせを考える（プレイヤー
　　　　の戦略の集合）．

STEP.2*　すべてのプレイヤーの戦略を1つ決めると，その戦略の組に対して，
　　　　終点の確率分布が決まり，その戦略の組に対応する期待利得が計算できる．

STEP.3　それをすべての戦略の組に対して考える．

例6.6　図6.10の展開形ゲームを戦略形
ゲームに変換してみよう．

　STEP.1　すべての情報集合で選ぶ行
動の組を列挙して，戦略とする．アリスは最
初の情報集合でHかZを選び，文太は情報集
合h_Bで，LかSを選ぶ．したがって，この利
得行列は，図6.11のような枠組みになる．

　STEP.2*　各戦略の組を1つ与える
と，自然が選んだ複数の経路を通る終点の確率分布が決まる．例えば，アリスはH,
文太はLのように戦略を1つ決めると，終点z_1とz_2の2つの終点の到着確率が2/3
と1/3, 他の終点の到着確率は0となる（図6.12）．

　戦略の組(H, L)に対する期待利得は，以下のように計算できる．

$$アリス：\frac{2}{3} \times 3 + \frac{1}{3} \times (-6) = 0$$

$$文太：\frac{2}{3} \times 6 + \frac{1}{3} \times (-3) = 3$$

　STEP.3　これをすべての戦略の組に繰り返して，利得行列を完成させる（図
6.13）．

図6.11 モデル24の利得行列
（戦略の決定）

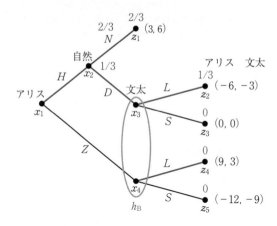

図 6.12　例 6.6 の STEP.2*

アリス \ 文太	L	S
H	$(0,3)$	$(2,4)$
Z	$(9,3)$	$(-12,-9)$

図 6.13　図 6.10 の利得行列　　　　　　　　　　　　　¶

　このように不確実性がある場合も，自然をプレイヤーとみなすことで，不確実性がない場合にプレイヤーが行動戦略を用いたときと同じ原理でゲームを解くことができる．ここでは部分ゲーム完全均衡についてはふれなかったが，部分ゲーム完全均衡も同じように求められる．

　これによって，読者はすべてのゲームを展開形ゲームと戦略形ゲームの両方で表現できるようになり，少なくともすべてのゲームのナッシュ均衡と部分ゲーム完全均衡を求められるようになったといえる．すなわち，「すべてのゲームの解を求められるようになる」という本書の最も重要な目標を，一応，達成したことになる．

本章のまとめ

- 情報が与えられる前の事前確率に対し，情報が与えられて更新された条件付き確率を，事後確率とよぶ.
- ベイズの定理によって，観察された情報から確率を更新して事後確率を求めることができる.
- 展開形ゲームの混合戦略には，戦略形ゲームに変換してその純粋戦略を選ぶ確率を与える混合戦略と，各情報集合において行動を選択する確率を与える行動戦略の2つの形式が考えられる.
- 行動戦略の組を与えると，初期点から各点への到達確率が決まり，各プレイヤーの期待利得が決まる. このことから展開形ゲームは，行動戦略を戦略と考えた戦略形ゲームに変換することもできる.
- 混合戦略に対応する行動戦略が存在し，また完全記憶ゲームにおいては，行動戦略に対応する混合戦略が存在する.
- 混合戦略まで考えれば，すべての展開形ゲームにナッシュ均衡と部分ゲーム完全均衡が存在する.
- ゲームに不確実性が存在するときは「自然」という仮想的なプレイヤーを導入し，展開形ゲームで表現する.
- 不確実性がある場合の利得には，事前と事後という2つの考え方がある.
- 不確実性がある場合も，自然が確率的に行動を選ぶプレイヤーであるとみなすことで，不確実性がない場合と同じ原理で戦略形ゲームに変換し，ゲームを解くことができる.
- すべてのゲームは展開形ゲームと戦略形ゲームの両方で表現できる.

演 習 問 題

6.1 双子酒場放浪記は，毎週水曜の夜に放映されている，中高年に密かに人気のある15分番組である. この番組では，毎週，マナとカナという双子のどちらか1人が出演し，日本全国のどこかの居酒屋を訪問し，その居酒屋の肴を堪能して，酒を飲む. マナとカナは，とてもよく似ていて見分けがつかず，視聴者には，番組が終わるまでどちらであるかが知らされていない. 最後，居酒屋を出たときに「マナでした」，「カナでした」と正体が明かされ，視聴者は「マナだったのか！」，「カナだったのか！」とわかることになっている.

これまでの放映では，マナの方が出演回数が多く，しかもマナは居酒屋に入ったときに「最初の一杯」として熱燗を頼む傾向がある. 過去30回の放映を調べると，以下のようになっていた.

- 出演者がマナで，最初に熱燗を頼む：18回
- 出演者がマナで，最初に熱燗以外を頼む：6回

- 出演者がカナで，最初に熱燗を頼む：4回
- 出演者がカナで，最初に熱燗以外を頼む：2回

ここで，事象を以下の記号で表す．

- M：出演者がマナである
- $\bar{M}$：出演者がカナである
- A：最初に熱燗を頼む
- $\bar{A}$：最初に熱燗以外を頼む

過去30回の頻度を確率であると考え，次の確率を求めよ．

(1) 出演者がマナである確率 $P(M)$

(2) 出演者がマナであり，かつ最初に熱燗を頼む確率 $P(M \cap A)$

(3) 出演者がカナであり，かつ最初に熱燗を頼む確率 $P(\bar{M} \cap A)$

(4) 最初に熱燗を頼んだとき，それがマナである確率 $P(M|A)$

(5) 最初に熱燗以外を頼んだとき，それがマナである確率 $P(M|\bar{A})$

6.2 これは，タクシー問題[10] とよばれる問題である（Tversky and Kahneman (1980)，市川 (1998)）．

ある街でタクシーによるひき逃げ事件が起きた．この街ではタクシーは緑か青の2種類しか走っておらず，全体の85％は緑，15％は青である．目撃者がいて，「犯人は青タクシーだった」と証言した．この証言の信頼度をみるために，事件当時と同じ条件でタクシーの色の区別をテストしたところ，80％の割合で正しく識別できるのに対して，20％の割合で実際と違う色を言ってしまうことがわかった．証言通りに青タクシーが犯人である確率は何％くらいだといえるか？　自分の直感で答えた後に，ベイズの定理を用いて，その答を求めよ．

6.3 これは，実際にあったクイズ番組をもとにした有名な問題で，その番組の司会者の名前をとって，モンティホール問題とよばれている（市川 (1998)）．

いま，1，2，3の番号が付いた箱に1つだけ賞品が入っていて，解答者がそれを当てることができれば賞品をもらえるとする．司会者はどれが当たりかを知っており，最初に解答者が予想した箱とは異なる2つの箱の中のうち，1つがはずれであることを示す．そして，司会者が解答者に，箱を変えるかどうかを尋ねるというものだ．

例えば，ここで解答者が1を「当たりである」と予想したとしよう．その後，司会者は2の箱を開けてみせて，それは「はずれ」であることを示した．

そして，司会者が「今ならば3の箱に変えることができます．3に変えますか？それとも，変えずに1にしますか？」と尋ねたとする．

残った箱は2つになったので，当たる確率は半々に思えるが，変えた方が良いだろうか？　それとも変えない方が良いだろうか？

ここで，以下のように事象を決める．

- A：司会者が2をはずれであると示す．
- B_1：1が当たり

---

10)　原論文では，"cab" である．

- B_2：2が当たり
- B_3：3が当たり

どの箱も，事前に当たる確率は同じとし，もし1の箱が当たりの場合，司会者が2と3の箱をはずれであると示す確率は半々であるとする．

「司会者が2をはずれだと示した」という条件のもとで，1が当たりの確率 $P(B_1|A)$ と3が当たりの確率 $P(B_3|A)$ を求め，変えた方が良いか，変えない方が良いか答えよ．

6.4　次の2人ゲームを考える．

① 　プレイヤー1が3枚のカードから1枚をランダムに引く．3枚のうち，2枚は H（High）で，1枚は L（Low）と書かれている．プレイヤー1だけが，そのカードを見る．プレイヤー2は，プレイヤー1の引いたカードはわからない．

② 　プレイヤー1は B（Bid）か D（Drop）を選ぶ．

③ 　プレイヤー1が D を選べば，ゲームはそこで終わり，プレイヤー1はプレイヤー2に3万円を支払う（プレイヤー1の利得 -3，プレイヤー2の利得 $+3$）．

④ 　プレイヤー1が B を選ぶと，プレイヤー2が B（Bid）か D（Drop）を選ぶ．プレイヤー2が D を選べば，ゲームはそこで終わり，プレイヤー2はプレイヤー1に3万円を支払う（プレイヤー1の利得 $+3$，プレイヤー2の利得 -3）．

⑤ 　両者が共に B を選ぶと，プレイヤー1がカードを公表する．プレイヤー1の引いたカードが H ならば，プレイヤー1の勝利，L ならばプレイヤー2の勝利である．この場合は，負けた方が勝った方に6万円支払う（勝者の利得 $+6$，敗者の利得 -6）．

（1）　この2人ゲームを，ゲームの木で表せ．このとき，最初に自然が2/3でプレイヤー1に H のカードを与え，1/3で L のカードを与えるとして表せ．

（2）　戦略形ゲームに変換し，ナッシュ均衡を求めよ（ヒント：純粋戦略のナッシュ均衡はない．DB と DD は BB に支配された戦略なので，使われないとして取り除き，混合戦略のナッシュ均衡を求める）．

（3）　(2)で求めたナッシュ均衡において，プレイヤー1が H を引いたときに（その条件のもとで），B を選ぶ確率を求めよ．L を引いたときに（その条件のもとで），B を選ぶ確率を求めよ．

（4）　このゲームのナッシュ均衡において，カードを引く前のプレイヤー1のゲームの事前の期待利得と，カードを引いた後（H を引いた後と L を引いた後のそれぞれ）での事後の期待利得を求めよ．

6.5　演習問題 6.4 のゲームのルールを変え，プレイヤー1とプレイヤー2は同時に B か D を選ぶものとする．すなわち①は同じとし，

② 　プレイヤー1とプレイヤー2は，同時に B（Bid）か D（Drop）を選ぶ．

③ 　一方が B を選び，もう一方が D を選べば B を選んだ方が勝利で，勝った方

が負けた方に3万円を支払う（Bを選んだ方の利得 +3, Dを選んだ方の利得 −3）．また，両者がDを選べば引き分けとなり，両者は共に利得は0とする．

④ 両者が共にBを選ぶと，プレイヤー1がカードを公表する．プレイヤー1の引いたカードがHならば，プレイヤー1の勝利，Lならばプレイヤー2の勝利である．この場合は，勝った方が負けた方に6万円支払う（勝者の利得 +6, 敗者の利得 −6）．

(1)　この2人ゲームを，ゲームの木で表せ．このとき，最初に自然が2/3でプレイヤー1にHのカードを与え，1/3でLのカードを与えるとして表せ．

(2)　戦略形ゲームに変換し，ナッシュ均衡を求めよ．

(3)　(2)で求めたナッシュ均衡において，プレイヤー1がHを引いたときに（その条件のもとで），Bを選ぶ確率を求めよ．Lを引いたときに（その条件のもとで），Bを選ぶ確率を求めよ．

(4)　このゲームのナッシュ均衡において，カードを引く前のプレイヤー1のゲームの事前の期待利得と，カードを引いた後（Hを引いた後とLを引いた後のそれぞれ）での事後の期待利得を求めよ．

7

不完備情報の戦略形ゲーム

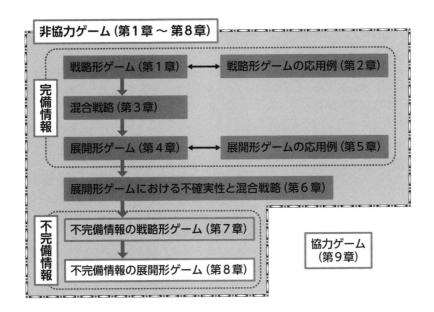

ここまでは，すべてのプレイヤーのもつ情報が同じ状況を考えた．このような状況は完備情報とよばれ，そのようなゲームは完備情報ゲームとよばれる．第6章では，不確実性のあるゲームについても学んだが，そこでも各プレイヤーが最初にもつ情報は同じであり，どのような確率で，どのような利得が実現するかについての認識は，各プレイヤーに共通であった．

これに対して現実には，知っている情報がプレイヤーごとに異なる状況が多くある．この状況を情報の非対称性があるといい，不完備情報ともよぶ．プレイヤーのもつ情報と，その情報のもとでプレイヤーの不確実な利得に対する推測確率を考慮して，プレイヤーの行動を分析するゲームは，不完備情報ゲームとよばれる．

本章では，不完備情報ゲームの中で，プレイヤーが同時に行動を選択する戦略形ゲームについて学ぶ．

本章のキーワード

完備情報，完備情報ゲーム，情報の非対称性，不完備情報，不完備情報ゲーム，タイプ，ベイズナッシュ均衡，ベイジアンゲーム，共通事前確率の仮定，私的情報，事前，中間期，事後

7.1　不完備情報の戦略形ゲーム

　不完備情報ゲームの基本的なゲームは，各プレイヤーが同時に行動する不完備情報の戦略形ゲームである．例として，次のモデルを考える．

モデル 25　禅かショッピングか

　一ノ瀬アリスと二子山文太は，禅の会か買い物に行きたい．何らかの理由で 2 人は連絡が取れない状態にあり，禅の会が行われる禅寺か，ショッピングモールへ各自で向かい，同じ場所で会えるように願っている．

　ここでアリスは，和尚から禅の会の誘いが届いているかどうかで利得が異なる．もし禅の会の誘いが届いていれば，禅寺に行く利得が 12 で，ショッピングモールに行く利得は 0，さらにアリスは文太がそこそこ好きなので，文太と同じ場所を選べば，上記の利得に 6 が加わる．これに対し，禅の会への誘いが届いていなければ，文太に会わなければどちらの場所でも利得は 0，禅寺で文太に会うと利得は 6，ショッピングモールで会うと利得は 12 である．

　一方，文太はアリスが大好きなので，アリスと同じ場所を選ぶことを重視している．アリスと同じ場所を選べば利得は 12 であり，異なる場所を選べば利得は 0 となり，さらに文太は，そこそこ買い物が好きなので，ショッピングモールに行くと，上記の利得に 6 が加わる．ただし，アリスに禅の会の誘いが届いているときに 2 人でショッピングモールに行くと，後から和尚に文太が叱られるため，その場合のみ利得に 6 は加わらない（利得は 12 になる）．

　和尚からアリスに禅の会の誘いが届いているかどうかは，アリスにはわかるが文太はわからない．文太は，アリスに禅の会の誘いが届いている確率は 2/3，届いていない確率を 1/3 と推測しており，それはアリスもわかっているものとする．

　アリスは禅の会の誘いが届いたときと届かないときで，どのように行動するか．また文太はどうするだろうか？

　不完備情報ゲームは，プレイヤー，行動，プレイヤーのタイプ，プレイヤーの利得，プレイヤーのタイプに対する推測確率，という 5 つの要素からなる．

　モデル 25 において，プレイヤーはアリスと文太である．両プレイヤーの行動は，禅寺に行くか（以下 Z），ショッピングモールに行くか（以下 S）である．

　不完備情報ゲームでは，各プレイヤーは**タイプ**とよばれる属性をもつと考える．このタイプとよばれる属性は，次の意味をもつ．

　利得に関する属性：不完備情報ゲームでは，不確実な事象によってさまざまな利得が起こりうると考えられ，タイプはその利得を決める．

情報に関する属性：不完備情報ゲームでは，プレイヤーは自分の情報によっ
て，実現する利得に対する確率が変わる．タイプは，各プレイヤーがもっ
ている情報を表す．

**不完備情報ゲームでは，各プレイヤーは自分のタイプについてはわかるが，
相手のタイプはわからず，確率によって推測すると考える．**モデル 25 におい
て，アリスには 2 つのタイプがあり，1 つは禅の会の誘いが届いているタイプ
（タイプ A とする）で，もう 1 つは禅の会の誘いが届いていないタイプ（タイプ
$\overline{A}$ とする）である．一方，文太には 1 つのタイプしかない．タイプが 1 つし
かない場合は，それを省略して考えてよい．

アリスの 2 つのタイプは，2 人の利得を決めている（利得に関する属性）．
注意したいのは，アリスのタイプは，アリスの利得だけではなく，文太の利得
も決めているということである（両者がショッピングモールに行ったときの，
文太の利得はアリスのタイプによって異なる）．すなわち，タイプは起こりう
る 2 つの「ゲーム」を決めていると考えることができ，これは図 7.1 のように
表すことができる．

文太 アリス	Z	S
Z	(18,12)	(12,6)
S	(0,0)	(6,12)

アリスがタイプ A
（禅の会の誘いが届いている）

文太 アリス	Z	S
Z	(6,12)	(0,6)
S	(0,0)	(12,18)

アリスがタイプ $\overline{A}$
（禅の会の誘いが届いていない）

図 7.1 モデル 25 のタイプ別の利得行列

プレイヤーのタイプは，そのプレイヤーの利得だけを決めるわけではない．
一般的には，すべてのプレイヤーのタイプの組が決まると，各プレイヤーの利
得が決まり，ゲームが決まる．タイプは，そのプレイヤーの利得ではなく，他
のプレイヤーの利得も（すなわちゲームを）決めるものだと考えよう．

文太は，アリスがタイプ A と $\overline{A}$ である確率を，それぞれ 2/3 と 1/3 で推測
している．これで，不完備情報の戦略形ゲームの要素がすべて列挙された．

7.2　ベイズナッシュ均衡

　不完備情報の戦略形ゲームの解は，どのように求めればよいのだろうか？

　モデル 25 において，アリスは自分のタイプを知っているので，各タイプの
アリスは，文太と自分の行動が決まれば利得が確実に決まり，不確実性はな
い．例えば，アリスのタイプ A は，自分が S を選び，文太も S を選べば，図
7.1 の左側の利得行列から自分の利得は 6，文太の利得は 12 であることがわか
る．また，アリスのタイプ $\bar{A}$ は，自分が Z を選び，文太が S を選べば，図 7.1
の右側の利得行列から自分の利得は 0，文太の利得は 6 であることがわかる．

　一方，文太はアリスのタイプがわからない．そこで確率を用いて，利得の期
待値を計算する．アリスはタイプごとにその行動が異なるかもしれないので，
タイプ A と $\bar{A}$ において，それぞれ何を選ぶかを予測する必要がある．例え
ば，アリスのタイプ A が S を，タイプ $\bar{A}$ が Z を選び，自分（文太）は S を
選んだとしよう．アリスのタイプが A のときは文太の利得は 12，タイプ $\bar{A}$ な
らば文太の利得は 6 であるから，文太の期待利得は次のようになる．

$$\frac{2}{3} \times 12 + \frac{1}{3} \times 6 = 10$$

　不完備情報の戦略形ゲームにおいては，プレイヤーがタイプごとにどの行動
を選ぶかを列挙したものを，そのプレイヤーの**戦略**とよぶ．ここでアリスのタ
イプ A とタイプ $\bar{A}$ が選ぶ行動を左と右に並べて書き，アリスの戦略を表すこ
とにしよう．例えば，タイプ A が Z を，タイプ $\bar{A}$ が S を選ぶときに，それを
ZS と表す．これがアリスの 1 つの戦略である．このように考えると，アリス
の戦略は ZZ，ZS，SZ，SS の 4 つである．文太はタイプが 1 つしかないので，
戦略と行動は同一視できて，Z か S の 2 つである．

　アリスは自分のタイプを知っているので，このゲームは，タイプ A のアリ
ス，タイプ $\bar{A}$ のアリス，文太，の 3 人のプレイヤーがいるゲームだとみなし
てもよい．アリスの各タイプは，文太の行動を予測して自分の利得を最大に
し，文太は，アリスの両タイプがどのような行動を選ぶかを推測して自分の期
待利得を最大にしようとする．各プレイヤーが同時に行動するということか
ら，その解は完備情報の戦略形ゲームと同じナッシュ均衡と考えてよい．この
不完備情報ゲームにおけるナッシュ均衡を，**ベイズナッシュ均衡**とよぶ．

　ナッシュ均衡は，すべてのプレイヤーが最適反応戦略を選び合う戦略の組で
あった．これに対し，ベイズナッシュ均衡は，**すべてのプレイヤーのすべての**

タイプが最適反応戦略を選び合う戦略の組である.

このベイズナッシュ均衡を求めるには，図7.1の2つの利得行列から，文太の期待利得を計算して統合した新たな利得行列を作成するとよい.

図7.2は，その利得行列である．アリスは行を選ぶプレイヤーで，戦略は ZZ, ZS, SZ, SS の4つ，文太は列を選ぶプレイヤーで，戦略は Z と S の2つである.

両プレイヤーが戦略を選ぶと，各プレイヤーの各タイプごとに期待利得が決まるの

文太 アリス	Z	S
ZZ	$((18,6),12)$	$((12,0),6)$
ZS	$((18,0),8)$	$((12,12),10)$
SZ	$((0,6),4)$	$((6,0),10)$
SS	$((0,0),0)$	$((6,12),14)$

図7.2 モデル25の戦略とタイプごとの期待利得を計算した利得行列

で，利得行列では各プレイヤーの各タイプごとに期待利得を表す．例えば，図7.2では，カッコを大きく左と右に分けて，左にアリス，右に文太の期待利得を表し，アリスの利得の部分は，さらにカッコで分けて，左にタイプ A，右にタイプ $\overline{A}$ の利得を記している.

例えば，アリスが SZ，文太が S を選んだとすると，すでに計算したように，アリスのタイプ A の利得は6，タイプ $\overline{A}$ の利得は0，文太の期待利得は10であったので，SZ と S が交差するセルに $((6,0),10)$ と記している.

この「各プレイヤーの各タイプの期待利得を計算した利得行列」が完成したら，後はナッシュ均衡を求める ^{p.34} 手順1と同じである．ただし，各プレイヤーの**各タイプごとの**視点に立って，最適反応戦略を求める必要がある．ベイズナッシュ均衡を求める手順は次のようになる.

手順9　2人ゲームのベイズナッシュ均衡の求め方
STEP.1　各プレイヤーの各タイプの期待利得を計算した利得行列を作成する.
STEP.2　各プレイヤーの各タイプの視点に立つ．相手のプレイヤーのすべての戦略に対して，そのプレイヤーのそのタイプの期待利得が最大になるところに下線を引く（最大となる期待利得が複数あるときは，すべてに下線を引く）.
STEP.3　これをすべてのプレイヤーのすべてのタイプに対して行う.
STEP.4　すべてのプレイヤーのすべてのタイプの期待利得に下線が引かれているセルに対応する戦略の組が，ナッシュ均衡である.

例7.1   図7.2を用いて^{p.206}モデル25のベイズナッシュ均衡を上記の方法で求めてみよう（図7.3）．まず，アリスのタイプAの視点に立つ．文太がZを選んだときと，Sを選んだときで，それぞれに最大となる利得に下線を引く（図7.3の(1)）．次に，アリスのタイプ$\bar{A}$の視点に立ち，文太がZとSを選んだときにそれぞれ最大となる利得に下線を引く（図7.3の(2)）．これでアリスについては終わり，次に，文太の視点に立つ．アリスがZZ，ZS，SZ，SSを選んだときに最大となる期待利得に下線を引く（図7.3の(3)）．

両プレイヤーのすべてのタイプの利得に下線が引かれている(ZZ, Z)と(ZS, S)が，ベイズナッシュ均衡である．ナッシュ均衡と同じように，ベイズナッシュ均衡も複数存在する可能性がある．

文太 アリス	Z	S
ZZ	$((\underline{18},6),12)$	$((\underline{12},0),6)$
ZS	$((\underline{18},0),8)$	$((\underline{12},12),10)$
SZ	$((0,6),4)$	$((6,0),10)$
SS	$((0,0),0)$	$((6,12),14)$

(1) アリスのタイプAの視点に立つ．文太がZを選んだときと，Sを選んだときの，それぞれで最大となる利得に下線を引く．

文太 アリス	Z	S
ZZ	$((\underline{18},\underline{6}),12)$	$((\underline{12},0),6)$
ZS	$((\underline{18},0),8)$	$((\underline{12},\underline{12}),10)$
SZ	$((0,\underline{6}),4)$	$((6,0),10)$
SS	$((0,0),0)$	$((6,\underline{12}),14)$

(2) アリスのタイプ$\bar{A}$の視点に立つ．文太がZを選んだときと，Sを選んだときの，それぞれで最大となる利得に下線を引く．

文太 アリス	Z	S
ZZ	$((\underline{18},\underline{6}),\underline{12})$	$((\underline{12},0),6)$
ZS	$((\underline{18},0),8)$	$((\underline{12},\underline{12}),\underline{10})$
SZ	$((0,\underline{6}),4)$	$((6,0),\underline{10})$
SS	$((0,0),0)$	$((6,\underline{12}),\underline{14})$

(3) 文太の視点に立つ．アリスが各戦略を選んだときに最大となる利得に下線を引く．
(ZZ, Z)，(ZS, S)がナッシュ均衡．

図7.3 モデル25のベイズナッシュ均衡の求め方   ¶

7.3 ベイジアンゲーム

　ここまでは，1人のプレイヤーだけに異なるタイプが存在するときを考え
た．一般的には，複数のプレイヤーに異なるタイプが存在すると考えられる．
本節では，それについて学ぶ．例として，次のモデルを考えよう．

モデル26　禅かショッピングか PART2

　p.206 モデル25では，アリスにだけ和尚から禅の会の誘いが届く設定であっ
たが，ここでは，文太にも和尚から禅の会の誘いが届くとしよう．ただし，文
太に誘いが届いたかどうかは，アリスにはわからないものとする．

　アリスと文太のどちらか一方だけに禅の誘いが届いているときに，2人で
ショッピングモールに出かけたときは，後で文太は和尚に叱られて，文太の利
得は12となる．また，アリスと文太の両者に禅の会の誘いが届いているとき
に，2人でショッピングモールに出かけたときは，文太は和尚の逆鱗に触れ，文
太の利得は0であるとする．この2人でショッピングモールに行くときを除い
ては，モデル25と2人の利得は同じ設定であるとする．

　アリスと文太に誘いが届くかどうかの事前確率は，p.183 モデル21やp.186 モ
デル22と同じ（p.184 図6.1）とする．再掲すると，

- アリスに誘いが届き，かつ文太にも誘いが届く確率は 2/5
- アリスに誘いが届き，かつ文太には誘いが届かない確率は 1/5
- アリスには誘いが届かず，かつ文太には誘いが届く確率は 1/5
- アリスには誘いが届かず，かつ文太にも誘いは届かない確率は 1/5

である．この事前確率については，2人はお互いによく知っていると仮定する．

　アリスと文太は，禅の会の誘いが届いたときと届かないときで，どのように
行動するだろうか．

　モデル26では，アリスに加えて文太にも2つのタイプがある．ここでは，
文太について，禅の会の誘いが届いているタイプをタイプ B，禅の会の誘いが
届いていないタイプをタイプ $\bar{B}$ としよう．

　すべてのプレイヤーのタイプの組が決まると，各プレイヤーの利得が決まる
（利得に関する属性）．モデル26において，各プレイヤーのタイプの組に対応
する利得行列は図7.4のようになる．

　さて，アリスと文太は，4つのゲーム（図7.4）が実現する確率をどのよう
に推測するだろうか．7.1節において「各プレイヤーは自分のタイプについて
はわかるが，相手のタイプはわからずに確率によって推測する」と述べた．
アリスは，自分に誘いが届いたかどうか（タイプ A かタイプ $\bar{A}$ か）はわかるが，

タイプの組 (A, B)

アリス ＼ 文太	Z	S
Z	$(18,12)$	$(12,6)$
S	$(0,0)$	$(6,0)$

タイプの組 $(A, \bar{B})$

アリス ＼ 文太	Z	S
Z	$(18,12)$	$(12,6)$
S	$(0,0)$	$(6,12)$

タイプの組 $(\bar{A}, B)$

アリス ＼ 文太	Z	S
Z	$(6,12)$	$(0,6)$
S	$(0,0)$	$(12,12)$

タイプの組 $(\bar{A}, \bar{B})$

アリス ＼ 文太	Z	S
Z	$(6,12)$	$(0,6)$
S	$(0,0)$	$(12,18)$

図 7.4 モデル 26 のタイプの組に対応する利得行列

文太に誘いが届いたかどうか（タイプ B かタイプ $\bar{B}$ か）はわからない．そこで，アリスは文太がタイプ B であるか，タイプ $\bar{B}$ であるかを確率的に推測することになる．

　モデル 26 では，2 人のタイプに関する事前確率が与えられ，それを 2 人がよく知っていると仮定している．このような不完備情報ゲームのモデルを，**ベイジアンゲームとよぶ．ベイジアンゲームでは，各プレイヤーが共通して認識しているすべてのプレイヤーのタイプの組み合わせに関する「事前確率」があると仮定する．**この仮定を共通事前確率の仮定とよぶ．そして，各プレイヤーは自分のタイプのみを情報として知り，ベイズの定理で確率を更新して[1] 相手のタイプを推測する．各プレイヤーのタイプは，そのプレイヤーの**私的情報**であるとよばれる．

　　例7.2　モデル 26 において，各プレイヤーの各タイプが推測する相手のタイプの確率を求めてみよう (p.186 モデル 22 も参照せよ)．アリスがタイプ A であるとき，文太をタイプ B あるいは $\bar{B}$ であるとする事後確率は，ベイズの定理より，

$$P(B|A) = \frac{P(A \cap B)}{P(A \cap B) + P(A \cap \bar{B})} = \frac{2/5}{3/5} = \frac{2}{3}$$

$$P(\bar{B}|A) = \frac{P(A \cap \bar{B})}{P(A \cap B) + P(A \cap \bar{B})} = \frac{1/5}{3/5} = \frac{1}{3}$$

---

　1)　更新された確率は，ベイズの定理からすれば「事前確率」に対する「事後確率」になるが，不完備情報ゲームでは，**中間期確率**とよぶ．事前，事後，中間期，については，この後の 7.4.1 項で詳しく学ぶ．

である．事後確率は合計すると 1 になることを確認しておこう．

同じように計算すると，各プレイヤーの各タイプについて

$$P(B\,|\,\bar{A}) = P(\bar{B}\,|\,\bar{A}) = \frac{1}{2}, \ \ P(A\,|\,B) = \frac{2}{3}, \ \ P(\bar{A}\,|\,B) = \frac{1}{3}, \ \ P(A\,|\,\bar{B}) = P(\bar{A}\,|\,\bar{B}) = \frac{1}{2}$$

を得る． ¶

タイプには，「利得に関する属性」の他に，「情報に関する属性」があると述べた．各プレイヤーが推測するゲームの実現確率は，タイプによって異なる．これがタイプの「情報に関する属性」である．

不完備情報ゲームにおいて，各プレイヤーの推測をどのようにモデル化するかについては，いろいろな考え方と議論があり，ゲーム理論の先端的研究分野でもある．モデル化の一つの方法は，「アリスのタイプ A は，文太がタイプ B である確率を 1/8，タイプ $\bar{B}$ である確率を 7/8 であると推測し，文太のタイプ B はアリスがタイプ A である確率を…」のように，各プレイヤーのタイプごとに，相手のタイプに対する推測確率を与える方法である．しかし，この方法ではモデル外から与える仮定（データ）を多く必要とすると共に，「自分以外のプレイヤーが，どのゲームにどのような推測をもっているかを推測する確率」（さらに，それに対する推測確率）を考慮したり，なぜ自分の推測確率と相手の推測確率が異なるのかを考慮したり，さまざまな問題が生じて複雑になる．不完備情報ゲームについて詳しく考察し，上記のように共通事前確率の仮定によってベイジアンゲームとしてモデル化する方法を提示したのは，ハルサニー（Harsanyi, 1967, 1968）である．

プレイヤーのタイプごとの推測確率が求められれば，後は 7.1 節，7.2 節と同じように利得行列をつくり（図 7.5），ベイズナッシュ均衡を求める（図 7.6）．ここで，アリスはタイプ A とタイプ $\bar{A}$ が選ぶ行動を左右に並べ，文太はタイプ B とタイプ $\bar{B}$ が選ぶ行動を左右に並べて，1 つの戦略を表すことにする．

例えば，アリスが ZS を選び，文太が SZ を選んだときのアリスのタイプ A の期待利得を求めてみよう．アリスの戦略が ZS であるということは，タイプ A のアリスは Z を選ぶ．このとき，文太の戦略は SZ であるから，タイプ B であれば文太は S を選んでアリスの利得は 12，タイプ $\bar{B}$ であれば文太は Z を選んでアリスの利得は 18 になり，アリスの期待利得は

$$P(B\,|\,A) \times 12 + P(\bar{B}\,|\,A) \times 18 = \frac{2}{3} \times 12 + \frac{1}{3} \times 18 = 14$$

アリス＼文太	ZZ	ZS	SZ	SS
ZZ	$((18,6),(12,12))$	$((16,3),(12,6))$	$((14,3),(6,12))$	$((12,0),(6,6))$
ZS	$((18,0),(8,6))$	$((16,6),(8,12))$	$((14,6),(8,6))$	$((12,12),(8,12))$
SZ	$((0,6),(4,6))$	$((2,3),(4,9))$	$((4,3),(2,6))$	$((6,0),(2,9))$
SS	$((0,0),(0,0))$	$((2,6),(0,15))$	$((4,6),(4,0))$	$((6,12),(4,15))$

図7.5　モデル26のベイシアンゲームの利得行列

アリス＼文太	ZZ	ZS	SZ	SS
ZZ	$((\underline{18},\underline{6}),(\underline{12},\underline{12}))$	$((\underline{16},3),(\underline{12},6))$	$((\underline{14},3),(6,\underline{12}))$	$((\underline{12},0),(6,6))$
ZS	$((\underline{18},0),(\underline{8},6))$	$((\underline{16},6),(\underline{8},\underline{12}))$	$((\underline{14},\underline{6}),(\underline{8},6))$	$((\underline{12},\underline{12}),(\underline{8},\underline{12}))$
SZ	$((0,\underline{6}),(\underline{4},6))$	$((2,3),(\underline{4},\underline{9}))$	$((4,3),(2,6))$	$((6,0),(2,\underline{9}))$
SS	$((0,0),(0,0))$	$((2,\underline{6}),(0,\underline{15}))$	$((4,\underline{6}),(\underline{4},0))$	$((6,\underline{12}),(\underline{4},\underline{15}))$

図7.6　モデル26のベイズナッシュ均衡

となる.

　同じように，アリスのタイプ $\overline{A}$，文太のタイプ B，$\overline{B}$ の期待利得を計算すると6，8，6となる．よって，利得行列の ZS と SZ が交差するセルには，$((14,6),(8,6))$ のように各プレイヤーのタイプ順に利得をカッコに並べ，そのカッコをさらに各プレイヤー順に並べて記述する．利得行列は図7.5のようになる.

　後は ^{p.209}手順9に従い，各プレイヤーの各タイプの最適反応戦略の期待利得に下線を引けば図7.6のようになり，ベイズナッシュ均衡は (ZZ, ZZ)，(ZS, ZS)，(ZS, SS) となる.

7.4　展開形ゲームによる表現

　第4章と第6章では，すべてのゲームは展開形ゲームで表せることを学んだ．そうすると，不完備情報の戦略形ゲームも，展開形ゲームとして表して解けるはずである．ここでは，不完備情報の戦略形ゲームを展開形ゲームで表して，そのナッシュ均衡とベイズナッシュ均衡との関係を考える.

　^{p.206}モデル25を例にして考えてみよう．このゲームを展開形ゲームで表す

と，図7.7になる．

このゲームは，まず最初に自然が，アリスがタイプ A であるかタイプ $\bar{A}$ であるかを選ぶ．アリスは自分のタイプがわかっているので，x_2 と x_3 は異なる情報集合に属し，1つの情報集合に1つの意思決定点があることから，x_2 と x_3 の情報集合を省略し，意思決定点と同一視する．アリスは，x_2 と x_3 で異なる行動（Z か S

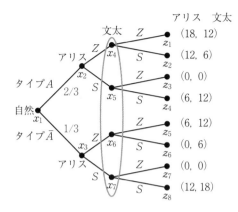

図7.7 モデル 25 のゲームの木

か）を選ぶ．これに対し，文太はアリスのタイプもアリスの行動もわからないため，x_4, x_5, x_6, x_7 のどの点で行動するかがわからない．そのため，この4つの点は1つの情報集合に含まれており，文太はこの情報集合で1つの行動（Z か S か）を選ぶ．

6.3 節で学んだように，このゲームを戦略形ゲームに変換して解いてみよう．アリスは x_2 と x_3 で別々に行動を選ぶので，これを左と右に並べて書くと，アリスの戦略は ZZ, ZS, SZ, SS の4つになる．これは，[p.207] 図7.1において，アリスのタイプ A とタイプ $\bar{A}$ が選んだ行動を並べたものと対応することがわかる．すなわち，**不備情報の戦略形ゲームの「プレイヤーがタイプごとに行動を選ぶ」という概念は，展開形ゲームの「プレイヤーが情報集合ごとに行動を決定する」という概念と等価である**ことがわかる．文太は，1つの情報集合しかないので，そこで選ぶ Z か S かの2つの行動がそのまま戦略になる．

[p.199] 手順8に従って，各プレイヤーの期待利得を計算し，利得行列を作成してみよう．例えば，アリスが SZ，文太が S を選んだとする．このとき，終点 z_4 が 2/3, z_6 が 1/3 で実現することから（図7.8の左図），アリスの期待利得は

$$\frac{2}{3} \times 6 + \frac{1}{3} \times 0 = 4$$

文太の期待利得は

$$\frac{2}{3} \times 12 + \frac{1}{3} \times 6 = 10$$

と計算できる．

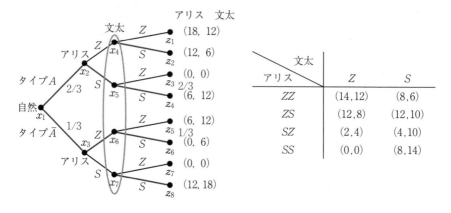

図7.8 モデル25でアリスが SZ, 文太が S を選んだ場合

　同じ計算をすべての戦略の組に行うことで，図7.8の右図のような利得行列ができる．SZ と S が交差したセルには，上で計算した4と10の利得が並んでいることが確認できるだろう．

　このゲームのナッシュ均衡を求めると (ZZ, Z) と (ZS, S) の2つとなって，7.2節で求めたベイズナッシュ均衡と一致することがわかる (p.210 例7.1)．なお，このゲームには部分ゲームがないので，この2つのナッシュ均衡は部分ゲーム完全均衡でもある．

7.4.1 事前と中間期と事後

　不完備情報ゲームを展開形ゲームで表すことによって，**事前**と**中間期**と**事後**という重要な考え方が理解できる．本項では，それについて学ぶ．

　不完備情報ゲームにおいては，以下の3時点に分けてプレイヤーの状態や意思決定を考える．

　事前：各プレイヤーが，まだ自分のタイプを知らない時点を事前とよ
　　　ぶ．p.206 モデル25を例にすると，まだ自然がタイプを決めておらず，
　　　アリスは自分のタイプがまだわかっていない時点である．事前であっても，
　　　各プレイヤーはどの情報集合で何を選ぶかを考えて，事前確率で期待利得
　　　を求めることで，行動を決められる．図7.8の右図の戦略形ゲームは，事
　　　前の状態での各プレイヤーのゲームを表していると考えられる．例えば，
　　　戦略の組 (SZ, S) が選ばれたときに，アリスの事前の期待利得は4，文太

の事前の期待利得は 10 となる.

中間期：各プレイヤーが自分の私的情報（タイプ）のみ知っている時点を中間期とよぶ. ^{p.206} モデル 25 においては，アリスが自分のタイプを知っている時点が中間期である. 中間期では，各プレイヤーがどの情報集合で何を選ぶかを決めれば，タイプごとに事後確率[2]で期待利得を求めることができ，それによって各プレイヤーは行動を決める. ^{p.209} 図 7.2 の不完備情報の戦略形ゲームは，中間期での各プレイヤーのゲームを表していると考えられる. 例えば，戦略の組 (SZ, S) が選ばれたときは，アリスの中間期の利得はタイプ A が 6，タイプ $\bar{A}$ が 0，文太の中間期の期待利得は 10 となる.

事後：ゲームが終了すると，各プレイヤーはすべてのプレイヤーの私的情報（タイプ）を知ることになるだろう. この時点を事後とよぶ. モデル 25 において，文太もアリスのタイプがわかる時点が事後である. 事後では，ゲームは終わっている. 例えば，戦略の組 (SZ, S) が選ばれたときは，アリスの事後の利得はタイプ A が 6，タイプ $\bar{A}$ が 0，文太の事後の利得は，アリスがタイプ A であったならば 12，タイプ $\bar{A}$ であったならば 6 となる.

7.4.2 ナッシュ均衡とベイズナッシュ均衡

さて，このようにベイズナッシュ均衡は中間期のゲームを考え，タイプごとに事後確率で期待利得を求めて，タイプごとに最適反応戦略を求めている. これに対して，展開形ゲームを変換してナッシュ均衡を考えることは，事前におけるプレイヤーの最適反応戦略を求めていることになる. モデル 25 においては，この 2 つは一致しているが，一般的に常に一致することなのだろうか.

例えば，図 7.2 の利得行列において，プレイヤーのすべてのタイプに対して最適反応戦略であれば，図 7.8 の右図の利得行列においても，そのプレイヤーの最適反応戦略になることが容易にわかる. このように，ベイズナッシュ均衡であれば，それはナッシュ均衡であるということは常に成り立つ.

その逆はどうであろうか？ ここで，すべてのプレイヤーについて，すべてのタイプが生起する事前確率が正であれば，ナッシュ均衡はベイズナッシュ均衡でもあることが証明できる（岡田（1996），Vega‑Redondo（2003）などを参

---

2) 確率の用語としては事後確率であるが，事後と中間期の混乱を避けるため，中間期確率とよぶこともある.

照）．すなわち，**すべてのタイプが生起する事前確率が正であれば，ナッシュ均衡とベイズナッシュ均衡は同値である．**

7.5 数式表現による確認

ベイジアンゲームを定式化してみよう．プレイヤーの集合を $N = \{1, \cdots, n\}$，プレイヤー i の行動の集合を A_i，プレイヤー i のタイプの集合を T_i とする．$A = A_1 \times \cdots \times A_n$ は行動の組の集合，$T = T_1 \times \cdots \times T_n$ はタイプの組の集合である．

ベイジアンゲームでは，各タイプの組 $t = (t_1, \cdots, t_n)$ と行動の組 $a = (a_1, \cdots, a_n)$ が決まると，プレイヤー i の利得が決まる．これを利得関数 $u_i(a \,|\, t)$ で表すことにしよう．利得関数は $A \times T$ から実数への関数と考えられる．タイプの組に対する事前確率分布を P で与えると，ベイジアンゲームは $(N, \{A_i\}_{i=1}^{n}, \{T_i\}_{i=1}^{n}, \{u_i\}_{i=1}^{n}, P)$ によって与えられる．

> **例7.3** ᵖ·²⁰⁶モデル 25 において，アリスと文太をプレイヤー 1 と 2 とする．$N = \{1, 2\}$ であり，$A_1 = A_2 = \{S, Z\}$ である．アリスのタイプは，A と $\bar{A}$ の 2 つで $T_1 = \{A, \bar{A}\}$ である．文太はタイプが 1 つしかないので，文中では省略されていた．そこで，これをタイプ $\bar{B}$ であるとして，$T_2 = \{\bar{B}\}$ としておこう．アリスが Z を，文太が S を選んだ場合，利得はタイプによって，
> $$u_1(Z, S \,|\, A, \bar{B}) = 12, \quad u_1(Z, S \,|\, \bar{A}, \bar{B}) = 0, \quad u_2(Z, S \,|\, A, \bar{B}) = 6, \quad u_2(Z, S \,|\, \bar{A}, \bar{B}) = 6$$
> と書ける．
> なお，文太にはタイプが 1 つしかないので，タイプを記述する必要がない．このような場合はタイプを省略し，
> $$u_1(Z, S \,|\, A) = 12, \quad u_1(Z, S \,|\, \bar{A}) = 0, \quad u_2(Z, S \,|\, A) = 6, \quad u_2(Z, S \,|\, \bar{A}) = 6$$
> と書いてもよい（書いた方がよい）．以降は，このように記述する．　¶

> **例題7.1** ᵖ·²¹¹モデル 26 において，アリスと文太をプレイヤー 1, 2 ($N = \{1, 2\}$) とする．$A_1 = A_2 = \{S, Z\}$，$T_1 = \{A, \bar{A}\}$，$T_2 = \{B, \bar{B}\}$ である．このとき，$u_1(Z, S \,|\, A, B)$，$u_1(Z, S \,|\, \bar{A}, \bar{B})$，$u_2(Z, S \,|\, A, B)$，$u_2(Z, S \,|\, \bar{A}, \bar{B})$ を求めよ．
> **[解]**　$u_1(Z, S \,|\, A, B) = 12, \qquad u_1(Z, S \,|\, \bar{A}, \bar{B}) = 0$
> $u_2(Z, S \,|\, A, B) = 6, \qquad u_2(Z, S \,|\, \bar{A}, \bar{B}) = 6$　

次に，不完備情報ゲームにおけるプレイヤーの戦略について考えよう．これは，「各タイプがどのような行動を選ぶか」を示すものであった．すなわち，プレイヤー i の戦略は，タイプの集合 T_i から行動の集合 A_i への関数である．

7.4 節で学んだように，これは展開形ゲームを戦略形ゲームに変換すること

と同じであると解釈できる．展開形ゲームでは，プレイヤーはすべての情報集合に対してどの行動を選ぶかを決めることが戦略となり，不完備情報ゲームでは各プレイヤーのタイプは情報集合に対応することから，戦略は，タイプから行動への関数と考えることができる（4.3.3 項を参照）．

例 7.4 ᵖ·²⁰⁶ モデル 25 において，戦略を関数で表現してみよう．アリスの「タイプ A もタイプ $\bar{A}$ も Z を選ぶ」という戦略は，$s_{11}(A) = s_{11}(\bar{A}) = Z$ という関数 s_{11} で表せる[3]．この s_{11} は ZZ と書いていた戦略に相当する．同じように，ZS, SZ, SS も関数として

$$s_{12}: \quad s_{12}(A) = Z, \qquad s_{12}(\bar{A}) = S$$
$$s_{13}: \quad s_{13}(A) = S, \qquad s_{13}(\bar{A}) = Z$$
$$s_{14}: \quad s_{14}(A) = S, \qquad s_{14}(\bar{A}) = S$$

と表せる．アリスの戦略の集合は $\{s_{11}, s_{12}, s_{13}, s_{14}\}$ である．

文太のタイプは 1 つしかない．この 1 つのタイプを $\bar{B}$ とすると，文太の戦略は $s_{21}(\bar{B}) = Z$, $s_{22}(\bar{B}) = S$ の 2 つであり，戦略の集合は $\{s_{21}, s_{22}\}$ と表せる．　¶

すべてのプレイヤーの戦略の組 $(s_1, \cdots, s_n)$ が与えられたとき，プレイヤー i のタイプ t_i の期待利得は

$$\sum_{\hat{t}_{-i} \in T_{-i}} P(\hat{t}_{-i} \mid t_i)\, u_i(s_i(t_i), s_{-i}(\hat{t}_{-i}) \mid (t_i, \hat{t}_{-i})) \tag{7.1}$$

と表せる．この式は少し複雑なので，詳しくみてみよう．

プレイヤー i のタイプ t_i は，行動 $s_i(t_i)$ を選ぶ．自分以外のプレイヤーは，タイプが $\hat{t}_{-i}$ であるならば，行動 $s_{-i}(\hat{t}_{-i})$ を選ぶので，利得は $u_i(s_i(t_i), s_{-i}(\hat{t}_{-i}) \mid (t_i, \hat{t}_{-i}))$ である．プレイヤー i のタイプ t_i は，自分以外のプレイヤーのタイプが $\hat{t}_{-i}$ である確率を $P(\hat{t}_{-i} \mid t_i)$ であると推測しているので，その期待利得は（7.1）式で表せることがわかる．

これを用いて，ベイズナッシュ均衡を次のように定義する．

定義 7.1 戦略の組 $(s_1, \cdots, s_n)$ がベイズナッシュ均衡であるとは，すべてのプレイヤー i のすべてのタイプ t_i において，どんな行動 a_i に対しても

$$\sum_{\hat{t}_{-i} \in T_{-i}} P(\hat{t}_{-i} \mid t_i)\, u_i(s_i(t_i), s_{-i}(\hat{t}_{-i}) \mid (t_i, \hat{t}_{-i})) \geq \sum_{\hat{t}_{-i} \in T_{-i}} P(\hat{t}_{-i} \mid t_i)\, u_i(a_i, s_{-i}(\hat{t}_{-i}) \mid (t_i, \hat{t}_{-i}))$$

が成り立つことである．　¶

---

3)　展開形ゲームと同様である．ᵖ·¹³⁸ 例 4.6 なども参照せよ．

本章のまとめ

- プレイヤーごとに情報が異なる状況は，不完備情報ゲームで表せる．
- 不完備情報の戦略形ゲームは，プレイヤー，行動，プレイヤーのタイプ，プレイヤーの利得，プレイヤーのタイプに対する推測確率，という5つの要素からなる．
- 各プレイヤーのタイプによって，プレイヤーの利得が決まる．自分以外のプレイヤーの利得も決めるので，「タイプはゲームを決める」と考えた方がよい．
- 不完備情報の戦略形ゲームの解は，ベイズナッシュ均衡である．ナッシュ均衡は，すべてのプレイヤーが最適反応戦略を選び合う戦略の組であったのに対して，ベイズナッシュ均衡は，すべてのプレイヤーのすべてのタイプが，最適反応戦略を選び合う戦略の組である．
- ナッシュ均衡と同じように，手順9によって，ベイズナッシュ均衡を求めることができる．
- すべてのプレイヤーのタイプの組み合わせに関して，各プレイヤーに共通する事前確率が与えられるゲームをベイジアンゲームとよぶ．
- ベイジアンゲームでは，各プレイヤーは自分のタイプを私的情報として知り，ベイズの定理から，他のプレイヤーのタイプに対する確率（中間期確率）を推測する．
- 不完備情報の戦略形ゲームの「プレイヤーがタイプごとに行動を選ぶ」という考えは，展開形ゲームの「プレイヤーが情報集合ごとに行動を決定する」という考えと同じである．
- プレイヤーの利得には，事前，中間期，事後，の3つの考え方がある．
- すべてのタイプが生起する事前確率が正であれば，ナッシュ均衡とベイズナッシュ均衡は同値である．

演習問題

7.1 プレイヤー1に t と t' の2つのタイプがある，2人プレイヤーの不完備情報の戦略形ゲーム（ゲーム1とゲーム2の2つ）を考える（図7.9）．プレイヤー1は自分のタイプを知っている．プレイヤー2は相手のタイプがわからず，

- ゲーム1では，プレイヤー2はタイプ t である確率を $1/2$，タイプ t' である確率を $1/2$
- ゲーム2では，プレイヤー2はタイプ t である確率を $1/3$，タイプ t' である確率を $2/3$

で推測しているとする．このとき，ゲーム1とゲーム2のベイズナッシュ均衡を求めよ．ただし，混合戦略は考えない．

ゲーム1

プレイヤー1がタイプ t

2＼1	L	R
U	(6,8)	(1,4)
D	(0,0)	(0,8)

プレイヤー1がタイプ t'

2＼1	L	R
U	(2,4)	(8,2)
D	(1,6)	(3,0)

ゲーム2

プレイヤー1がタイプ t

2＼1	L	R
U	(9,12)	(6,3)
D	(0,0)	(9,12)

プレイヤー1がタイプ t'

2＼1	L	R
U	(0,12)	(8,9)
D	(6,0)	(5,3)

図 7.9　演習問題 7.1 の利得行列

7.2　2人プレイヤーの不完備情報の戦略形ゲーム（ベイジアンゲーム）を考える．プレイヤー1には t_{11} と t_{12}，プレイヤー2には t_{21} と t_{22} の，それぞれ2つのタイプがある．図7.10は，各プレイヤーのタイプの組に対する利得行列であり，各プレイヤーのタイプの組に対する事前確率は右の表で与えられる．

	t_{21}	t_{22}
t_{11}	2/6	1/6
t_{12}	1/6	2/6

このゲームのベイズナッシュ均衡を求めよ．ただし，混合戦略は考えない．

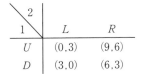
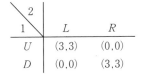

タイプの組 (t_{11}, t_{21})

2＼1	L	R
U	(3,6)	(6,3)
D	(9,3)	(0,0)

タイプの組 (t_{11}, t_{22})

2＼1	L	R
U	(3,6)	(9,9)
D	(0,6)	(6,0)

タイプの組 (t_{12}, t_{21})

2＼1	L	R
U	(0,3)	(9,6)
D	(3,0)	(6,3)

タイプの組 (t_{12}, t_{22})

2＼1	L	R
U	(3,3)	(0,0)
D	(0,0)	(3,3)

図 7.10　演習問題 7.2 の利得行列

7.3 第1章の ᵖ·¹¹ モデル2（図1.1）と ᵖ·³⁰ モデル3（図1.14）が確率的に起こる場合を考える．すなわち，次の2つのケース

　　ケース L：A の客は 600 人，B の客は 300 人

　　ケース M：A の客は 600 人，B の客は 750 人

が起こりうるとする．どちらのケースでも両店舗が別々の駅に出店すれば，その客をすべて獲得でき，同じ駅に出店すれば，二子山が一ノ瀬の2倍の客を獲得できることは同じである．

ここで，一ノ瀬はケース L か M かを知っているのに対して，二子山はわからずに，ケース L か M である確率をそれぞれ 4/5 と 1/5 で推測しているとする．

（1）　このゲームのベイズナッシュ均衡を求め，一ノ瀬はそれぞれのケースで何を選ぶか，二子山は何を選ぶか，を求めよ．

（2）　ケース L か M を両プレイヤーが知った後で，ベイズナッシュ均衡における一ノ瀬と二子山の利得はいくらになるか（事後の利得）．

（3）　ケース L かケース M かがわからない事前において，一ノ瀬と二子山の期待利得はいくらになるか（注：ゲームがプレイされる時点では，一ノ瀬はどちらのケースかを知っている）．

7.4 本章では，戦略が離散的な不完備情報ゲームのみを扱った．しかし，クールノー競争やベルトラン競争のように，戦略が連続的な不完備情報ゲームも考えることができる．そのような問題について考えよう．

2つの企業（企業1と企業2）が差別化された財を供給し，複占市場で価格競争（ベルトラン競争）をしているとする．財の需要関数は，企業 i の価格を p_i，需要量を $q_i (i = 1, 2)$ とすると

$$q_1 = 108 - p_1 + p_2, \qquad q_2 = 72 - p_2 + p_1$$

で与えられるものとする．

企業1は，限界費用が 48 と高い場合と，24 の低い場合があるとする．前者を高費用タイプ，後者を低費用タイプとよぶことにする．企業2の限界費用は 24 とする．企業1は自分の費用がわかっているのに対して，企業2は企業1の費用はわからず，高費用タイプと低費用タイプをそれぞれ確率 1/4 と 3/4 として推測しているものとする．企業2の費用が 24 であることは，どちらの企業もよく知っているものとする．

ここで，企業1の高費用タイプの価格を p_{1H}，低費用タイプの価格を p_{1L}，企業2の価格を p_2 とする．以下の問いに答えよ．

（1）　企業1の各タイプには不確実な情報はないので，通常のクールノー競争と同じように自分の利益を計算して，最適反応関数を求めることができる．企業1の高費用タイプと低費用タイプの利益をそれぞれ求め，p_2 の式で表せ．

（2）　企業1の最適反応関数をタイプごとにそれぞれ求め，p_2 の式で表せ．

（3）　企業2は企業1のタイプがわからないので，高費用タイプと競争したときの利益と，低費用タイプと競争したときの利益を求めて，その期待値を自分の期待利益と考えて最大化する．企業2の期待利益を求め，p_{1H} と p_{1L} で表せ．

(4)　企業2の最適反応関数を求め，p_{1H} と p_{1L} で表せ.

(5)　ベイズナッシュ均衡における企業1の高費用タイプと低費用タイプ，および，企業2の価格をそれぞれ求めよ.

(6)　ベイズナッシュ均衡において，企業1が高費用タイプであった場合に，企業1と企業2の財の需要量はどうなるか. それぞれ求めよ.

7.5　2つの企業（企業1と企業2）が同質財を供給し，複占市場でクールノー競争をしているものとする. 企業1と企業2の生産量の合計を x としたとき，財の価格 p は $p = 120 - x$ で与えられるとしよう. 企業1は，限界費用が48と高い場合と，24の低い場合があるとする. 前者を高費用タイプ，後者を低費用タイプとよぶことにする. 企業2の限界費用は24とする. 企業1は自分の費用がわかっているのに対して，企業2は企業1の費用はわからず，高費用タイプと低費用タイプをそれぞれ確率1/4と3/4として推測しているものとする（企業2の費用が24であることはどちらもよく知っている）. 企業1の高費用タイプの生産量を x_{1H}，低費用タイプの生産量を x_{1L}，企業2の生産量を x_2 とする. 次の問いに答えよ.

(1)　企業1の各タイプには不確実な情報はないので，通常のクールノー競争と同じように自分の利益を計算し，最適反応関数を求めることができる. 企業1の高費用タイプと低費用タイプの最適反応関数をそれぞれ求めよ.

(2)　企業2は，企業1のタイプがわからないので，高費用タイプと競争したときの利益と，低費用タイプと競争したときの利益を求め，その期待値を自分の期待利益と考え，それを最大化する. 企業2の期待利益を求め，最適反応関数を求めよ.

(3)　ベイズナッシュ均衡における企業1の高費用タイプと低費用タイプ，企業2の生産量をそれぞれ求めよ.

(4)　ベイズナッシュ均衡において，企業1が高費用タイプの場合の財の価格はいくらか.

8

不完備情報の展開形ゲーム

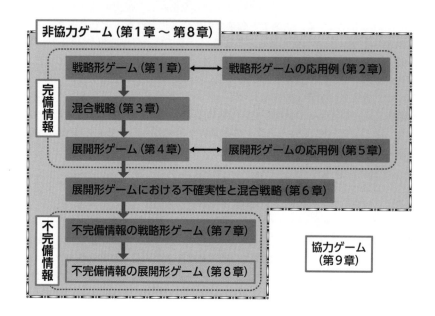

第7章では，不完備情報ゲームの中で，プレイヤーが同時に行動を選択する戦略形ゲームについて学んだ．第8章では不完備情報ゲームの中で，プレイヤーの行動が同時ではないゲーム，すなわち展開形ゲームについて学ぶ．このようなゲームでは，後から行動するプレイヤーは，先に行動したプレイヤーの行動から，いかに情報を知るか，という点が重要となる．

本章のキーワード

逐次合理性，信念，整合的，完全ベイズ均衡，シグナリングゲーム，分離均衡，一括均衡，直観的基準

8.1 完全ベイズ均衡

本節では，完全ベイズ均衡について学ぶ．次のモデルを考えてみよう．

モデル 27　禅は 1 人で？　2 人で？

　一ノ瀬アリスは，座禅のために禅寺へ 1 人で行くか，それとも二子山文太を誘って行くか迷っている．ここで，アリスには 2 つの可能性があり，1 つは，予め和尚から 1 人で来るように強く言われている場合（タイプ S：Solo）であり，もう 1 つは，和尚から文太も連れて来るように言われている場合（タイプ D：Double）である．その確率はそれぞれ 2/3 と 1/3 であるとする．

　ここで，まずアリスは，1 人で行くか（A：Alone），文太を誘うか（T：Together）を決める．もし 1 人で行くことを選んだ場合，アリスが 1 人で寺へ行くだけで終わる．もし文太を誘った場合は，文太はアリスが和尚からどう言われているかはわからないまま，承諾して一緒に行くか（Y：Yes），拒否して行かないか（N：No）を決めるとする．

　このとき，アリスの利得は次の通りである．アリスが 1 人で来るように言われている場合（タイプ S）は，1 人で行くと利得は 3，文太を誘って断られた場合は，ショックで利得は 0，文太が承諾すると，「1 人で来るように」と言っていた和尚に叱られて利得は -3 である．

　文太を連れて来るように言われている場合（タイプ D）は，1 人で行くと和尚に叱られて利得は -3．文太を誘って断られた場合は，和尚に叱られ，さらに断られたショックも重なって利得は -6，文太が承諾すると，利得は 3 である．

　これに対して，文太の利得は次の通りである．文太は，あまり座禅には行きたくないので，アリスが 1 人で寺に行くことが一番嬉しく利得 6，アリスが誘って来て，寺に行くと利得は 0 とする．しかし，アリスが誘っているのに断ると，和尚が誘っていないときはアリスに叱られて利得 -3，和尚が誘っているときは，さらに和尚にも叱られて利得は -6 とする．

　このモデルのゲームの木は図 8.1 の左図のようになる（以降，アリスと文太をプレイヤー 1 と 2 の記号で表すこともある）．このゲームは，自然がアリスのタイプ（和尚からの指示が S か D か）を決め，アリスはそれを知っているのに対して，文太はそれを知らない不完備情報ゲームである．第 7 章の同時に行動するゲームとは違い，アリスが先に A か T かを選び，文太はそれを知って Y か N かを選ぶような，逐次行動の不完備情報ゲームであるといえる．

　このゲームを解くために，p.199 手順 8 に従って戦略形ゲームに変換すると，図 8.1 の右図の利得行列になる．

　この利得行列におけるナッシュ均衡は (AT, Y)，(AA, N) の 2 つであるが，

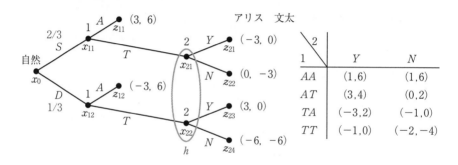

図8.1 モデル27のゲームの木と利得行列

(AA, N) というナッシュ均衡には問題がある．文太はアリスに誘われた場合，どちらのタイプであっても，断るよりは承諾した方が良い．これは情報集合 h において，点 x_{21} にいても x_{22} にいても，文太は N よりは Y の方を好んでいることに対応している．

　しかし，このゲームには全体のゲーム以外には部分ゲームが存在しないため，(AA, N) は部分ゲーム完全均衡でもあり，部分ゲーム完全均衡を考えても，問題のある均衡を排除できない．したがって，ナッシュ均衡を精緻化するためには，新たな解を考える必要がある．

　ここで，完全情報ゲームのバックワードインダクションの考え方に立ち戻ってみよう．バックワードインダクションは，「すべての"意思決定点"において，それ以降の行動が最適になっていなければならない」という考え方に立脚している（4.1.2項を参照）．

　完全情報ではない場合は，プレイヤーは意思決定点ごとではなく，情報集合ごとに行動を選ぶので，一般的な展開形ゲームでは，上記の考え方は**すべての「情報集合」において，それ以降の行動が最適になっていなければならない**となる．この考え方を**逐次合理性**とよぶ．

　しかし，情報集合が2つ以上の点を含む場合は，プレイヤーはその中のどの点で意思決定をしているのかがわからないため，その情報集合において，どの行動を選べば良いかは決められない．そこで，Kreps and Wilson（1982）は，

「**プレイヤーが，情報集合内のどの意思決定点で行動しているかを確率で推測して，その期待利得を最大にすると考える**」ことにした．この確率を信念とよぶ[1]．

例 8.1　図 8.1 において，文太（プレイヤー 2）の信念が与えられたときの逐次合理性とは何かについて考えてみよう．ここで，文太の情報集合 h における信念とは，文太が推測する「情報集合 h が実現したときに，自分が x_{21} と x_{22} で行動している確率」である．これを $\mu(x_{21})$，$\mu(x_{22})$ で表すことにしよう．ここで $\mu(x_{22}) = 1 - \mu(x_{21})$ である．

これは，アリスが T を選んだときに，「アリスがタイプ S とタイプ D である確率は $\mu(x_{21})$ と $\mu(x_{22})$ である」と，文太が推測していることに相当する．

ここで文太が Y を選んだとき，この信念における文太の期待利得は

$$0 \times \mu(x_{21}) + 0 \times \mu(x_{22}) = 0$$

であり，N を選んだときは

$$(-3) \times \mu(x_{21}) + (-6) \times \mu(x_{22}) = -6 + 3\mu(x_{21})$$

となり，$0 \leq \mu(x_{21}) \leq 1$ より $0 > -6 + 3\mu(x_{21})$ となるから，信念がいかなるときも Y を選ぶことが逐次合理的である．　¶

例 8.1 では，信念がどんなときも Y を選ぶことが逐次合理的であったが，一般的には逐次合理的である行動は，信念に依存して変わる．それでは，どのような確率が信念として適切であろうか？　プレイヤーは，他のプレイヤーの戦略について予測しているので，その戦略の予測が 1 つ決まると，情報集合内の各意思決定点への到達確率が決まる（6.2.3 項を参照）．したがって，**信念は，この到達確率からベイズの定理によって導かれたものでなければならない**

だろう．このようなベイズの定理に従った信念は，**整合的**とよばれる．次の例で考えてみよう．

例 8.2　例 8.1 と同じように，文太（プレイヤー 2）の情報集合 h における信念を $\mu(x_{21})$，$\mu(x_{22})$ とし，行動戦略に整合的な信念はどうなるかを計算してみよう．

いま，アリスの行動戦略 γ_1 を

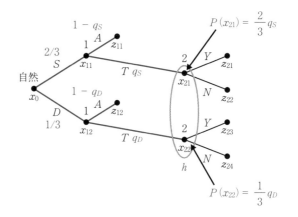

図 8.2　到達確率と整合的な信念

---

1)　信念は belief の訳語である．「信念」が定訳のため本書でもそれを用いるが，日本語の「信念」の意味は，自分が正しいと強く思い込んでいる「信条」のような意味が強く，あまり適切ではない．ここでの beleif は，「推測」，「主観的予想」のような意味である．

- タイプ S のアリスが T を確率 q_S, A を $1 - q_S$ で選び,
- タイプ D のアリスが T を確率 q_D, A を $1 - q_D$ で選ぶ

としよう. γ_1 は, $\gamma_1(x_{11})(T) = q_S$, $\gamma_1(x_{11})(A) = 1 - q_S$, $\gamma_1(x_{12})(T) = q_D$, $\gamma_1(x_{12})(A) = 1 - q_D$ となる. このとき, 2 つの意思決定点 x_{21} と x_{22} への到達確率 [(p.191 定義 6.3)] は $P(x_{21}) = 2q_S/3$, $P(x_{22}) = q_D/3$ であり, また, 情報集合 h への到達確率は $P(h) = P(x_{21}) + P(x_{22}) = 2q_S/3 + q_D/3$ である (図 8.2).

文太の信念 $\mu(x_{21})$ は, 「h が実現したという条件のもとで, x_{21} が実現する確率」 $P(x_{21}|h)$ を表していると考えられる. したがって, 整合的な $\mu(x_{21})$ は, $P(h) > 0$ であれば (6.5) 式より,

$$\mu(x_{21}) = P(x_{21}|h) = \frac{P(x_{21} \bigcap h)}{P(h)}$$

$$= \frac{P(x_{21})}{P(x_{21}) + P(x_{22})} = \frac{\dfrac{2}{3}q_S}{\dfrac{2}{3}q_S + \dfrac{1}{3}q_D} = \frac{2q_S}{2q_S + q_D}$$

となる ($h = \{x_{21}, x_{22}\}$ なので, $P(x_{21} \bigcap h) = P(x_{21})$ であることに注意する). 同じように, $\mu(x_{22})$ は次のようになる.

$$\mu(x_{22}) = P(x_{22}|h) = \frac{P(x_{22})}{P(x_{21}) + P(x_{22})} = \frac{\dfrac{1}{3}q_D}{\dfrac{2}{3}q_S + \dfrac{1}{3}q_D} = \frac{q_D}{2q_S + q_D} \qquad ¶$$

上記の整合的な信念は, 行動戦略が混合戦略であるときも考慮している. しかし, 特に純粋戦略だけを考えるならば, 次のように簡単になる.

◆ アリスの純粋戦略に対する整合的な信念

- アリスが AT を選んだ場合: $q_S = 0$, $q_D = 1$ であるから, 整合的な信念は $\mu(x_{21}) = 0$, $\mu(x_{22}) = 1$. これはアリスが AT を選んだと予想した場合, それに整合的な信念は「アリスが誘ってきたときは, 必ずタイプ D である」ということに対応している.

- アリスが TA を選んだ場合: $q_S = 1$, $q_D = 0$ であるから, 整合的な信念は $\mu(x_{21}) = 1$, $\mu(x_{22}) = 0$. これはアリスが TA を選んだと予想したときは, それに整合的な信念は「アリスが誘ってきたときは, 必ずタイプ S である」ということに対応している.

- アリスが TT を選んだ場合: $q_S = 1$, $q_D = 1$ であるから, $\mu(x_{21}) = 2/3$, $\mu(x_{22}) = 1/3$. これはアリスが TT を選んだと予想したときは, 整合的な信念は「アリスが誘ってきたときは, そのタイプの確率は事前確率に等しい」ということを表している.

　一方，アリスが AA を選ぶと考えたときは，情報集合への到達確率 $P(h) = 0$ となり，(6.5) 式は使えない．(6.5) 式を導いたもとになっている条件付き確率の定義 (6.1) 式は，**信念が何であっても満たされる**．

　つまり，整合的な信念は「その情報集合への到達確率が正ならば」という条件のもとで (6.5) 式が成り立つことを求めているので，その条件が成り立たないときは，何であってもよいのである．

　6.2.3 項では，ある行動戦略の組 $\gamma = (\gamma_1, \cdots, \gamma_n)$ が与えられたときに，初期点 x_0 において，終点 z が実現する確率を $P(z)$ とした．これに加え，以下では，「ある意思決定点 x が実現するという条件のもとで」，終点 z が実現する条件付き確率を $P(z|x)$ と表すことにする．**$P(z)$ や $P(z|x)$ は信念に関係なく，行動戦略の組 γ に対して決定されることに注意したい**．

> **例 8.3**　図 8.1 において，文太の行動戦略を $\gamma_2(h)(Y) = q_Y$，$\gamma_2(h)(N) = 1 - q_Y$ とし，アリスの行動戦略 γ_1 は例 8.2 のように与えられるとする．
>
> 　このとき，x_{21} と x_{22} からの終点への到達確率は $P(z_{21}|x_{21}) = P(z_{23}|x_{22}) = q_Y$，$P(z_{22}|x_{21}) = P(z_{24}|x_{22}) = 1 - q_Y$ であり，これ以外の z については $P(z|x_{21}) = P(z|x_{22}) = 0$ である（意思決定点 x の後に続いていない終点 z に到達する確率は $P(z|x) = 0$ となる）．
>
> 　また，$P(z_{11}|x_{11}) = 1 - q_S$，$P(z_{21}|x_{11}) = q_S q_Y$ のように，x_{11} と x_{12} から各終点への到達確率も決まる．初期点からの到達確率 $P(z|x_0)$ は，これまで $P(z)$ と書いてきた確率（初期点から終点への到達確率）に等しく，例えば $P(z_{21}|x_0) = P(z_{21}) = 2q_S q_Y/3$ である．　¶

　以下では，例 8.1 のように信念を μ で表し，$\mu(x)$ を「x で行動する確率」としよう[2]．「整合的な信念」と「逐次合理性」の両方を満たす解が，**完全ベイズ均衡である**[3]．

---

　2)　信念は，情報集合 h における，h で行動するプレイヤー i の主観確率であるから，$\mu_{i,h}$ のように i と h に依存させて表記するのが正しい．そして，すべてのプレイヤーの各情報集合における信念を集めたものは，（1 つではなく）複数の確率分布となるので，「信念の組」や「信念システム」とよぶ方が正しく，ほとんどのテキストと文献で，そのように扱われている．しかし，本書では表記を簡単にするため，これらを曖昧にして，すべて「信念」とよぶことにする．

　3)　本来，点や情報集合への到達確率は行動戦略の組に依存するが，ここまでは，その行動戦略の組を書かずに省略した．次ページの定義 8.1 では，行動戦略の組 γ，γ_i'，γ_{-i} に依存することを表す必要があるため，これを P_γ，$P_{\gamma_i', \gamma_{-i}}$ としている．

定義 8.1 行動戦略の組 $\gamma = (\gamma_1, \cdots, \gamma_n)$ と信念 μ が，次の 2 つの条件を満たすとき，完全ベイズ均衡とよぶ.

条件 1：信念に対する逐次合理性 すべての情報集合において，その行動戦略は信念に対する最適反応戦略となる. すなわち，すべてのプレイヤー i のすべての情報集合 h において，どんな行動戦略 γ_i' に対しても

$$\sum_{\tilde{x} \in h} \mu(\tilde{x}) \sum_{\tilde{z} \in Z} P_\gamma(\tilde{z}|\tilde{x}) v_i(\tilde{z}) \geq \sum_{\tilde{x} \in h} \mu(\tilde{x}) \sum_{\tilde{z} \in Z} P_{\gamma_i', \gamma_{-i}}(\tilde{z}|\tilde{x}) v_i(\tilde{z})$$

条件 2：整合性 すべての情報集合において，信念は行動戦略の組に対してベイズの定理に整合的である. すなわち，すべての情報集合 h のすべての点 x に対して[4]，

$$\mu(x) P_\gamma(h) = P_\gamma(x) \qquad \P$$

ここで，信念が行動戦略の組に対してベイズの定理に整合的とは，「行動戦略の組に対して，その情報集合への到達確率が正であるならば，信念は情報集合内の各点の到達確率によって，ベイズの定理を用いて導かれたものと等しい」ということを意味する.

また信念は，情報集合に 2 つ以上の意思決定点が含まれる場合にのみ必要となるので，自分がどの意思決定点で行動しているかがわかる場合（情報集合に点が 1 つしかない場合）は，条件 1 は単にその意思決定点で行動戦略が最適反応戦略となっていればよい.

例 8.4 [p.226] 図 8.1 において，完全ベイズ均衡を求めてみよう. ここで，アリスが選ぶ戦略は AA, AT, TA, TT の 4 通りである. そこで，その 4 通りについて，まず整合的な信念を求め，次に，その信念に対して最適反応戦略となる文太の戦略を考える. そして，アリスの戦略が文太の戦略に関して最適反応戦略となっていれば定義 8.1 の条件はすべて満たされ，完全ベイズ均衡となる.

- アリスが TT を選んだ場合から考えよう. 整合的な信念は $\mu(x_{21}) = 2/3$, $\mu(x_{22}) = 1/3$ であった（[p.228] アリスの純粋戦略に対する整合的な信念）. 文太が Y と N を選んだときの期待利得を信念を使って計算すると，Y を選んだときは

$$\mu(x_{21}) \times 0 + \mu(x_{22}) \times 0 = \frac{2}{3} \times 0 + \frac{1}{3} \times 0 = 0$$

であり，N を選んだときは

$$\mu(x_{21}) \times (-3) + \mu(x_{22}) \times (-6) = \frac{2}{3} \times (-3) + \frac{1}{3} \times (-6) = -4$$

である. よって，信念に対する文太の最適反応戦略は Y であり，Y が選ばれたときの x_{11} と x_{12} でのアリスの最適反応戦略は，それぞれ A と T である（すなわち AT）. したがって，TT ではないため，アリスが TT を選ぶ完全ベイズ均衡はない.

---

4) この条件は，$P(h) > 0$ ならば $\mu(x) = P(x|h)$ と同じである.

- 次は，アリスが TA を選んだ場合を考えよう．整合的な信念は $\mu(x_{21}) = 1$，$\mu(x_{22}) = 0$ であった．文太が Y と N を選んだときの期待利得を信念を使って計算すると，Y を選んだときは

$$\mu(x_{21}) \times 0 + \mu(x_{22}) \times 0 = 1 \times 0 + 0 \times 0 = 0$$

であり，N を選んだときは

$$\mu(x_{21}) \times (-3) + \mu(x_{22}) \times (-6) = 1 \times (-3) + 0 \times (-6) = -3$$

である．つまり，アリスが TA を選んだとすると，文太は x_{21} で行動していると確定できるので，文太の利得は x_{21} で Y と N を選んだときの利得に等しい（したがって，実は期待値を計算する必要はない）．これより，信念に対する文太の最適反応戦略は Y である．

  Y が選ばれたときのアリスの最適反応戦略は AT であり，TA ではない．したがって，アリスが TA を選ぶ完全ベイズ均衡はない．

- 次は，アリスが AT を選んだ場合を考えよう．整合的な信念は $\mu(x_{21}) = 0$，$\mu(x_{22}) = 1$ であり，文太が Y と N を選んだときの期待利得は 0 と -6 である．したがって，文太の最適反応戦略は Y であり，Y が選ばれたときのアリスの最適反応戦略は AT である．AT が最適反応戦略であることから，これは完全ベイズ均衡となる．この完全ベイズ均衡における戦略の組は (AT, Y) であり，整合的な信念は $\mu(x_{21}) = 0$，$\mu(x_{22}) = 1$ となる．

- 最後に，アリスが AA を選んだ場合を考えよう．この場合は情報集合に到達しないため，整合的な信念は何でもよいことになる．そこで $\mu(x_{21}) = p$，$\mu(x_{22}) = 1 - p$ とおいて考えてみよう（p は $0 \leq p \leq 1$ を満たす任意の数）．このとき文太の期待利得は，Y を選んだときは

$$\mu(x_{21}) \times 0 + \mu(x_{22}) \times 0 = p \times 0 + (1 - p) \times 0 = 0$$

であり，N を選んだときは

$$\mu(x_{21}) \times (-3) + \mu(x_{22}) \times (-6) = p \times (-3) + (1 - p) \times (-6) = 3p - 6$$

である．このとき，$0 \leq p \leq 1$ では常に $0 > 3p - 6$ が成り立つ．よって，すべての p に対して文太の最適反応戦略は Y である．Y が選ばれたときのアリスの最適反応戦略は AT であり，AA ではないので，アリスが AA を選ぶ完全ベイズ均衡はない．   ¶

完全ベイズ均衡を求める手順は，一般的には難しい．しかし，このような先手と後手の2人ゲームの場合の純粋戦略の完全ベイズ均衡は，次の手順で求めることができる．

手順10　2人ゲームの純粋戦略の完全ベイズ均衡の求め方

STEP.1　先手のすべての純粋戦略を列挙し，その戦略ごとに，STEP.2以降を考える．

STEP.2　先手の戦略に対して，後手の整合的な信念を求める．

STEP.3　その整合的な信念に対する，後手の最適反応戦略（期待利得を最大にする戦略）を求める．

STEP.4　その後手の最適反応戦略に対して，先手の戦略が最適反応戦略になっていれば，完全ベイズ均衡であり，そうでなければ，その先手の戦略は完全ベイズ均衡にはならない．

STEP.5　すべての先手の戦略に対して，チェックが終われば終了．そうでなければSTEP.2へ．

8.2　シグナリングゲーム

不完備情報の展開形ゲームにおける典型的な例は，シグナリングゲームである．本節では，シグナリングゲームについて学ぶ．次のモデルを考えてみよう．

モデル28　アリスがインストラクターに

都心の坐禅道場「双葉」は，座禅ブームの高まりを受け，「座禅インストラクター」を募集することにした．この募集に応募する人のうち，1/4の人は禅の経験が豊富で能力が高いが（以下「高能力」とよぶ），3/4の人は禅の経験がほとんどなく，能力が低い（以下，「低能力」とよぶ）ことが知られている．双葉は，高能力の人を採用すれば利得は +1 であるが，低能力の人を採用すると利得は −1 であるとする．採用しない場合の利得は0である．

双葉は，禅に対する知識を測る「座禅検定」の資格によって，採用の可否を決めようと思っている．ここで，高能力の者が座禅検定の資格をとるときの費用を1としよう．この座禅検定は能力が低くても，一生懸命勉強すればとることができるので，必ずしも能力の高低を測れるものではない．ただ，低能力の者が座禅検定の資格をとるときは，費用が4かかるものとする．

ここで，一ノ瀬アリスがインストラクターに応募するとし，アリスが高能力のときと，低能力のときの2つの場合があると考える．アリスは，採用されれば利得は3であり，採用されなければ利得は0である．ただし，検定をとったときは，費用を引いた値を利得と考える．

さて，高能力と低能力のときで，アリスが座禅検定の資格を取得するかどうか，また双葉がアリスを採用するかどうかは，どのように変わるだろうか．

モデル28は，**シグナリングゲーム**とよばれるゲームである．シグナリングゲームでは，自分の情報（能力が高いか低いか）を有しているプレイヤー1（一ノ瀬アリス）は，先手，またはシグナルの**送り手**とよばれ，自分の情報を知らせる**シグナル**（今回は，資格をとるかどうか）を選ぶ．プレイヤー2

（双葉）は，後手，またはシグナルの**受け手**とよばれ，先手が発するシグナルを観察し，相手の情報を推測して行動を決める．

定義8.2　シグナリングゲームとは，5つの要素 $(T, S, A, p, (u_1, u_2))$ で定義される，次のような2人ゲームである．ここで，プレイヤー1が先手であり，プレイヤー2が後手である．

（1）　先手は後手がわからない情報をもっており，これを先手のタイプとする．先手のタイプの集合を T で表す．

（2）　最初に，自然が先手のタイプを確率で選ぶ．自然が選ぶタイプ t の確率（事前確率）を $p(t)$ で表す．

（3）　先手は，タイプごとにシグナルを選ぶ．シグナルの集合を S で表す．

（4）　後手は，先手のシグナルを観察し，それに応じて行動を選ぶ．行動の集合を A で表す．

（5）　両プレイヤーの利得は，先手のタイプ t と選んだシグナル s，および後手の選んだ行動 a によって決まる．先手と後手の利得を $u_1(s, a, t)$，$u_2(s, a, t)$ で表す．　¶

例8.5　モデル28では，アリスが先手（プレイヤー1）で，双葉が後手（プレイヤー2）であり，定義8.2の5つの要素は次のようになる．

（1）　アリスの経験ありのタイプを H（High），経験なしのタイプを L（Low）で表すと，タイプの集合 $T = \{H, L\}$．

（2）　事前確率 $p(H) = 1/4$，$p(L) = 3/4$．

（3）　アリスが資格をとることを Q（Qualified），とらないことを U（Unqualified）で表すと，シグナルの集合 $S = \{Q, U\}$．

（4）　双葉がアリスを採用することを Y（Yes），採用しないことを N（No）で表すと，行動の集合 $A = \{Y, N\}$．

（5）　両プレイヤーの利得は，$u_1(Q, Y, H) = 2$，$u_2(Q, Y, H) = 1, \cdots$ となる．　¶

モデル28は，特徴をうまく表すために，これまでのゲームの木を少し変えた図8.3のようなゲームの木で表されることが多い．

図8.3では，最初に x_0 で自然が先手のタイプを選ぶ．先手のタイプ H は x_{11} で，タイプ L は

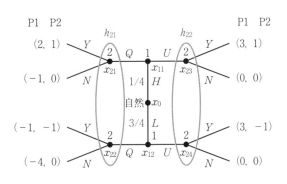

図8.3 モデル28のゲームの木

x_{12} で，それぞれ Q か U を選ぶ．先手が Q を選んだ場合，後手は情報集合 h_{21} で行動 Y か N を選ぶ．後手は，先手が Q を選んだことはわかるが，先手がタイプ H か L かはわからないため，x_{21} と x_{22} のどちらで行動しているかは識別できない．したがって，x_{21} と x_{22} は同じ情報集合 h_{21} に属しており，後手は情報集合 h_{21} において 1 つの行動 Y か N を選ぶことになる（x_{21} と x_{22} で異なる行動を選ぶことができない）．同じように後手は，先手が U を選んだときは情報集合 h_{22} で 1 つの行動を選ぶことになる．

先手のタイプとシグナル，後手の行動が決まると，両プレイヤーの利得が決まる．図 8.3 では，左に先手，右に後手の利得が書かれている（今回は，利得に P1 と P2 というラベルを付している）．

8.3 シグナリングゲームの解の例

シグナリングゲームは，逐次行動の不完備情報ゲームの典型的な例である．ここで，その完全ベイズ均衡を**シグナリングゲームの解**とよぶことにしよう．ここでは，まず図 8.3 を例として，その完全ベイズ均衡について考える．

◆ プレイヤーの戦略と信念

先手の戦略（純粋戦略）は，タイプ H とタイプ L がそれぞれどのシグナルを選ぶかを決めることである．これは図 8.3 において，x_{11}，x_{12} で選ぶ行動に相当する．そこで，先手のタイプ H とタイプ L が選ぶシグナルを左と右に並べて戦略を表すことにする．例えば，QU は「タイプ H が Q，タイプ L が U を選ぶ」戦略を表す．先手の戦略は，QQ，QU，UQ，UU の 4 つである．

後手の戦略（純粋戦略）は，先手が Q か U を選んだときに，それぞれどの行動を選ぶかを決めることである．そこで，先手が Q か U を選んだ場合に選ぶ後手の行動を左と右に並べて後手の戦略を表現することにする．例えば YN は，先手が Q を選んだ場合は Y，U を選んだ場合は N を選ぶ戦略である．図 8.3 において，この戦略の左と右の行動は，それぞれ情報集合 h_{21}，h_{22} で選ばれる行動に対応する．後手の戦略は，YY，YN，NY，NN の 4 つである．

情報集合 h_{21}，h_{22} には 2 つの点が含まれており，後手はそのどちらで行動しているかが確実にはわからない．完全ベイズ均衡では，後手がそれを確率で推測すると考え，その確率を信念とよぶのであった．ここで後手の信念を μ とし，$\mu(x)$ を後手が x で行動すると予測する確率であるとしよう．記号を簡便

にするため, h_{21} において,

$$\mu(x_{21}) = p, \qquad \mu(x_{22}) = 1 - p$$

とする. すなわち後手は h_{21} において, 自分が x_{21} と x_{22} で行動している確率を p と $1 - p$ で推測しているものとする. これは言い換えると, 後手は「先手が Q を選んだときに, タイプ H である確率を p, タイプ L である確率を $1 - p$」として推測していることになる. 同じように h_{22} において

$$\mu(x_{23}) = q, \qquad \mu(x_{24}) = 1 - q$$

とする.

◆ 純粋戦略の完全ベイズ均衡を求める

シグナリングゲームの完全ベイズ均衡を求めるのは一般には難しいが, 純粋戦略に限れば, p.231 手順 10 によって求めることができる. しかし, この手順をそのまま実行すると, 同じ計算を何度もしなければならないので, 予め次の計算をしておくとよい.

◆ 後手の期待利得と最適反応戦略

手順 10 の STEP.3 では, 後手の信念が与えられたときの情報集合 h_{21} と h_{22} における, 後手の最適反応戦略を求める必要がある. このために, **予め最適反応戦略を信念の範囲で場合分けしておくとよい.**

h_{21} において後手が Y を選んだときの後手の期待利得は, 自分が x_{21} で行動する確率を p, x_{22} で行動する確率を $1 - p$ であると推測していることから,

$$p \times 1 + (1 - p) \times (-1) = 2p - 1$$

となる. また, N を選んだときの後手の期待利得は,

$$p \times 0 + (1 - p) \times 0 = 0$$

となる.

このことより, $p \geq 1/2$ であれば Y を選ぶことが, $p \leq 1/2$ であれば N を選ぶことが, 後手の最適反応戦略の行動である ($p = 1/2$ のときは, Y も N も共に最適反応戦略の行動).

同じように, h_{22} において後手が Y を選んだときの後手の期待利得は $2q - 1$, N を選んだときの期待利得は 0 であり,

表 8.1 後手の信念と最適反応戦略

	$0 \leq q \leq 1/2$	$1/2 \leq q \leq 1$
$0 \leq p \leq 1/2$	NN	NY
$1/2 \leq p \leq 1$	YN	YY

$q \geq 1/2$ であれば Y を選ぶことが，$q \leq 1/2$ であれば N を選ぶことが，最適反応戦略の行動である（$q = 1/2$ のときは，Y も N も共に最適反応戦略の行動）．表にまとめると，表8.1となる．

◆ 整合的な信念

p.231 手順10のSTEP.2では，与えられた先手の戦略に対する後手の整合的な信念を求める必要がある．整合的な信念は，ベイズの定理の（6.5）式から求めるが，純粋戦略だけを考えれば，8.1節でみたのと同じように，もっと簡単に求められる．ここで改めて，先手の戦略ごとに，それを整理しよう．

まず，ベイズの定理との関係を明確にするために，純粋戦略だけではなく，先手の（混合戦略も含む）行動戦略を考える．ここで，先手のタイプ H が（x_{11} において），Q と U を選ぶ確率をそれぞれ σ^H と $1 - \sigma^H$ とし，先手のタイプ L が（x_{12} において），Q と U を選ぶ確率をそれぞれ σ^L と $1 - \sigma^L$ とする．ここで，例えば，$\sigma^H = 1$，$\sigma^L = 1$ である行動戦略は，純粋戦略 QQ と同じである．このように，σ^H と σ^L に確率1か0を割り振る戦略は純粋戦略となることに注意する．

まず，情報集合 h_{21} における整合的な信念を考える．$\mu(x_{21}) = p$，$\mu(x_{22}) = 1 - p$ より p について考えればよく，$\sigma^H \neq 0$ または $\sigma^L \neq 0$ であれば，ベイズの定理より，整合的な信念は

$$p = \frac{\dfrac{1}{4}\sigma^H}{\dfrac{1}{4}\sigma^H + \dfrac{3}{4}\sigma^L} \tag{8.1}$$

となる．もし $\sigma^H = 0$ かつ $\sigma^L = 0$ の場合は，p はいくつであってもよい．

情報集合 h_{22} においても，同じように q について考えればよく，$\sigma^H \neq 1$ または $\sigma^L \neq 1$ であれば，ベイズの定理より整合的な信念は

$$q = \frac{\dfrac{1}{4}(1 - \sigma^H)}{\dfrac{1}{4}(1 - \sigma^H) + \dfrac{3}{4}(1 - \sigma^L)} \tag{8.2}$$

となる．なお，$\sigma^H = 1$ かつ $\sigma^L = 1$ の場合は，q は何であってもよい．

これをもとに，先手が純粋戦略 QU，UQ，QQ，UU を選ぶときの整合的な信念を考える．

• 先手が QU を選ぶとき．QU は行動戦略で表すと，$\sigma^H = 1$，$\sigma^L = 0$ である．

したがって (8.1) 式，(8.2) 式より，整合的な信念は $p = 1$，$q = 0$ となる．これは「先手のタイプ H が Q，タイプ L が U を選ぶならば，後手は h_{21}（Q が選ばれたとき）では x_{21} で行動する確率が 1，h_{22}（U が選ばれたとき）では x_{23} で行動する確率が 0 と考える」ということである．各タイプが別の行動を選ぶ戦略では，情報集合において，どちらの意思決定点が実現しているかは確定的なので，一方が 1 になり，他方が 0 になる．ベイズの定理を使うまでもない．

- 同じように，UQ に整合的な信念は $p = 0$，$q = 1$ である．
- 先手が QQ を選ぶとき．QQ は行動戦略で表すと，$\sigma^H = 1$，$\sigma^L = 1$ となる．(8.1) 式から，h_{21} における整合的な信念は $p = 1/4$ となる．これは「先手のタイプ H と L が共に Q を選ぶのであれば，h_{21}（Q が選ばれたとき）には事前確率でタイプを推測する」ということである．事前確率で推測するため，やはりベイズの定理を使うまでもない．一方，q はどんな値でも整合的な信念となる．
- 同じように，UU に整合的な信念は h_{21} において p はどんな値でもよく，h_{22} では $q = 1/4$ となる．

準備が整ったので，p.231 手順 10 に従って，先手の 4 つの純粋戦略 QU，UQ，QQ，UU に対し，完全ベイズ均衡があるかどうかを調べてみる．

◆ 先手が QU を選ぶとき

整合的な信念は $p = 1$，$q = 0$ であり，これに対する後手の最適反応戦略は，表 8.1 より h_{21} で Y を，h_{22} で N を選ぶ YN である（実際には，表 8.1 を使うまでもなく，x_{21} と x_{24} における最適な選択を考えた方が早い）．

完全ベイズ均衡であるためには，先手の QU が，YN に対して最適反応戦略でなければならないので，これを確認する．先手のタイプ H（x_{11} で行動）は，後手が YN を選ぶとき，Q を選べば利得は 2，U を選べば利得は 0 であるから，Q を選ぶことが最適反応戦略である．またタイプ L（x_{12} で行動）は，後手が YN を選ぶとき，Q を選べば利得は -1，U を選べば利得は 0 であるから，U を選ぶことが最適反応戦略である．したがって，QU が YN に対して最適反応戦略であることが確認できた．

以上から，先手が QU を選び，後手が YN を選ぶことは完全ベイズ均衡であり，そのときの信念は $p = 1$，$q = 0$ である．

◆ 先手が UQ を選ぶとき

UQ における整合的な信念は $p = 0$, $q = 1$ であり，^{p.235} 表 8.1 より，後手の最適反応戦略は NY である（実際には，表を使うまでもない）.

完全ベイズ均衡であるためには，先手の UQ が NY に対して最適反応戦略でなければならない．しかし，先手のタイプ L は，後手が NY を選ぶとき，Q を選べば利得は -4，U を選べば利得は 3 であるから，U を選ぶことが最適反応戦略である．つまり UQ（タイプ L は Q を選ぶこと）は，最適反応戦略にはなっていない．よって，先手が UQ を選ぶことは完全ベイズ均衡にはならない.

◆ 先手が QQ を選ぶとき

QQ の整合的な信念は $p = 1/4$, q はどんな値でもよい．表 8.1 より，このとき $q \geq 1/2$ とすれば NY が，$q \leq 1/2$ とすれば NN が，後手の最適反応戦略となる.

完全ベイズ均衡であるためには，先手の QQ が NY か NN のどちらかに対して最適反応戦略でなければならないので，これを確認する.

後手が NY を選ぶとき，先手のタイプ H は Q を選べば利得は -1，U を選べば利得は 3 であるから，U を選ぶことが最適反応戦略の行動となり，QQ は最適反応戦略にならない.

また同じように，後手が NN を選ぶとき，先手のタイプ H は Q を選べば利得は -1，U を選べば利得は 0 であるから，U を選ぶことが最適反応戦略の行動となる．QQ は，やはり最適反応戦略にならない.

以上から，先手が QQ を選ぶことは，完全ベイズ均衡にはならない.

◆ 先手が UU を選ぶとき

UU の整合的な信念は，p はどんな値でもよく，$q = 1/4$ となる．このとき，表 8.1 より，$p \geq 1/2$ ならば YN が，$p \leq 1/2$ ならば NN が後手の最適反応戦略となる.

後手が YN を選ぶとき，先手のタイプ H は Q を選べば利得は 2，U を選べば利得は 0 であるから，Q を選ぶことが最適反応戦略の行動となり，UU は最適反応戦略にならない.

これに対し，後手が NN を選ぶとき，先手のタイプ H は Q を選べば利得は

-1, U を選べば利得は 0 であるから, U を選ぶことが最適反応戦略の行動となる. また, タイプ L は Q を選べば利得は -4, U を選べば利得は 0 であるから, U を選ぶことが最適反応戦略の行動となる. この場合は, UU が NN に対して最適反応戦略であることが確認できた. このことから, 先手が UU を選び, 後手が NN を選ぶことは完全ベイズ均衡となり, その信念は $0 \leq p \leq 1/2$, $q = 1/4$ である.

◆ 一括均衡と分離均衡

以上をまとめると, p.233 図 8.3 において, 純粋戦略のシグナリングゲームの解である完全ベイズ均衡は 2 つあり, それは表 8.2 にまとめることができる.

ここで, 均衡 1 では, 先手がタ

表 8.2　図 8.3 の完全ベイズ均衡

	均衡 1	均衡 2
先手の戦略	QU	UU
後手の戦略	YN	NN
信念	$p = 1$ $q = 0$	$0 \leq p \leq 1/2$ $q = 1/4$

イプごとに異なるシグナルを選んでいるのに対し, 均衡 2 では, すべてのタイプが同じシグナルを選んでいる. タイプごとに異なるシグナルを選ぶ, 均衡 1 のような均衡を**分離均衡**とよび, すべてのタイプが同じシグナルを選ぶ, 均衡 2 のような均衡を**一括均衡**とよぶ. **分離均衡では, 先手が, タイプごとに異なるシグナルを選ぶため, 結果として, 後手は相手のタイプをシグナルによって判別できる. つまり, 先手のもっている（後手にはみえない）情報を, 行動（シグナル）によって知ることができるのである. このことを「シグナリングがはたらく」という. これに対し一括均衡では, 先手の情報を後手は知ることができない.** シグナリングがはたらくかどうかは, シグナリングゲームの結果において最も重要な視点である.

定義 8.3　シグナリングゲームにおいて, 先手が, タイプごとに異なるシグナルを選ぶ均衡を分離均衡とよび, すべてのタイプが同じシグナルを選ぶ均衡を一括均衡とよぶ. ¶

8.4　シグナリングゲームの解の数式表現

本書では, 一般的な展開形ゲームにおける完全ベイズ均衡を数式で定義することは, 複雑になるから避けた. しかし, シグナリングゲームに限定すれば, それほど複雑にはならず完全ベイズ均衡を式で表すことができる. これをシグ

ナリングゲームの解とよぶ.

定義8.4　シグナリングゲーム $(T, S, A, p, (u_1, u_2))$ が与えられたとき，先手の行動戦略を σ_1，後手の行動戦略を σ_2，後手の信念を μ とする．ここで

- $\sigma_1(s|t)$ は，先手のタイプ t がシグナル s を選ぶ確率
- $\sigma_2(a|s)$ は，後手がシグナル s を観察したときに行動 a を選ぶ確率
- $\mu(t|s)$ は，シグナル s を観察したときに，それが先手のタイプ t が選んだと考える後手の信念

とする．このとき，$(\sigma_1, \sigma_2, \mu)$ が次の3つの条件を満たすならば，**シグナリングゲームの解**であるという.

先手の最適反応条件：先手のすべてのタイプ t が，どんな行動戦略 σ_1' を選んでも

$$\sum_{\hat{s} \in S} \sigma_1(\hat{s}|t) \sum_{\hat{a} \in A} \sigma_2(\hat{a}|\hat{s}) u_1(\hat{s}, \hat{a}, t) \geq \sum_{\hat{s} \in S} \sigma_1'(\hat{s}|t) \sum_{\hat{a} \in A} \sigma_2(\hat{a}|\hat{s}) u_1(\hat{s}, \hat{a}, t). \tag{8.3}$$

後手の最適反応条件：後手が観察するすべてのシグナル s に対して，どんな行動戦略 σ_2' を選んでも

$$\sum_{\hat{t} \in T} \mu(\hat{t}|s) \sum_{\hat{a} \in A} \sigma_2(\hat{a}|s) u_2(s, \hat{a}, \hat{t}) \geq \sum_{\hat{t} \in T} \mu(\hat{t}|s) \sum_{\hat{a} \in A} \sigma_2'(\hat{a}|s) u_2(s, \hat{a}, \hat{t}). \tag{8.4}$$

信念が整合的である条件：すべてのシグナル s に対して，$\sum_{\hat{t} \in T} p(\hat{t}) \sigma_1(s|\hat{t}) > 0$ であれば，μ は，すべてのタイプ t に対して

$$\mu(t|s) = \frac{p(t) \sigma_1(s|t)}{\sum_{\hat{t} \in T} p(\hat{t}) \sigma_1(s|\hat{t})}. \tag{8.5}$$

なお，$\sum_{\hat{t} \in T} p(\hat{t}) \sigma_1(s|\hat{t}) = 0$ であれば，μ はどんな確率であってもよい（すべての $t \in T$ に対して，$\mu(t|s) \geq 0$ かつ $\sum_{\hat{t} \in T} \mu(\hat{t}|s) = 1$ を満たせばよい）．　¶

なお，先手の最適反応条件（8.3）式は，「先手のすべてのタイプ t が，どんなシグナル s を選んでも

$$\sum_{\hat{s} \in S} \sigma_1(\hat{s}|t) \sum_{\hat{a} \in A} \sigma_2(\hat{a}|\hat{s}) u_1(\hat{s}, \hat{a}, t) \geq \sum_{\hat{a} \in A} \sigma_2(\hat{a}|s) u_1(s, \hat{a}, t) \tag{8.6}$$

となる」と同値となり，後手の最適反応条件（8.4）式は，「後手が観察するすべてのシグナル s に対して，どんな行動 a を選んでも

$$\sum_{\hat{t} \in T} \mu(\hat{t}|s) \sum_{\hat{a} \in A} \sigma_2(\hat{a}|s) u_2(s, \hat{a}, \hat{t}) \geq \sum_{\hat{t} \in T} \mu(\hat{t}|s) u_2(s, a, \hat{t}) \tag{8.7}$$

となる」と同値となることが証明できる．解を求める際には，こちらの条件の方が使いやすい.

例8.6　表8.2の均衡1がシグナリングゲーム p.233 図8.3の解であることを，定義8.4に従って確かめよう．表8.2の均衡1を $(\sigma_1, \sigma_2, \mu)$ とする．σ_1 は $\sigma_1(Q|H) = 1$，$\sigma_1(U|H) = 0$，$\sigma_1(Q|L) = 0$，$\sigma_1(U|L) = 1$ であり（表8.2では，

これを QU と表していた),また σ_2 は $\sigma_2(Y|Q) = 1$,$\sigma_2(N|Q) = 0$,$\sigma_2(Y|U) = 0$,$\sigma_2(N|U) = 1$ である(表8.2では,これを YN と表していた).μ は,$\mu(H|Q) = 1$,$\mu(L|Q) = 0$,$\mu(H|U) = 0$,$\mu(L|U) = 1$ である.

まず,この解が先手の最適反応条件を満たしていることを示そう.本来ならば,これは,あらゆる確率分布の戦略 σ_1' に対して(つまり,$\sigma_1'(Q|H) = x$,$\sigma_1'(U|H) = 1 - x$,$\sigma_1'(Q|L) = y$,$\sigma_1'(U|L) = 1 - y$ として,0から1までのあらゆる x と y に対して),(8.3)式が成り立つことを示さなければならない.しかし,これは面倒であるため,(8.6)式を使ってみよう.

まず,先手のタイプ H が,どんなシグナル s を選んでも,(8.6)式が成り立つことを示す.(8.6)式の左辺は

$$\sum_{\hat{s} \in S} \sigma_1(\hat{s}|H) \sum_{\hat{a} \in A} \sigma_2(\hat{a}|\hat{s}) u_1(\hat{s}, \hat{a}, H)$$
$$= \sigma_1(Q|H)(\sigma_2(Y|Q) u_1(Q, Y, H) + \sigma_2(N|Q) u_1(Q, N, H))$$
$$+ \sigma_1(U|H)(\sigma_2(Y|U) u_1(U, Y, H) + \sigma_2(N|U) u_1(U, N, H))$$

となり,さらにこの式に,$\sigma_1(Q|H) = 1$,$\sigma_1(U|H) = 0$,$\sigma_2(Y|Q) = 1$,$\sigma_2(N|Q) = 0$ を代入すると,$u_1(Q, Y, H)$ となる.すなわち,(8.6)式の左辺は「先手のタイプ H が Q を選び,後手が Y を選んだときの先手の利得」を意味している.

このように,(8.6)式は複雑にみえるものの,プレイヤーが混合戦略を用いていない場合は,ただ1つの純粋戦略の組に関する利得に過ぎない.(8.6)式の右辺も $s = Q$ のときは $u_1(Q, Y, H)$ を,$s = U$ のときは $u_1(U, N, H)$ を表しているので,タイプ H に対して「すべてのシグナルについて(8.6)式が成り立つ」とは,結局,

$$u_1(Q, Y, H) \geq u_1(U, N, H)$$

が成り立つ,ということをいっているに過ぎない.$u_1(Q, Y, H) = 2$,$u_1(U, N, H) = 0$ であるから,これは成り立つ.

同じように,先手のタイプ L について,どんなシグナル s に対しても(8.6)式が成り立つとは,$u_1(U, N, L) \geq u_1(Q, Y, L)$ が成り立つということと同じであり,$u_1(U, N, L) = 0$,$u_1(Q, Y, L) = -1$ であるから,これも成り立つ.

次に,後手の最適反応条件を確認してみよう.これも(8.7)式を使うと混合戦略ではない場合は簡単になる.後手が,シグナル Q を観察したときは,(8.7)式の左辺は

$$\sum_{\hat{t} \in T} \mu(\hat{t}|Q) \sum_{\hat{a} \in A} \sigma_2(\hat{a}|Q) u_2(Q, \hat{a}, \hat{t})$$
$$= \mu(H|Q)(\sigma_2(Y|Q) u_2(Q, Y, H) + \sigma_2(N|Q) u_2(Q, N, H))$$
$$+ \mu(L|Q)(\sigma_2(Y|Q) u_2(Q, Y, L) + \sigma_2(N|Q) u_2(Q, N, L))$$

となるが,計算すると $u_2(Q, Y, H)$ となり,「先手のタイプ H が Q を選び,後手が Y を選んだときの後手の利得」を意味している.つまり,「どんな行動を選んでも(8.7)式が成り立つ」とは

$$u_2(Q, Y, H) \geq u_2(Q, N, H)$$

が成り立つ,ということをいっているに過ぎない.$u_2(Q, Y, H) = 1$,$u_2(Q, N, H) = 0$

であるから，これは成り立つ．同じように，後手がシグナル U を観察したときは，
「$u_2(U, N, L) \geq u_2(U, Y, L)$ が成り立つ」ということと同じであり，これも成り立つ.

そして，信念が整合的である条件（8.5）式も成り立つので，$(\sigma_1, \sigma_2, \mu)$ はシグナリングゲームの解であることがわかる．   ¶

8.5 直観的基準

p.239 表8.2で示したように，シグナリングゲーム p.233 図8.3の解には，分離均衡（均衡1）と一括均衡（均衡2）の2つの均衡があった．本節では，この一括均衡（均衡2）は**直観的基準**という考え方を満たさないという問題点があることを学ぶ．この直観的基準によって，シグナリングゲームにおける，いくつかの一括均衡を解の候補から除外し，精緻化によって解を絞り込むことができる.

例 8.7 表8.2の均衡2が直観的基準を満たさないとは，どういうことだろうか．この均衡2は「先手はタイプ H もタイプ L も U を選び，後手は先手が何を選んでも N を選ぶ」という戦略の組である．先手は，どちらのタイプも Q を選ばないので，先手が Q を選んだときの後手の信念 p は何であっても整合的になり，そこで $0 \leq p \leq 1/2$ のときには，この解は完全ベイズ均衡になるのであった.

ここで，先手のタイプ L が均衡の予測から外れて Q を選んだとすると，後手が Y を選べば先手の利得は -1，N を選べば利得は -4 になるので，どちらにしても，U を選んだ均衡の利得0よりは低くなる．そこで，先手のタイプ L は，**後手の信念が，均衡の信念に限らずいくつであっても，Q を選ぶことはない**，ことがわかる．よって，もし完全ベイズ均衡の予測と異なり，先手が Q を選んだならば，後手はタイプ L が Q を選んだとは考えず，タイプ H であると確信するだろう.

そこで，先手が均衡から外れて Q を選んだならば，後手はタイプ H であるという信念をもつ（すなわち，$\mu(H|Q) = 1$）としよう．このとき，後手の最適反応は Y を選ぶことである．もし，後手が Y を選ぶならば，タイプ H は，一括均衡のシグナル U を選ぶより（利得0），逸脱してシグナル Q を選んだ方がよい（利得2）．このことを「直観的基準を満たさない」とよぶ．   ¶

Cho and Kreps (1987) は直観的基準を定義し，すべてのシグナリングゲームにおいて直観的基準を満たす解が存在することを示した．直観的基準の一般的な定義は複雑であるが，タイプが2つの場合に限れば，それほど複雑ではない．本書では，タイプが2つの場合に限って，直観的基準を定義する.

定義 8.5 先手のタイプが2つの $T = \{t, t'\}$ のシグナリングゲームを考え，「先手がどちらのタイプも同じ行動 s を選ぶ」一括均衡が存在したとしよう．ここで，両タイプが選ばない s 以外のシグナルを s' としたとき，次の3つの条件が満たされる

ならば，この一括均衡は**直観的基準を満たさない**という．

（1） シグナル s' を受け取ったときに，ある信念で最適反応戦略になりうる後手の行動の集合を A とする．

（2） 先手の一方のタイプ t は，シグナル s' を選んだときに，後手が A の中のどの戦略を選んだとしても，シグナル s' を選ぶよりは，一括均衡のシグナル s を選んでいる方が利得が高い．

（3） 後手が「シグナル s' が選ばれたときは，もう一方のタイプ t' であるという信念を確率1である」として，その信念に対する最適反応を選ぶとき，先手のタイプ t' は，一括均衡のシグナル s を選ぶよりも，s' を選ぶ（均衡から逸脱する）方が利得が高くなる． ¶

例8.8 例 8.7 とやや重複するが，定義に従って $^{\text{p.239}}$ 表 8.2 の均衡2が直観的基準を満たさないことを確かめてみよう．均衡2において，先手の両タイプが選ぶシグナルは $s = U$ で，選ばないシグナルは $s' = Q$ であった．

（1） 後手は，シグナル Q を受け取ったときに，信念が $0 \leq p \leq 1/2$ であれば N，$1/2 \leq p \leq 1$ であれば Y が最適反応戦略であるから，最適反応戦略になりうる行動の集合 A は，$A = \{Y, N\}$ となる．

（2） 先手のタイプ L は，シグナル Q を選んだときに，後手が A の中のどの戦略を選んだとしても（利得は -1 か -4），一括均衡のシグナル U を選んでいる方が，利得は0で高くなる．

（3） 後手が「シグナル Q が選ばれたときに，それはタイプ H である」という信念を確率1とするならば，その信念の最適反応戦略は Y である．後手が Y を選ぶならば，先手のタイプ H は，一括均衡のシグナル U を選ぶよりも，Q を選ぶ（均衡から逸脱する）方が利得が高くなる．

以上より，均衡2の一括均衡は直観的基準を満たさない．

よって，シグナリングゲーム $^{\text{(p.233)}}$ 図 8.3）の解は表 8.2 の中の均衡1の分離均衡だけであるといえるので，このゲームは「シグナリングがはたらく」と結論できる． ¶

本章のまとめ

- 各情報集合内のどの意思決定点で行動しているかをプレイヤーが推測した確率を信念とよぶ.
- プレイヤーが予測した他のプレイヤーの戦略に対して, ベイズの定理によって導かれた信念を, 整合的な信念とよぶ.
- 逐次合理性とは, すべての情報集合に対して, プレイヤーが信念に対して最適反応戦略を選ぶことをいう.
- 完全ベイズ均衡は, 整合性と逐次合理性を満たす戦略の組と信念である. 不完備情報の展開形ゲームの解は, 完全ベイズ均衡である.
- 不完備情報の展開形ゲームにおける典型的な例は, シグナリングゲームである.
- 先手が, タイプごとに異なるシグナルを選ぶ均衡を分離均衡とよび, すべてのタイプが同じシグナルを選ぶ均衡を一括均衡とよぶ.
- 分離均衡では, 先手が, タイプごとに異なるシグナルを選ぶため, 結果として, 後手は相手のタイプをシグナルによって判別できるようになる. このことを「シグナリングがはたらく」という. シグナリングがはたらくかどうかは, シグナリングゲームの結果において最も重要な視点であるといえる.
- 直観的基準とよばれる考え方を満たさない一括均衡を解の候補から除外する精緻化によって, シグナリングゲームの解を絞り込める.

演習問題

8.1 図8.4のシグナリングゲームは, 次のようなゲームである.

- プレイヤー1のタイプは A と B の2つであり, その確率はそれぞれ 3/4 と 1/4 である.
- プレイヤー1は L か R を選ぶ.
- プレイヤー2は, プレイヤー1のタイプはわからないのに対して, L と R のどちらを選んだかはわかり, そのもとで U か D を選ぶ. その結果, 両プレイヤーの利得が決まる.

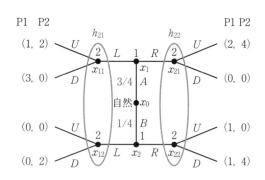

図8.4 演習問題8.1のゲームの木

- 利得は, プレイヤー1が左, プレイヤー2が右に書かれている.

このとき，純粋戦略のベイズ完全均衡について，次の問いに答えよ．

（1）　均衡の1つは分離均衡である．プレイヤー1の戦略，プレイヤー2の戦略，プレイヤー2の信念を求めよ．

（2）　均衡の1つは一括均衡である．プレイヤー1の戦略，プレイヤー2の戦略，プレイヤー2の信念を求めよ．

8.2　図8.5の2つのゲームは，プレイヤー1に2つのタイプHとLがあるシグナリングゲームである．プレイヤー1は自分のタイプを知ってAかBを選び，プレイヤー2はプレイヤー1のタイプはわからないが，プレイヤー1がAとBのどちらを選んだのかを知って，YかNを選ぶ．

このゲームの完全ベイズ均衡を求め，各均衡が一括均衡か，分離均衡かを答えよ．

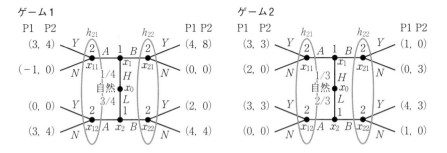

図 8.5　演習問題 8.2 のゲームの木

8.3　p.232 モデル28（図8.3）では，分離均衡と一括均衡の2つの完全ベイズ均衡があったが（8.3節），分離均衡のみが直観的基準を満たし，解は「シグナリングがはたらく」という結果になった（8.5節，例8.8）．

このモデル28について，与えられた条件を変化させて，結果がどのように変わるかを調べてみる．

（1）　低能力のアリスの資格取得費用を4から2に変えたとき，完全ベイズ均衡を求めよ．

（2）　低能力のアリスの資格取得費用が2に下がったことで，低能力のアリスは資格を取得するようになるか．また，高能力のアリスの行動は変化するか．

（3）　低能力のアリスの資格取得費用をxとするとき，シグナリングがはたらく（分離均衡が存在する）ためのxの範囲を求めよ．

（4）　低能力のアリスの資格取得費用を2としたときに，アリスが高能力である確率を1/4から3/4に変えると，結果はどのように変化するか．

8.4　次のストーリーは，Cho and Kreps（1987）が直観的基準について述べた論文において使われた例である．

敵対関係の部族に属するプレイヤー1と2が，アメリカ西部のホテルの朝食会場で出会った．プレイヤー1のグループは，高い確率 0.9 で決闘に強く（タ

イプ S, Strong), 確率 0.1 で決闘に弱い (タイプ W, Weak). しかし, プレイヤー 1 は, どちらのタイプであっても決闘は嫌いである. 一方, プレイヤー 2 のグループは決闘が好きで, プレイヤー 1 がタイプ W ならば勝てるため, 決闘を申し込みたい. しかし, タイプ S であれば負けるため, 決闘を申し込みたくない。

　ここで, プレイヤー 1 は, 朝食にビール (B, Beer) かキッシュ (Q, Quiche) かを選ぶ. 決闘に強いタイプ S は, 朝から豪快にビールを飲むことを好み, 決闘に弱いタイプ W は, 静かにキッシュを食べることを好む. そこで, プレイヤー 2 はプレイヤー 1 の選ぶ朝食を観察し (シグナルと考える), 選んだ朝食によって決闘を申し込むか (D：Duel), 申し込まないか (N：Not duel) を選ぶとする.

プレイヤー 1 は, 弱いタイプでも我慢してビールを飲み, 強いふりをして決闘を避けるかもしれない. ゲームの利得を次のように設定し, シグナリングゲームとして分析してみよう.

- プレイヤー 1 は, 決闘を申し込まれて, 好きでない方の朝食を食べることの利得が 0, 好きな朝食を食べられれば利得は 1 であり, 決闘を申し込まれなければ, さらに利得 2 が加わるものとする.
- プレイヤー 2 は, プレイヤー 1 がタイプ S のときに決闘を申し込むと利得は -1 で, タイプ W に決闘を申し込むと利得は 1 であるとする. 決闘を申し込まなければ利得は 0 とする.

次の問いに答えよ.

(1)　このシグナリングゲームをゲームの木で表せ.

(2)　完全ベイズ均衡をすべて求めよ. プレイヤー 1 の戦略は, タイプ S の選択を先に, タイプ W の選択を後に書いて, BB, BQ, QB, QQ のように表し, プレイヤー 2 の戦略は, 相手がビールを飲んだときの選択を先に, キッシュを食べたときの選択を後に書いて, DD, DN, ND, NN のように表せ.

(3)　(2) の均衡のうち, 直観的基準を満たす均衡を求めよ.

8.5　次のようなゲームを考えよう.

- アリスは, 文太を好きなタイプ (タイプ L：Like) と嫌いなタイプ (タイプ D：Dislike) の 2 つの可能性があり, その確率は 1/3 と 2/3 である. アリスは自分がどちらのタイプであるかを知っているのに対して, 文太はそれを知らない.
- アリスは告白する (T：Telling) か, 何もしない (N：Nothing) かを選ぶ. 何もしなければゲームは終わり, 両者の利得は 0.
- 文太は告白されたときに, アリスのタイプはわからないまま, 承諾 (A：Accept) か, 拒否 (R：Reject) を選ぶ.
- アリスが告白して文太が承諾したときは, アリスの利得はタイプ L なら 12, タイプ D なら 6 (文太を騙して嬉しい) とし, 文太は, アリスがタイプ L なら 10, タイプ D なら -5 であるとする (文太は自分を好きなアリスと両想いにな

りたいが，嫌いなアリスに騙されるのは避けたい）．

- 一方，アリスが告白して文太が拒否したときは，アリスの利得はタイプ L でも タイプ D でも -6 とし，文太はアリスがタイプ L なら -5 で，タイプ D なら 5 とする．

このゲームの完全ベイズ均衡を，混合戦略まで含めて求めたい．次の問いに答えよ．

(1)　このゲームをゲームの木として書け．

(2)　このゲームの純粋戦略の完全ベイズ均衡を求めよ．ここで，アリスのタイプ L と D が選ぶ行動，文太が選ぶ行動を求め，文太の情報集合 h における信念を，アリスがタイプ L である確率を p として表せ．

以下では，このゲームにおける混合戦略の完全ベイズ均衡を求めたい．混合戦略の完全ベイズ均衡で，タイプ L のアリスは確率 1 で T を選び，タイプ D のアリスは T と N を，それぞれ確率 x と $1-x$ で選ぶとする．また，文太は A と R を，それぞれ確率 y，$1-y$ で選ぶとする．

(3)　このような混合戦略における文太の整合的な信念 p を求め，x の式で表せ．

(4)　文太が A と R に正の確率を割り振るような混合戦略が最適反応戦略となるためには，文太が A と R を選ぶ期待利得が等しくなければならない．このときの p を求めよ．

(5)　文太が A と R を選ぶ期待利得が同じとなる信念が整合的になるような，アリスの混合戦略の確率 x を求めよ．

(6)　このときタイプ D のアリスは，N と T を選ぶ期待利得が等しくなければ，N と T に正の確率を割り振るような混合戦略を選ばない（最適反応戦略とはならない）．N と T を選ぶ期待利得が等しくなるような，文太の混合戦略 y を求めよ．

(7)　以上をまとめて，混合戦略の完全ベイズ均衡を答えよ．

9

協力ゲーム

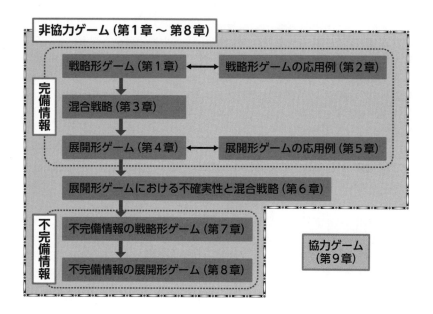

ゲーム理論は大きく分けて，非協力ゲームと協力ゲームがある．本書の最後となる本章では，協力ゲームについて学ぶ．

本章のキーワード

特性関数，特性関数形ゲーム，提携，全体提携，優加法的，費用分担ゲーム，節約ゲーム，投票ゲーム，協力ゲームの解，事実解明的な理論，規範的な理論，配分，コア，不満，ϵ-コア，最小コア，仁，限界貢献度，シャープレイ値，シャープレイ・シュービック投票力指数，別払い，ゼロ正規化

9.1 特性関数形ゲーム

9.1.1 特性関数形ゲームと定義

3人以上の社会や経済の分析には，提携という考え方が重要である．ゲーム理論には，個人が行動を選択することを基礎とする非協力ゲームと，提携が獲

得する利益を基礎とする協力ゲームの2つの理論がある．協力ゲームは非協力ゲームを基礎として作られ，互いに関連しているが，本書のような入門書では，むしろ協力ゲームは非協力ゲームと独立した理論であると捉えた方がわかりやすい．

ここでは，協力ゲームの中で最も一般的な**特性関数形ゲーム**について学ぶ．例として，次のモデルを考えよう．

モデル29　3社の共同出店ゲーム

駅前商店街の3店舗，一ノ瀬，二子山，三輪は，フランスで行われる日本食文化フェスティバルに共同出店しようと考えている．3店舗が共同で出店できれば，その利益は60万円であり，三輪が参加せずに一ノ瀬と二子山だけだと利益は30万，一ノ瀬と三輪だけだと利益は18万，…のように，共同出店に参加する企業によって，利益は異なるものとする．

参加企業と利益の関係は表9.1の通りである．

表9.1　参加企業と得られる利益

参加企業	利益
一ノ瀬だけ	12
二子山だけ	12
三輪だけ	0
一ノ瀬・二子山	30
二子山・三輪	36
一ノ瀬・三輪	18
一ノ瀬・二子山・三輪	60

各店舗は個別に出店したり，2店舗で合同出店するよりも，3店舗合同で出店して利益を分け合う方が高い利益が得られる．3店舗合同で出店した場合，どのように利益は分配されるべきか．

モデル29において，一ノ瀬，二子山，三輪を**プレイヤー**とよぶ．ここでは，一ノ瀬，二子山，三輪をプレイヤー1，2，3で表すことにしよう．プレイヤー全体の集合をNで表すと，$N = \{1, 2, 3\}$である．

ここで，プレイヤーの集合のことを**提携**とよぶ．提携は，「結託」とか「グループ」とよばれることもある．数学的には，提携はプレイヤー全体の集合であるNの部分集合であり（空集合は除く），例えば，一ノ瀬と二子山の提携は$\{1, 2\}$で，$\{1, 2\} \subseteq N$である．

定義9.1　プレイヤー全体の集合Nの空集合を除く部分集合を提携とよぶ．　¶

提携の利益・便益を**利得**とよび，提携に対して利得を対応させる関数を**特性関数**とよぶ．例えば，モデル29の特性関数をvとすると，vは以下のように表せる．

$$v(\{1\}) = 12, \qquad v(\{2\}) = 12, \qquad v(\{3\}) = 0, \qquad v(\{1,2\}) = 30,$$
$$v(\{2,3\}) = 36, \qquad v(\{1,3\}) = 18, \qquad v(\{1,2,3\}) = 60 \tag{9.1}$$

ここで，プレイヤーの集合 N も提携であることに注意しよう．N は**全体提携**とよばれることもあり，モデル29では $v(N) = 60$ である．また，プレイヤーが1人の集合 $\{1\}$ や $\{2\}$ も提携とよぶ[1]．なお，数学的には，空集合 $\emptyset$ も N の部分集合である．本書では，空集合 $\emptyset$ は提携とよばないが，常に $v(\emptyset) = 0$ としておき[2]，v をすべての N の部分集合に定義されるとしておく．

改めて特性関数形ゲームを次のように定義する．

定義9.2　特性関数形ゲーム (N, v) は，プレイヤー全体の集合 N と特性関数 $v: 2^N \to \mathbb{R}$ によって定義される．　¶

📖 数学表現のミニノート (6)

定義9.2に出てきた 2^N は，プレイヤー N のべき集合を表す．一般に，集合 A が与えられたとき，A のすべての部分集合の集合を A のべき集合とよび，2^A と表す．例えば，$A = \{a, b\}$ のとき

$$2^A = \{\{a\}, \{b\}, \{a, b\}, \emptyset\}$$

である．$N = \{1, 2, 3\}$ とすると

$$2^N = \{\{1\}, \{2\}, \{3\}, \{1, 2\}, \{2, 3\}, \{1, 3\}, \{1, 2, 3\}, \emptyset\}$$

である．$2^N \backslash \{\emptyset\}$ は上記のべき集合から，空集合を除いた集合を表す．　¶

協力ゲームの主たる関心は，（メンバーが重複しない）2つの提携 S と T が協力して，大きな提携 $S \cup T$ を作ると，個々の S と T で得られる合計以上の利益が発生するような状況について考察することにある．この状況は式で表すと，任意の提携 S, T に対して，$S \cap T = \emptyset$ ならば

$$v(S) + v(T) \leq v(S \cup T) \tag{9.2}$$

が成り立つ，ということになる．特性関数 v が (9.2) 式を満たすとき，ゲームは**優加法的**であるとよばれる．優加法的ではないゲームも多くあるが，本書では優加法的なゲームを扱う．

9.1.2 費用分担ゲーム

協力ゲームは，各提携における利得が与えられたもとで，それをどのように分配するかを考える問題が中心となる．しかし，問題によっては，提携ごとの

---

1)　個人であるプレイヤー i が得る利得である $v(\{i\})$ は，$v(i)$ や v_i と表すこともあるが（その方が簡便に書ける），本書では $v(\{i\})$ と統一して表すことにする．

2)　数学上のさまざまな証明が簡便になる．特に，シャープレイ値（9.4節）の場合．

費用が与えられ，その費用分担を考えるゲームもある．このようなゲームは**費用分担ゲーム**とよばれる．次のモデルを例に考えてみよう．

モデル 30　タクシーの割り勘問題

　一ノ瀬アリス，二子山文太，三輪キャサリンの 3 人は，同窓会の後の飲み会で終電を逃してしまい，タクシーに相乗りして帰ろうと考えている．アリス，文太，キャサリンが，自分だけタクシーで帰るとそれぞれ 9000 円，8000 円，7000 円かかる．アリスと文太，文太とキャサリン，アリスとキャサリンが相乗りをして帰ると，それぞれ 11000 円，9000 円，12000 円かかる．3 人で相乗りしても 12000 円である．3 人で相乗りするとき，それぞれいくら分担すればよいだろうか．

　一般的な費用分担ゲームを，次のように定義する．

定義 9.3　プレイヤー全体の集合を $N = \{1, \cdots, n\}$ としたとき，提携 S にかかる費用を $C(S)$ で表す．プレイヤー全員が協力したときの費用 $C(N)$ を各プレイヤーはどのように分担すべきか，というゲームを費用分担ゲームとよぶ．　¶

　特性関数形ゲームでは，便益や利益のように大きい方が良い値として提携に割り当てられているが，費用分担ゲームでは，提携に割り当てられている費用は小さい方が良い．しかし，**費用分担ゲームは，「各個人が別々に費用を負担したときに比べ，提携を組むことでいくら利益を得たか」と考えることで，特性関数形ゲームに変換できる**．すなわち，任意の提携 S に対して，

$$v(S) = \sum_{j \in S} C(\{j\}) - C(S)$$

とするのである．

　例えば，モデル 30 においてアリス，文太，キャサリンの 3 人をプレイヤー 1, 2, 3 とし，提携 $S = \{1, 2\}$ による利益を $v(S)$ とすると，

$$v(S) = \sum_{j \in S} C(\{j\}) - C(S) = (9000 + 8000) - 11000 = 6000$$

となり，また全体提携が得る利益は

$$v(N) = (9000 + 8000 + 7000) - 12000 = 12000$$

となる．

　この特性関数を考えると，費用分担ゲームは利益を分配する**節約ゲーム**とよばれるゲームに変換できる[3]．

---

[3]　節約ゲームに変換せず，費用分担を直接考察する理論もある．

モデル30において，節約ゲームの特性関数 v（単位は千円）を求めると

$$v(\{1\}) = 0, \qquad v(\{2\}) = 0, \qquad v(\{3\}) = 0, \qquad v(\{1,2\}) = 6,$$
$$v(\{2,3\}) = 6, \qquad v(\{1,3\}) = 4, \qquad v(\{1,2,3\}) = 12 \tag{9.3}$$

となる．

ここで，プレイヤー i に分配された利益が x_i ならば，プレイヤー i の負担する費用は $C(\{i\}) - x_i$ となる．例えばモデル30において，3人が得た利益12を均等に分配したとき（$x_i = 4$），各プレイヤーが支払う費用は $9 - 4 = 5$，$8 - 4 = 4$，$7 - 4 = 3$ となる．すなわち，アリス，文太，キャサリンは5000円，4000円，3000円を負担すればよい．

9.1.3　投票ゲーム

特性関数の値が0か1になる特殊なゲームとして，**投票ゲーム**[4] がある．

> **モデル31　投票ゲーム**
>
> 　ある国の議会は全部で100議席あり，A党，B党，C党，D党の4つの政党で占められている．各政党の議席数は，A党が40議席，B党が30議席，C党が19議席，D党が11議席である．議会で案を可決するためには，過半数の51票を獲得しなければならない．このとき，各政党の力について分析せよ．

モデル31におけるプレイヤーは，政党である．ここでA党，B党，C党，D党を A，B，C，D とし，プレイヤー全体の集合を $N = \{A, B, C, D\}$ で表す．投票ゲームでは，提携を組むことで案を可決できるかできないかによって，特性関数の値に1か0を割り当てる．モデル31では，特性関数は

$$v(\{A\}) = v(\{B\}) = v(\{C\}) = v(\{D\}) = 0$$
$$v(\{A,B\}) = v(\{A,C\}) = v(\{A,D\}) = 1$$
$$v(\{B,C\}) = v(\{B,D\}) = v(\{C,D\}) = 0$$
$$v(\{A,B,C\}) = v(\{A,B,D\}) = v(\{A,C,D\}) = v(\{B,C,D\}) = 1$$
$$v(\{A,B,C,D\}) = 1$$

となる．

---

4)　このような特性関数が0か1の値しかとらないゲームは**単純ゲーム**ともよばれる．

9.2 協力ゲームの解とコア

9.2.1 配分

協力ゲームでは，特性関数 v が与えられたときに，全体で得られる利得 $v(N)$ が「どのように分配されるか（実際にどうなるか）」，もしくは「どのように分配されるべきか（何が望ましいか）」を考える．この分配の概念を協力ゲームの解とよぶ．協力ゲームでは，多くの解が考えられており，本章ではコア，仁，シャープレイ値という 3 つの解について学ぶ．

社会科学の理論を考える際には，「実際にどのようになるか」と「どのようにあるべきか」のどちらについて述べているかを区別することが重要である．例えば囚人のジレンマにおいて，「どうなるか」というゲーム理論の解は「両プレイヤーが協力をしない」となり，「どうあるべきか」という解は「両プレイヤーが協力をすべき」となる．前者を事実解明的な理論，後者を規範的な理論とよび，ナッシュ均衡による解は前者で，パレート最適による解は後者である（2.1 節を参照）．

協力ゲームが，どちらの理論を扱っているかは意見が分かれるところである．本書では，規範的な理論として，どのような分配が望ましいかについて扱っていると考える．

これ以降は，n 人のプレイヤーに分配された利得の組を $x = (x_1, \cdots, x_n)$ で表す．x は，少なくとも，次の 2 つの条件を満たすべきであろう．

$$\sum_{j=1}^{n} x_j = v(N) \tag{9.4}$$

$$\forall i \in N, \quad x_i \geq v(\{i\}) \tag{9.5}$$

（9.4）式は，すべてのプレイヤーに分配された利得の合計は，全体で獲得する利得に一致しなければならないとする条件である．$\sum_{j=1}^{n} x_j > v(N)$ となる利得の分配は実現不可能であるし，$\sum_{j=1}^{n} x_j < v(N)$ であれば，全員で獲得した利得 $v(N)$ が分配されずに余っていることになる．そのときは，全員に $v(N) - \sum_{j=1}^{n} x_j$ を n 等分した利得を分配すれば，全員の効用を高くできる．このことから（9.4）式は，**パレート条件**（または全体合理性）とよばれる．

（9.5）式は，すべてのプレイヤーに分配された利得は，そのプレイヤーが個人で獲得する利得以上でなければならない，とする条件で**個人合理性**とよばれる．

パレート条件（9.4）式と個人合理性（9.5）式は，分配された利得が最低限満たす条件で，この 2 つの条件を満たす利得の組は**配分**とよばれる．優加法的

なゲームであれば，必ず配分は存在する．

9.2.2 コ ア

　協力ゲームの解の中で，最も基本的な解は**コア**である．コアは，どんな提携においても，提携内のプレイヤーの分配された利得の合計は，その提携で獲得する利得以上でなければならない，という考え方である．

> **定義 9.4**　任意の提携 S に対して，
> $$\sum_{j \in S} x_j \geq v(S) \tag{9.6}$$
> を満たす配分の集合をコアとよぶ．　¶

　コアは配分の集合であるから，(9.6) 式の他に (9.4) 式と (9.5) 式も満たさなければならない．(9.5) 式は (9.6) 式に含まれており，(9.4) 式を満たせば，提携 N に対して (9.6) 式は満たされる．したがって，条件を重複せずに表すとすれば，「任意の提携 S に対して」は「全体提携 N を除く 2 人以上の提携 S に対して」となる．

> **例 9.1**　(9.1) 式のゲームのコアを不等式の集合として表すと
> $$x_1 \geq 12, \quad x_2 \geq 12, \quad x_3 \geq 0$$
> $$x_1 + x_2 \geq 30, \quad x_2 + x_3 \geq 36, \quad x_1 + x_3 \geq 18 \tag{9.7}$$
> $$x_1 + x_2 + x_3 = 60$$
> となる．　¶

　3 人の特性関数形ゲームにおいて $v(\{1, 2, 3\})$ が正であれば，パレート条件 (9.4) 式を満たす利得の組は，高さ $v(\{1, 2, 3\})$ の正三角形で表現でき，これを用いると，コアなどの協力ゲームの解を図で表すことができる．図 9.1 の左図

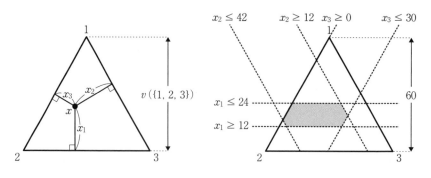

図 9.1　3 人ゲームの配分を表す正三角形と [p.249] モデル 29 のコア

は，高さが $v(\{1,2,3\})$ の正三角形である．この三角形の中の点 x において，頂点 1，2，3 に向かい合う辺（すなわち，辺 23，13，12）に下ろした垂線の長さを，それぞれ x_1, x_2, x_3 とすると，この点は常に $x_1 + x_2 + x_3 = v(\{1,2,3\})$ となり，パレート条件（9.4）式を満たす利得の組 $x = (x_1, x_2, x_3)$ を表す．

p.249 モデル 29 のコア，すなわち（9.7）式で表される不等式の領域を図 9.1 の三角形内に図示してみよう．$x_1 + x_2 + x_3 = 60$ を用いると，$x_1 + x_2 \geq 30$，$x_2 + x_3 \geq 36$，$x_1 + x_3 \geq 18$ は，それぞれ $x_3 \leq 30$，$x_1 \leq 24$，$x_2 \leq 42$ と同値である．したがって（9.7）式は，

$$12 \leq x_1 \leq 24, \quad 12 \leq x_2 \leq 42, \quad 0 \leq x_3 \leq 30, \quad x_1 + x_2 + x_3 = 60 \quad (9.8)$$

と書き直せる．これより，コアは図 9.1 の右図の正三角形内の六角形（赤茶色の領域）として表せる．

例題 9.1　（9.3）式のゲームのコアを図示せよ．

[解]　（9.3）式より，コアが満たす不等式は

$$0 \leq x_1 \leq 6, \quad 0 \leq x_2 \leq 8, \quad 0 \leq x_3 \leq 6, \quad x_1 + x_2 + x_3 = 12$$

となるので，コアは図 9.2 のような高さ 12 の正三角形内における五角形として図示できる．

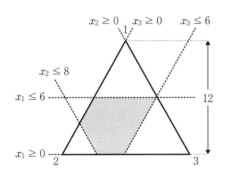

図 9.2　（9.3）式のゲームのコア

　コアに属する配分は，すべての提携 S が自分たちで獲得可能な利得 $v(S)$ 以上の分を提携内のプレイヤーに与えるので，その分配案はプレイヤーたちに拒否されない「安定した分配」となる条件である．しかしながら，コアに属する配分は必ず存在するわけではない．コアに属する配分が存在しない（コアが空集合である）典型的な例は，次の 3 人多数決の投票ゲームである．

例 9.2　3 人のプレイヤー $N = \{1,2,3\}$ による多数決の投票ゲームを考えてみよう．この場合，2 人のプレイヤーの提携は過半数を超えて案を可決でき，1 人では過

半数に満たないことから，特性関数は
$$v(\{1\}) = v(\{2\}) = v(\{3\}) = 0$$
$$v(\{1, 2\}) = v(\{2, 3\}) = v(\{1, 3\}) = 1$$
$$v(\{1, 2, 3\}) = 1$$
となる．(x_1, x_2, x_3) がコアの配分であるためには，$x_1 + x_2 \geq 1$，$x_2 + x_3 \geq 1$，$x_1 + x_3 \geq 1$ でなければならない．最初の 2 つの不等式と $x_1 + x_2 + x_3 = 1$ と $x_1 \geq 0$，$x_3 \geq 0$ から，コアに属する配分であるためには $x_1 = 0$，$x_3 = 0$ でなければならないが，これは $x_1 + x_3 \geq 1$ を満たさない．したがって，コアに属する配分は存在しない．　¶

　例 9.2 のように，コアは空になることがある．どのようなときにコアは空になり，どのようなときに空にならないかはさまざまなゲームで研究されている．一般的には，コアが非空[5]となる必要十分条件は平衡集合族とよばれる概念により記述できるが，本書では扱わない（岡田（1996），中山，船木，武藤（2008）などを参照）．

　また，次の**凸ゲーム**は，コアが空にならないゲームの 1 つとして知られている．

> **定義 9.5**　任意の提携 S と T に対し，
> $$v(S) + v(T) \leq v(S \cup T) + v(S \cap T)$$
> を満たすゲームを凸ゲームという．　¶

　凸ゲームは経済学に関係するさまざまな協力ゲームに現れ，それらのゲームにおけるコアの存在を保証する．

9.3　最小コアと仁

9.3.1　不満，ϵ-コア，最小コア

　コアは，存在したとしても，一般的には多くの配分からなり，ただ 1 つの分配案を示すものではない．良い分配案を 1 つに決めるには，コアの中から，さらに何が良いかという基準を考えて配分を絞り込むことが必要である．提携の**不満**は，配分の優劣を考える基準の 1 つである．

> **定義 9.6**　利得の組 $x = (x_1, \cdots, x_n)$ に対して，
> $$e(S, x) = v(S) - \sum_{j \in S} x_j$$
> を，提携 S に対する不満とよぶ．　¶

---

5)　集合が空集合ではないことを非空という．

不満は，配分が与えられたときに，提携で獲得できる利得（**特性関数値**）と提携内のプレイヤーに分配された利得の合計との差である．各提携にとって，配分への不満は小さい方が良い（ただし，N は配分では常に不満が 0 となるので考えない）．**コア**は，「不満」という観点から考えると，すべての提携に対する不満が 0 以下になる配分であり，すなわち，

$$e(S, x) \leq 0$$

となる配分の集合である．

　そこで，さらに全体提携を除く任意の提携 S に対して

$$e(S, x) \leq \epsilon$$

として，$\epsilon < 0$ となれば，それはコアよりも，すべての提携にとって不満が小さくなり，良い配分になると考えられる．これを ϵ-**コア**とよぶ．

定義 9.7　全体提携ではない任意の提携 S に対して，

$$\sum_{j \in S} x_j \geq v(S) - \epsilon \tag{9.9}$$

を満たす配分の集合を ϵ-**コア**とよぶ．　¶

例 9.3　(9.1) 式のゲームの ϵ-コアを考えてみよう．(9.8) 式で用いた変形を考えると，ϵ-コアが満たす領域は

$$12 - \epsilon \leq x_1 \leq 24 + \epsilon, \quad 12 - \epsilon \leq x_2 \leq 42 + \epsilon, \quad -\epsilon \leq x_3 \leq 30 + \epsilon$$
$$x_1 + x_2 + x_3 = 60$$

$$\tag{9.10}$$

と書き直せる．$\epsilon = -3$ のとき，ϵ-コアは図 9.3 の左図のような六角形で表せる．

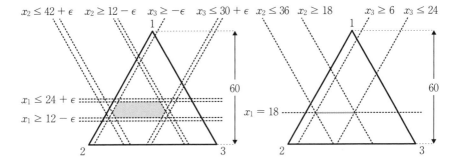

図 9.3　(9.1) 式のゲームの ϵ-コア（$\epsilon = -3$）と最小コア　　¶

ここで，ϵ-コアにおける ϵ が小さいほど良い配分であると考えれば，空にならない最小の ϵ に対する ϵ-コアの配分が一番良い．これを**最小コア**とよぶ．

（9.1）式のゲームで，ϵ-コアが空にならないように ϵ をどこまで小さくできるか考えてみよう．ここでは x_1 に関する制約が一番厳しく，ϵ を -6 より小さくすると，$x_1 \geq 12 - \epsilon$ と $x_1 \leq 24 + \epsilon$ の制約が交差し，（9.10）式を満たす領域は空となってしまう．よって，$\epsilon = -6$ となる ϵ-コアが最小コアである．これは図 9.3 の右図の正三角形内にある赤茶色の太線の線分となり，その領域は

$$x_1 = 18, \qquad x_2 + x_3 = 42, \qquad 18 \leq x_2 \leq 36$$

と表せる[6]．

9.3.2 仁

（9.1）式のゲームは，最小コアを考えたとしても，まだ複数の配分が存在した．そこで，さらにその中の優劣を考えてみよう．ここで，最小コアに属する $y = (18, 18, 24)$，$z = (18, 24, 18)$ という 2 つの配分を不満の観点から比べてみる．表 9.2 は，y と z に対する各提携の不満を表したものである．

表 9.2 y と z に対する各提携の不満（N を除く）

提携	不満					
	{1}	{2}	{3}	{1, 2}	{2, 3}	{1, 3}
$y = (18, 18, 24)$	-6	-6	-24	-6	-6	-24
$z = (18, 24, 18)$	-6	-12	-18	-12	-6	-18

提携の中の最大の不満は，y も z も -6 で同じである．そこで，最大の不満だけではなく，2 番目に大きい不満，3 番目に大きい不満，…と大きい順に並べて比べてみよう．ここで，$\theta(x)$ を「配分 x において，全体提携 N を除く提携の不満を大きい順に並べたベクトル」としよう．上記の例だと，

$$\theta(y) = (-6, -6, -6, -6, -24, -24)$$
$$\theta(z) = (-6, -6, -12, -12, -18, -18)$$

となる．$\theta(y)$ と $\theta(z)$ を比べると，1 番目，2 番目の要素は同じであるのに対し，3 番目の要素は $\theta(z)$ の方が小さい．つまり y と z は，提携の最大の不満

6） p.249 モデル 29 は，最小コアが簡単に求められるような数値例になっている．しかし，一般的に最小コアを（手計算で）求めることは，3 人ゲームでも，難しい．ϵ-コアが空にならないような最小の ϵ を求める問題は，線形計画問題に帰着して，解くことができる．

と2番目に大きい不満は同じであるが，3番目に大きい不満は z の方が小さい．このことより，z は y よりも，不満の観点からは優れた配分といえる．

このことを一般化すると，2つの配分 y と z を比較するとき，その配分の不満を大きい順に並べた $\theta(y)$ と $\theta(z)$ を作り，その1番目の要素を比較し，もし同じなら2番目，それでも同じならば3番目，…と比較していけばよい．このような比較によって作られる順序を**辞書的順序**とよぶ．

📖 数学表現のミニノート (7)

2つの K 次元ベクトル $a = (a_1, \cdots, a_K)$, $b = (b_1, \cdots, b_K)$ に対し，ある $k\,(1 \leq k < K)$ が存在して，

$$i < k \text{ では } a_i = b_i, \qquad i = k \text{ では } a_i > b_i$$

のときに「a は b より大きい」とする順序を辞書的順序とよぶ．ここで，このことを $a > b$ と表すと，「$>$」という記号が，どのような大小比較に基づいているかわからず混乱するため，本書では辞書的順序による大小を $>_L$ という記号で表す．　¶

上記の2つの配分 y と z に辞書的順序をつけると，$y >_L z$ となる．そして，不満の観点から一番良い配分は，辞書的順序で最小となる配分といえる．これを**仁**とよぶ．

定義 9.8　配分 x が，すべての配分 $y \neq x$ に対して，$\theta(y) >_L \theta(x)$ を満たすとき，x を仁とよぶ．　¶

仁には次の性質が成り立つ（証明は岡田（1996），中山，船木，武藤（2008）などを参照）．

命題 9.1　配分が存在すれば，仁は必ず存在し，それはただ1つである．したがって，優加法的なゲームには，仁は必ず1つだけ存在する．　¶

コアが非空であれば，仁は必ずコアに属する．また，コアが空であっても，（優加法的なゲームでは）仁は必ず存在して，配分が1つに決まることから，協力ゲームの代表的な解として知られている．

例 9.4　(9.1) 式のゲームの仁を求めてみよう．図9.3の左図の ϵ-コアにおいて $\epsilon = -6$ としたものが，図9.3の右図の最小コアであった．ϵ-コアにおいて，x_1 に関する制約は $\epsilon = -6$ より小さくすることはできないが，x_2 と x_3 に関する制約はさらに ϵ を小さくできる．そこで $x_1 = 18$ だけは固定し，x_2 と x_3 に対する制約の ϵ をさらに小さくしていくと，$\epsilon = -15$ で x_2 と x_3 に関する制約が同時に限界を迎える．このとき，$x_2 = 27$, $x_3 = 15$ である．このことから，(9.1) 式のゲームの仁は

$x = (18, 27, 15)$ である．　¶

　一般的に仁を求めるのは難しい[7]が，3人ゲームで仁を求める方法については，9.5節で学ぶ．

9.4　シャープレイ値と投票力指数

　仁と並ぶ協力ゲームの代表的な解として，**シャープレイ値**がある．本節では，(9.1) 式のゲームを例に，その考え方を学ぶ．

　(9.1) 式のゲームでは，全体提携で $v(N) = 60$ の利益が得られている．このとき，各プレイヤーの貢献度はいくらだと考えられるだろうか．提携 S に対して

$$v(S \cup \{i\}) - v(S)$$

を「プレイヤー i の S に対する**限界貢献度**」とよぶ．限界貢献度は，ある提携 S に i が加わったことで増加する利益を表す．なお，$v(\emptyset) = 0$ としたので (9.1.1 項)，S が空集合のときは $v(\{i\}) - v(\emptyset) = v(\{i\})$ となり，i に対する限界貢献度は，i が1人で生み出す利益になる．

　全体提携 N の利益を各プレイヤーの限界貢献度に分けてみよう．ここで，「プレイヤーが 2, 3, 1 の順番で加わって全体提携が作られた」と考えると，

- 何もないところから，2 は $v(\{2\}) = 12$ の利益を生み出した．
- $\{2\}$ に 3 が加わったことで，$v(\{2, 3\}) - v(\{2\}) = 36 - 12 = 24$ の利益が増加した．
- $\{2, 3\}$ に 1 が加わったことで，$v(\{1, 2, 3\}) - v(\{2, 3\}) = 60 - 36 = 24$ の利益が増加した．

となり，この場合は，プレイヤー i の限界貢献度 x_i は $(x_1, x_2, x_3) = (24, 12, 24)$ である．

　しかし，この限界貢献度は提携が作られる順番を変えれば変化する．例えば，順番が 1, 2, 3 であれば，プレイヤーの限界貢献度は $(x_1, x_2, x_3) = (12, 18, 30)$ となる．

　そこで「プレイヤーのすべての順列」を考え，各順列に沿って提携が作られるとして，すべての順列に対する限界貢献度の平均値を計算する．これが

---

7)　線形計画法を繰り返し解けばよいと書かれている文献もある．しかし，複数の最適解があるときにはそれを列挙しなければならないため，それほど単純ではない．

シャープレイ値である.

シャープレイ値を式で表してみよう. ここで 1 つの順列 π は, N から N への関数と考えられる.

📝 数学表現のミニノート (8)

プレイヤーの順列は, N から N への 1 対 1 対応の関数 π として考えられる. ここで $\pi(i)$ は, プレイヤー i が順列の何番目であるかを指す. 例えば, 2, 3, 1 という順列を π とすると

$$\pi(1) = 3, \qquad \pi(2) = 1, \qquad \pi(3) = 2$$

となる. また 3, 2, 1 という順列を π とすると

$$\pi(1) = 3, \qquad \pi(2) = 2, \qquad \pi(3) = 1$$

となる. ¶

順列 π が与えられたとき, プレイヤー i より前の順番のプレイヤーの集合を $S_{i,\pi}$ とする. すなわち,

$$S_{i,\pi} = \{k \in N \mid \pi(k) < \pi(i)\}$$

と定義する. 順列 π が与えられ, その順番でプレイヤーが提携に加わったときのプレイヤー i の限界貢献度は

$$v(S_{i,\pi} \cup \{i\}) - v(S_{i,\pi})$$

となる.

すべての順列を考えると, その数は $n!$ であるから, 限界貢献度の平均値であるシャープレイ値は次のように定義できる.

定義 9.9 すべての順列の集合を Π とするとき,

$$\phi_i = \frac{1}{n!} \sum_{\pi \in \Pi} v(S_{i,\pi} \cup \{i\}) - v(S_{i,\pi})$$

をプレイヤー i のシャープレイ値とよぶ. ¶

例 9.5 (9.1) 式のゲームのシャープレイ値を求めてみよう. ここで, 順列 π を 2, 3, 1 としてみよう. プレイヤー 1 に着目すると, $S_{i,\pi} = \{2, 3\}$ であり,

$$v(S_{1,\pi} \cup \{1\}) - v(S_{1,\pi}) = v(\{1, 2, 3\}) - v(\{2, 3\}) = 60 - 36 = 24$$

プレイヤー 2 に着目すると, $S_{2,\pi} = \emptyset$ であり,

$$v(S_{2,\pi} \cup \{2\}) - v(S_{2,\pi}) = v(\{2\}) - v(\emptyset) = 12 - 0 = 12$$

プレイヤー 3 に着目すると, $S_{3,\pi} = \{2\}$ であり,

$$v(S_{3,\pi} \cup \{3\}) - v(S_{3,\pi}) = v(\{2, 3\}) - v(\{2\}) = 36 - 12 = 24$$

となる.

すべての順列 π に関して, プレイヤー i の限界貢献度 $v(S_{i,\pi} \cup \{i\}) - v(S_{i,\pi})$ を計算

表9.3   [p.249] モデル 29 の限界貢献度とシャープレイ値

順列	限界貢献度 $v(S_{i,\pi} \cup \{i\}) - v(S_{i,\pi})$		
π	プレイヤー 1	プレイヤー 2	プレイヤー 3
1, 2, 3	12	18	30
1, 3, 2	12	42	6
2, 1, 3	18	12	30
2, 3, 1	24	12	24
3, 1, 2	18	42	0
3, 2, 1	24	36	0
合計	108	162	90
平均	18	27	15

すると，表 9.3 のようになる．

　プレイヤー i のすべての順列の限界貢献度の合計は 108, 162, 90 であり，3! = 6 で割って平均を算出すると，シャープレイ値 (ϕ_1, ϕ_2, ϕ_3) は (18, 27, 15) となる．　¶

　(9.1) 式のゲームでは，シャープレイ値と仁が等しくなったが，一般には，この 2 つは異なる値になる．

　シャープレイ値は，仁と同じように，コアが存在しなくても必ず存在して，配分が 1 つに決まるので，協力ゲームの代表的な解として知られている．

命題 9.2　シャープレイ値には，次の性質が成り立つ（詳細は中山，船木，武藤 (2008)，船木（2012）などを参照）．

- シャープレイ値は，必ずただ 1 つ存在する．
- プレイヤー i と j が，i と j が属さないようなすべての提携 S に対して提携値が等しい，すなわち $v(S \cup \{i\}) = v(S \cup \{j\})$ であるとき，i と j のシャープレイ値は等しい．これをシャープレイ値の**対称性**とよぶ．
- プレイヤー i が，i の属さないすべての提携 S に対して $v(S \cup \{i\}) = v(S)$（すなわち，すべての提携に対して限界貢献度が 0）であるとき，i を**ナルプレイヤー**とよぶ．ナルプレイヤーのシャープレイ値は 0 である．
- 特性関数 v と w のプレイヤー i のシャープレイ値を $\phi_i(v)$，$\phi_i(w)$ とし，v と w の和となる特性関数 $v + w$ のプレイヤー i のシャープレイ値を $\phi_i(v + w)$ とすると，$\phi_i(v + w) = \phi_i(v) + \phi_i(w)$ となる．これをシャープレイ値の**加法性**とよぶ．
- すべての特性関数に対して，パレート条件（全体合理性），対称性，ナルプレイヤーの値が 0 になること，加法性，の 4 つを満たす分配方法は，シャープレイ値だけである．　¶

　ところで，シャープレイ値の計算を考えると，順列 1, 2, 3 と 1, 3, 2 における 1 の限界貢献度は，両方とも空集合 ∅ に 1 が加わった $v(\{1\}) - v(\emptyset) = 12$ である．同じように，順列 2, 3, 1 と 3, 2, 1 における 1 の限界貢献度は，両方とも $\{2, 3\}$ に 1 が加わった $v(\{1, 2, 3\}) - v(\{2, 3\}) = 60 - 36 = 24$ になる．

　よって，i が加わる前の提携が $\widehat{S}$ となる順列 π の組み合わせ数は，$|\widehat{S}|! |N - \widehat{S} - 1|!$ であるので，プレイヤー i のシャープレイ値は

$$\phi_i = \sum_{\widehat{S} \subset 2^N} \frac{|\widehat{S}|! |N - \widehat{S} - 1|!}{n!} (v(\widehat{S} \cup \{i\}) - v(\widehat{S}))$$

とも計算できる（集合 A に対し $|A|$ はその要素の数を表す）．

例題 9.2　p.252 モデル 31 のシャープレイ値を求めよ．

　[解]　モデル 31 のような投票ゲームでは，1 つの順列に関して，ただ 1 人のプレイヤー i の限界貢献度が 1 になり，他のプレイヤーの限界貢献度は 0 になる．このときプレイヤー i は，その順列での**ピボットプレイヤー**とよばれる．

　例えばモデル 31 において，順列 $ABCD$ を考えてみよう．このとき，$v(\{A\}) = 0$，$v(\{A, B\}) = v(\{A, B, C\}) = v(\{A, B, C, D\}) = 1$ であるから，B だけ限界貢献度が 1 であり，他のプレイヤーは 0 である．この場合は，B がピボットプレイヤーとなる．また，順列 $DBCA$ を考えると，$v(\{D\}) = v(\{B, D\}) = 0$，$v(\{C, B, D\}) = v(\{A, B, C, D\})$ $= 1$ であるから，C だけ限界貢献度が 1 であり，他のプレイヤーは 0 である．この場合は，C がピボットプレイヤーとなる．

　モデル 31 では，与えられた順列に従って各政党が提携に加わっていったとき，その議席の合計が初めて過半数 51 以上となる政党がピボットプレイヤーになる．24 個のすべての順列に対応するピボットプレイヤーを列挙すると，表 9.4 のようになる．

表 9.4　モデル 31 の限界貢献度とシャープレイ値

$ABCD : B$	$BACD : A$	$CABD : A$	$DABC : A$
$ABDC : B$	$BADC : A$	$CADB : A$	$DACB : A$
$ACBD : C$	$BCAD : A$	$CBAD : A$	$DBAC : A$
$ACDB : C$	$BCDA : D$	$CBDA : D$	$DBCA : C$
$ADBC : D$	$BDAC : A$	$CDAB : A$	$DCAB : A$
$ADCB : D$	$BDCA : C$	$CDBA : B$	$DCBA : B$

　シャープレイ値を計算するには，各プレイヤーがピボットプレイヤーとなった回数を数えて，それを $n!$ で割ればよい．A, B, C, D がピボットプレイヤーとなった回数は，それぞれ 12, 4, 4, 4 であり，$4! = 24$ であるから，シャープレイ値は，A が $1/2$，B と C と D は $1/6$ となる．

　例題 9.2 のような投票ゲームにおけるシャープレイ値は，議決を行う際の各政党の投票における「パワー」を表すと考えられ，**シャープレイ・シュービック投票力指数**とよばれる．興味深いことは，B と C と D は議席数は異なるが，投票におけるパワーは，この指数では同じになるということである．投票では過半数をとるかどうかの 0 か 1 かで結果が決まるため，投票力は議席数だけでは差が出ないことが現れている．このような投票ゲームにおける**投票力指数**は，シャープレイ・シュービック投票力指数以外にも，数多く提案されている（中山，船木，武藤（2008），船木（2012）などを参照）．

9.5　特性関数の正規化と解の公式

　投票力を測定する投票ゲームを除き，多くの協力ゲームでは各提携や各プレイヤーだけが獲得可能な利益を考慮しながら，全体で獲得した利益をいかに分配するかということが焦点になっている．その前提は，プレイヤーや提携が獲得する「利益」が，貨幣のようなものによって，(1) プレイヤーと提携に共通な尺度で測れ，(2) 分配や譲渡ができる，ということである．このような「利益」は**譲渡可能効用**とよばれ，分配や譲渡ができる貨幣などの手段は**別払い**とよぶ．このことから，本書で扱ってきた特性関数形ゲームは，譲渡可能効用協力ゲーム（TU ゲーム）とか，別払いのある協力ゲームなどとよばれることがある．協力ゲームは，その発展理論として別払いがないときの理論も考えられているが，本書では扱わない．

　別払いのある協力ゲームは，特性関数 v を正の 1 次変換で変換しても同じゲームであると考えられる．すなわち，v をある正の定数 a と各プレイヤーごとの定数 $b_1, \cdots, b_n$ によって

$$w(S) = av(S) + \sum_{i \in S} b_i, \qquad \forall S \subseteq N \tag{9.11}$$

と変換しても，同じゲームであると考えられる．例えば，貨幣のような共通の価値尺度を定数倍したり（「円」で測っていた値を「ドル」で測るなど），利益が 0 であると考える点をプレイヤーごとに変えたりしても，同値ゲームと考えられるということである．

　このことは，特性関数 v と w が (9.11) 式の関係にあるとき，協力ゲームの解が特性関数 v では $x = (x_1, \cdots, x_n)$，w では $y = (y_1, \cdots, y_n)$ として得られたならば，

$$y_i = ax_i + b_i$$

を満たしている必要があるということを意味している．これを**正の1次変換か**
らの不変性とよぶ．実際に，仁もシャープレイ値も正の1次変換からの不変性
を満たしている．また，コアも，上記の変換によって各点が1対1に対応して
いる．

協力ゲーム理論の構築や，仁やシャープレイ値などの解の計算においては，
(9.11) 式の変換を考えた方が簡単な場合がある．特に，(9.11) 式において，
$a = 1$，$b_i = -v(\{i\})$，すなわち

$$w(S) = v(S) - \sum_{i \in S} v(\{i\}), \qquad \forall S \subseteq N \tag{9.12}$$

とすると，すべてのプレイヤー i に関して $w(\{i\}) = 0$ となり，ゲームが扱いや
すくなる．この変換を**ゼロ正規化**とよぶ．**ゼロ正規化は，もとの特性関数で与**
えられた利益を「プレイヤーが自分で獲得できる利益に比べてどれだけ超過し
たか」という観点から変換したものである．

ゼロ正規化されたゲームで求めた仁やシャープレイ値を $y = (y_1, \cdots, y_n)$ と
すると，もとのゲームの解 $x = (x_1, \cdots, x_n)$ は $x_i = y_i + v(\{i\})$ となる．コア，仁，
シャープレイ値の，一般的な計算は手計算では難しいが，3人ゲームに関して
は，ゼロ正規化されたゲームにおける，コアの必要十分条件や，仁とシャープ
レイ値の公式があり，これによって，コアの存在を確かめたり，仁とシャープ
レイ値を求めることができる．

ここで，ゼロ正規化された3人ゲームの特性関数を w とすると，次のよう
な条件や公式が成り立つ．

◆ コアが非空である条件

コアが非空である必要十分条件は

$$w(\{1, 2\}) + w(\{2, 3\}) + w(\{1, 3\}) \leq 2w(\{1, 2, 3\}) \tag{9.13}$$

である（証明は船木（2012）などを参照）．

◆ シャープレイ値の公式

シャープレイ値 (y_1, y_2, y_3) は

$$y_1 = \frac{1}{6}[w(\{1, 2\}) + w(\{1, 3\}) + 2w(\{1, 2, 3\}) - 2w(\{2, 3\})]$$

$$y_2 = \frac{1}{6}[w(\{1, 2\}) + w(\{2, 3\}) + 2w(\{1, 2, 3\}) - 2w(\{1, 3\})] \qquad (9.14)$$

$$y_3 = \frac{1}{6}[w(\{1, 3\}) + w(\{2, 3\}) + 2w(\{1, 2, 3\}) - 2w(\{1, 2\})]$$

である（証明は船木（2012）などを参照）.

◆ 仁についての公式 (Leng and Parlar, 2010)

仁を (y_1, y_2, y_3) とする.

（I）　コアが空集合のときは

$$y_1 = \frac{1}{3}[w(N) + w(\{1, 2\}) + w(\{1, 3\}) - 2w(\{2, 3\})]$$

$$y_2 = \frac{1}{3}[w(N) + w(\{1, 2\}) + w(\{2, 3\}) - 2w(\{1, 3\})]$$

$$y_3 = \frac{1}{3}[w(N) + w(\{2, 3\}) + w(\{1, 3\}) - 2w(\{1, 2\})]$$

（II）　コアが非空のときは，少し込み入った場合分けを必要とする.
$w(\{1, 2\})$, $w(\{2, 3\})$, $w(\{1, 3\})$ を大きい順に並べたときに

$$w(\{i, j\}) \geq w(\{i, k\}) \geq w(\{j, k\}) \qquad (9.15)$$

となるようにプレイヤー i, j, k を対応させる. 単純化のために, $w(N) = w_N$, $w(\{i, j\}) = w_{ij}$, $w(\{i, k\}) = w_{ik}$, $w(\{j, k\}) = w_{jk}$ と表す. このとき,

$$3w_{ij} \geq w_{ij} + 2w_{ik} \geq w_{ij} + 2w_{jk}$$

となることに注意する.

（II-1）　$w_N \geq 3w_{ij}$ のとき

$$y_i = y_j = y_k = \frac{1}{3}w_N$$

（II-2）　$3w_{ij} \geq w_N \geq w_{ij} + 2w_{ik}$ のとき

$$y_i = y_j = \frac{1}{4}(w_N + w_{ij}), \qquad y_k = \frac{1}{2}(w_N - w_{ij})$$

（II-3）　$w_{ij} + 2w_{ik} \geq w_N \geq w_{ij} + 2w_{jk}$ のとき

$$y_i = \frac{1}{2}(w_{ij} + w_{ik}), \qquad y_j = \frac{1}{2}(w_N - w_{ik}), \qquad y_k = \frac{1}{2}(w_N - w_{ij})$$

（II-4）　$w_N \leq w_{ij} + 2w_{jk}$, かつ, $w_N \geq 2(w_{ik} + w_{jk}) - w_{ij}$ のとき

$$y_i = \frac{1}{4}\{w_N + w_{ij} + 2(w_{ik} - w_{jk})\}$$

$$y_j = \frac{1}{4}\{w_N + w_{ij} + 2(w_{jk} - w_{ik})\}$$

$$y_k = \frac{1}{2}(w_N - w_{ij})$$

(II - 5) $w_N \leq w_{ij} + 2w_{jk}$, かつ, $w_N \leq 2(w_{ik} + w_{jk}) - w_{ij}$ のとき[8]

$$y_i = \frac{1}{3}(w_N + w_{ij} + w_{ik} - 2w_{jk})$$

$$y_j = \frac{1}{3}(w_N + w_{ij} + w_{jk} - 2w_{ik})$$

$$y_k = \frac{1}{3}(w_N + w_{ik} + w_{jk} - 2w_{ij})$$

例題 9.3 (9.1) 式のゲームをゼロ正規化し，コアが非空であるかどうかを調べ，シャープレイ値と仁を求めよ．

[解] (9.12) 式によって，ゼロ正規化した特性関数を w とすると

$$w(\{1\}) = w(\{2\}) = w(\{3\}) = 0$$
$$w(\{1,2\}) = 6, \qquad w(\{2,3\}) = 24, \qquad w(\{1,3\}) = 6$$
$$w(\{1,2,3\}) = 36$$

となる．

このとき，$w(\{1,2\}) + w(\{2,3\}) + w(\{1,3\}) = 36$, $2w(\{1,2,3\}) = 72$ であるから (9.13) 式が成り立ち，コアが存在することがわかる．

w におけるシャープレイ値を (y_1, y_2, y_3) とすると (9.14) 式より，

$$y_1 = \frac{1}{6}[w(\{1,2\}) + w(\{1,3\}) + 2w(\{1,2,3\}) - 2w(\{2,3\})]$$

$$= \frac{1}{6}(6 + 6 + 72 - 48) = 6$$

$$y_2 = \frac{1}{6}[w(\{1,2\}) + w(\{2,3\}) + 2w(\{1,2,3\}) - 2w(\{1,3\})]$$

$$= \frac{1}{6}(6 + 24 + 72 - 12) = 15$$

$$y_3 = \frac{1}{6}[w(\{1,3\}) + w(\{2,3\}) + 2w(\{1,2,3\}) - 2w(\{1,2\})]$$

$$= \frac{1}{6}(6 + 24 + 72 - 12) = 15$$

で $(6, 15, 15)$ となる．もとのゲームのシャープレイ値を (x_1, x_2, x_3) とすると $x_i = y_i + v(\{i\})$ によって求めることができ，$(18, 27, 15)$ となる．これは[p.261] 例 9.5 で求めた値と一致する．

---

8) $w_N \leq 2(w_{ik} + w_{jk}) - w_{ij}$ であれば $w_N \leq w_{ij} + 2w_{jk}$ は常に成り立つ．場合分けをわかりやすくするため，冗長に記した．

一方, 仁については, $w(\{1, 2\})$, $w(\{2, 3\})$, $w(\{1, 3\})$ に対して

$$w(\{2, 3\}) \geq w(\{1, 3\}) \geq w(\{1, 2\})$$

が成り立つので, (9.15) 式より, $i = 3$, $j = 2$, $k = 1$ として公式を用いればよい. このとき, $w_N = 36$, $w_{ij} = 24$, $w_{ik} = w_{jk} = 6$ となり, $3w_{ij} \geq w_N \geq w_{ij} + 2w_{ik}$ が成り立つので, (II-2) より, w における仁を (y_1, y_2, y_3) とすると[9]

$$y_i = y_j = \frac{1}{4}(w_N + w_{ij}) = 15, \qquad y_k = \frac{1}{2}(w_N - w_{ij}) = 6$$

で $(6, 15, 15)$ となる. もとのゲームの仁を (x_1, x_2, x_3) とすると $x_i = y_i + v(\{i\})$ によって求めることができ, $(18, 27, 15)$ となる. これは, [p.259] 例 9.4 で求めた値と一致する.

本章のまとめ

- プレイヤーの集合を提携とよび, 提携に利益や便益を割り当てる関数を特性関数とよぶ.

- 協力ゲームでは多くの場合, 2 つの提携 S と T が協力して大きな提携 $S \cup T$ を作ると, 個々の S と T の合計で得られる利益以上が発生するような状況を分析する. このようなゲームを優加法的という.

- 特性関数形ゲームの例として, 費用分担ゲームや投票ゲームが考えられる.

- 特性関数形ゲームでは, 全員で獲得した利得をどのように分配するかが問題の中心となる. その協力ゲームの解には, コア, 仁, シャープレイ値などがある.

- 「実際にどのようになるか」という事実解明的な理論と, 「どのようにあるべきか」という規範的な理論を分けることが重要である.

- パレート条件と個人合理性を満たす分配は, 配分とよばれる.

- すべての提携に対して, 分配された利得の合計が, その提携の特性関数値以上になる配分の集合をコアという.

- コアは空になることがある. 凸ゲームはコアが空にならないゲームである.

- 良い配分を考える基準の 1 つに提携の不満があり, ϵ-コアはすべての提携の不満が ϵ 以下となる配分の集合である. 空にならない最小の ϵ に対する ϵ-コアを最小コアという.

- 提携の不満を大きい順に並べたベクトルに対して, 辞書的順序で最小となる配分を仁とよぶ. 仁は, 不満の観点で配分の優劣を考えた, 協力ゲームの代表的な解の 1 つである.

- あるプレイヤーが提携に加わったときに増加した利益を, そのプレイヤーの (その提携での) 限界貢献度とよぶ.

---

9)　(II-3) も成り立ち, それを使っても同じになる.

- 限界貢献度の平均値をシャープレイ値とよび，これは協力ゲームの代表的な解の1つである.
- 投票における提携の「パワー」を表す指数は投票力指数とよばれ，投票ゲームのシャープレイ値によって求めた投票力指数はシャープレイ・シュービック投票力指数とよばれる.
- すべてのプレイヤー i に関して，正の1次変換によって $v(\{i\}) = 0$ となるように変換することをゼロ正規化とよぶ.
- 3人ゲームでは，ゼロ正規化されたゲームの公式を用いて，仁とシャープレイ値を求めることができる.

演習問題

9.1 次の2つのゲームについてコアを図示し，シャープレイ値と仁を求めよ．また，シャープレイ値と仁も図に書き入れよ.

ゲーム1： $v(\{1\}) = 3$, $\quad v(\{2\}) = 6$, $\quad v(\{3\}) = 4$
$\qquad\qquad v(\{1,2\}) = 20$, $\quad v(\{2,3\}) = 18$, $\quad v(\{1,3\}) = 14$
$\qquad\qquad v(\{1,2,3\}) = 36$

ゲーム2： $v(\{1\}) = 0$, $\quad v(\{2\}) = 0$, $\quad v(\{3\}) = 0$
$\qquad\qquad v(\{1,2\}) = 27$, $\quad v(\{2,3\}) = 25$, $\quad v(\{1,3\}) = 8$
$\qquad\qquad v(\{1,2,3\}) = 36$

9.2 演習問題9.1の2つのゲームについて，最小コアの領域を求め，それを図示せよ.

9.3 A 君，B 君，C 君は，学園祭で「富士宮焼きそば」の模擬店を一緒に出し，18千円の利益を得た．A 君は，富士宮出身で焼きそばの焼き手である．B 君は，キャベツを刻んだり，テーブルを片付けるのが，素早い．C 君はイケメンで，お客の呼び込みに絶大な効果を発揮する.

もし，A 君がいなければ，焼きそばが焼けないので利益は0円，一方，A 君も1人だけだと焼きそばを売ることができないので，利益は0円である．A 君と B 君では，客の入りが今ひとつで利益は12千円である．一方，A 君と C 君だけだと仕事が片付かず，取れる客に限界があるので利益は9千円である．このとき，次の問いに答えよ.

(1) 特性関数の値をすべて求めよ.

(2) コアの領域を不等式で表して，図示せよ.

(3) 均等な分配（3人とも6千円）はコアに含まれるか？

(4) シャープレイ値と仁を求めよ.

9.4 ᵖ.²⁵¹ モデル30のタクシーの割り勘の問題を，料金を変えて計算してみよう．A 君と B 君と C 君は，飲み会で終電を逃してタクシーに相乗りして帰ろうと考えている．A 君と B 君と C 君が自分1人でタクシーで帰ると，それぞれ1600円，2000円，

2000 円かかる. *A* 君と *B* 君, *B* 君と *C* 君, *A* 君と *C* 君が相乗りをして帰ると, それぞれ 2800 円, 3600 円, 3000 円かかる. 3 人で相乗りすれば 4000 円で済む. 次の問いに答えよ.

(1)　各提携に対して *A* 君, *B* 君, *C* 君が自分 1 人で帰ったときの合計額から, その提携で払う差額を特性関数の値として考えて, 提携形ゲームを作る（節約ゲーム）. 特性関数は百円を単位とする. 例えば, *A* 君と *B* 君の特性関数の値 $v(AB)$ は, 2 人が別々に帰ったときにかかる費用の合計額 36 から, 2 人で相乗りしたときにかかる費用 28 を引いて $v(AB) = 8$ である. また, *A* 君の特性関数の値は $v(A) = 0$ である. すべての特性関数の値を求めよ.

(2)　シャープレイ値を求めよ. また, シャープレイ値における 3 人の割り勘の額は, それぞれいくらになるか.

(3)　正規化した特性関数を求め, 公式を用いて仁を求めてみよ. また, 仁における 3 人の割り勘の額は, それぞれいくらになるか.

付録 　確率の基本事項

　本書は，確率に関する知識を有している読者を想定している．しかし，確認と復習のため，確率の基本事項について，簡単にふれておく（詳細は確率論の本を参考にしてほしい）．

　不確実な現象を扱う確率モデルにおいては，まず，起こりうるすべての結果が何であるかを考える必要がある．

　起こりうるすべての結果の集合を**全事象**とよび，Ω で表す．そして，全事象の中での結果の集合，すなわち全事象の部分集合を**事象**とよぶ．また，ある事象 X に対して，「X が起こらない」という事象を**余事象**とよぶ．事象 X と余事象 $\bar{X}$ は，$X \cup \bar{X} = \Omega$，$X \cap \bar{X} = \emptyset$ の関係がある．

例 A.1　1 個のサイコロを振ったときに出る目について考える．「x の目が出る」という事象を ω_x で表すことにすると，全事象は $\Omega = \{\omega_1, \omega_2, \omega_3, \omega_4, \omega_5, \omega_6\}$ である．

　いま，「偶数の目が出る」という事象を A，「4 以下の目が出る」という事象を B とすると，$A = \{\omega_2, \omega_4, \omega_6\}$，$B = \{\omega_1, \omega_2, \omega_3, \omega_4\}$ である．このとき，A の余事象は $\bar{A} = \{\omega_1, \omega_3, \omega_5\}$ であり，これは，「偶数以外の目が出る（＝奇数の目が出る）」という事象を表す．また，B の余事象は $\bar{B} = \{\omega_5, \omega_6\}$ であり，これは，「4 以下の目以外が出る（＝ 5 以上の目が出る）」という事象を表す． ¶

　事象 X が起こる確率を $P(X)$ で表す（$P(\Omega) = 1$ とする）．例 A.1 において，すべての目が出る確率が同じであるとすれば，$P(A) = 1/2$，$P(B) = 2/3$ である．

　なお，事象が 1 つの要素からなる場合，例えば「2 の目が出る」という事象 $\{\omega_2\}$ に対しては，正確には「2 の目が出る確率」を $P(\{\omega_2\})$ と表さなければならない．しかし，これを簡単に $P(\omega_2)$ と表すこともある．

　事象 X と事象 Y のどちらかが起こる事象，すなわち「X または Y が起こる事象」を，事象 X と Y の**和事象**とよび，$X \cup Y$ で表す．例 A.1 では，$A \cup B = \{\omega_1, \omega_2, \omega_3, \omega_4, \omega_6\}$ であり，$P(A \cup B) = 5/6$ である．

　事象 X と Y が同時に起こらないとき（$X \cap Y = \emptyset$），X と Y は**排反**であるという．例えば，すべての事象 X に対し，その余事象 $\bar{X}$ は排反である．

　事象 X と Y が排反のとき，$P(X \cup Y) = P(X) + P(Y)$ となる．したがって，どんな事象 X でも $P(X) + P(\bar{X}) = 1$ が成り立つ．例えば，例 A.1 では $P(\bar{A}) = 1 - P(A) = 1/2$，$P(\bar{B}) = 1 - P(B) = 1/3$ である．

　事象 X と Y の両方が起こる事象，すなわち「X かつ Y が起こる事象」を事象 X

と Y の**積事象**とよび，$X \cap Y$ で表す．例えば，例 A.1 では $A \cap B = \{\omega_2, \omega_4\}$ であり，$P(A \cap B) = 1/3$ である．

ある事象とその余事象は排反であることを使うと，X と Y の2つの事象が与えられたときに，全事象を排反な4つの事象 $X \cap Y$, $X \cap \bar{Y}$, $\bar{X} \cap Y$, $\bar{X} \cap \bar{Y}$ に分割することができる（(p.130) 数学表現のミニノート（5））．すなわち，この4つの事象のうち，どれかの事象が必ず1つだけ起こり，2つが同時に起こることはない．

例 A.2　例 A.1 において，上記の分割を考えると

$A \cap B = \{\omega_2, \omega_4\}$：4以下の偶数の目が出る．

$A \cap \bar{B} = \{\omega_6\}$：5以上の偶数の目が出る．

$\bar{A} \cap B = \{\omega_1, \omega_3\}$：4以下の奇数の目が出る．

$\bar{A} \cap \bar{B} = \{\omega_5\}$：5以上の奇数の目が出る．

となる．これは図 A.1 のようなイメージで与えられる．これらの4つの事象の集合 $\{\{\omega_2, \omega_4\}, \{\omega_6\}, \{\omega_1, \omega_3\}, \{\omega_5\}\}$ は，全事象の分割である．

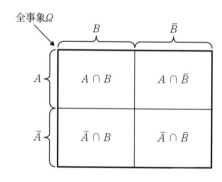

図 A.1　例 A.2 における
事象の分割　　　　　¶

いま，個々の「事象」に対して，ある実数が対応しているとき，それを対応させる関数を**確率変数**とよぶ．例えば，例 A.1 において，サイコロの出た目の数を対応させる確率変数を f で表すとしよう．このとき，$f(\omega_1) = 1$, $f(\omega_2) = 2$, $f(\omega_3) = 3, \cdots$ となる．

確率変数と確率の積を足し合わせたものを，（その確率変数の）**期待値**とよぶ．確率変数 f の期待値を $E[f]$ と表し，これは

$$E[f] = \sum_{\omega \in \Omega} P(\omega) f(\omega)$$

と表される．例えば，例 A.1 においては

$$E[f] = P(\omega_1) f(\omega_1) + \cdots + P(\omega_6) f(\omega_6)$$

$$= \frac{1}{6} \times 1 + \cdots + \frac{1}{6} \times 6 = 3.5$$

である．期待値は，確率変数がとる値の平均を表す概念である．

　「確率変数のとる値」と「事象」は混同しやすいため注意する必要がある．サイコロの目の平均値は 3.5 である．しかし，これはサイコロの目という事象の数を，そのまま確率変数の値に対応させたからであり，例えば，サイコロの目の数の 20 倍のお金が円でもらえるとすると，その期待値は，$g(\omega_1) = 20,\ g(\omega_2) = 40,\ g(\omega_3) = 60, \cdots$ のような確率変数 g を考え，

$$E[g] = P(\omega_1)\,g(\omega_1) + \cdots + P(\omega_6)\,g(\omega_6)$$

$$= \frac{1}{6} \times 20 + \cdots + \frac{1}{6} \times 120 = 70$$

となる．

参 考 文 献

- W. B. Arthur : Inductive reasoning and bounded rationality. *The American Economic Review*, **84** (2) (1994) 406-411.
- T. Beard and R. Beil : Do people rely on the self-interested maximization of others? an experimental test. *Management Science*, **40** (2) (1994) 252-261.
- C. F. Camerer : *Behavioral Game Theory*; *Experiments in Strategic Interaction*, Roundtable Series in Behaviorial Economics (Princeton University Press, 2003).
- H. Carlsson and E. van Damme : Global games and equilibrium selection. *Econometrica*, **61** (5) (1993) 989-1018.
- I. Cho and D. M. Kreps : Signaling games and stable equilibria. *The Quarterly Journal of Economics*, **102** (2) (1987) 179-221.
- R. Cooper, D. DeJong, R. Forsythe and T. Ross : Communication in the battle of the sexes game ; Some experimental results. *The RAND Journal of Economics*, **20** (4) (1989) 568-587.
- R. Cooper, D. DeJong, R. Forsythe and T. Ross : Selection criteria in coordination games ; Some experimental results. *The American Economic Review*, **80** (1) (1990) 218-233.
- D. Fudenberg and J. Tirole : *Game Theory* (MIT Press, 1991)
- J. C. Harsanyi : Games with incomplete information played by Bayesian players i-iii. *Management Science*, **14** (3) (1967, 1968) 159-182.
- J. C. Harsanyi and R. Selten : *A General Theory of Equilibrium Selection in Games* (MIT Press, 1988)
- M. Kandori, G. Mailath and R. Rob : Learning, mutation and long-run equilibria in games. *Econometrica*, **61** (1) (1993) 29-56.
- D. M. Kreps and R. Wilson : Sequential equilibria. *Econometrica*, **50** (4) (1982) 863-894.
- H. W. Kuhn : Extensive games and the problem of information. *In* H.W. Kuhn and A.W.Tucker, editors, *Contributions to the Theory of Games, Vol. II* (Princeton University Press, 1953) 193-216.
- M. Leng and M. Parlar : Analytic solution for the nucleolus of a three player cooperative game. *Naval Research Logistics*, **57** (2010) 667-672.
- R. D. McKelvey and T. R. Palfrey : Quantal response equilibria for normal form games. *Games and Economic Behavior*, **10** (1) (1995) 6-38.
- J. McMillan : *Games, Strategies and Managers* (Oxford University Press, 1992)

邦訳；伊藤秀史，林田 修（翻訳）：『経営戦略のゲーム理論 — 交渉・契約・入札の戦略分析』（有斐閣，1995）

・J. Mehta, C. Starmer and R. Sugden：The nature of salience；An experimental investigation of pure coordination games. *The American Economic Review*, **84**（3）（1994）658-673.

・D. Monderer and L. S. Shapley：Potential games. *Games and Economic Behavior*, **14**（1）（1996）124-143.

・J. F. Nash：Equilibrium points in n-person games. *Proceedings of the National Academy of Science*, **36**（1950）48-49.

・J. F. Nash：Non-cooperative games. *Annals of Mathematics*, **54**（1951）286-295.

・K. Nishihara：A resolution of n-person prisoners' dilemma. *Economic Theory*, **10**（1997）531-540.

・A. Okada：Strictly perfect equilibrium points of bimatrix games. *International Journal of Game Theory*, **13**（1984）145-153.

・A. Okada：The possibility of cooperation in an n-person prisoners' dilemma with institutional arrangements. *Public Choice*, **77**（3）（1993）629-656.

・W. Poundstone：*Prisoner's Dilemma；John von Neumann, Game Theory and the Puzzle of the Bomb*（Anchor, 1993）. 邦訳；松浦俊輔（翻訳）：『囚人のジレンマ — フォン・ノイマンとゲームの理論』（青土社，1995）

・T. Schelling：*The Strategy of Conflict*（Harvard Univercity Press, 1960）. 邦訳；河野 勝（翻訳）：『紛争の戦略 — ゲーム理論のエッセンス』（勁草書房，2008）

・R. Selten：Reexamination of the perfectness concept for equilibrium points in extensive games. *International Journal of Game Theory*, **4**（1）（1975）25-55.

・P. G. Straub：Risk dominance and coordination failures in static games. *The Quarterly Review of Economics and Finance*, **35**（4）（1995）339-363.

・S. Tadelis：*Game Theory；An Introduction*（Princeton University Press, 2012）

・V. J. Tremblay and C. H. Tremblay：*New Perspectives on Industrial Organization；With Contributions from Behavioral Economics and Game Theory*（Springer, 2012）

・A. Tversky and D. Kahneman：Casual schemata in judgements under uncertainty. *In* F. Peter, editor, *Progress in Social Psychology*（Psychology Press, 1980）

・F. Vega-Redondo：*Economics and the Theory of Games*（Cambridge University Press, 2003）

・J. W. Weibull：*Evolutionary Game Theory*（MIT Press, 1997）

・市川伸一：『確率の理解を探る — 3囚人問題とその周辺』（認知科学モノグラフ 10，共立出版，1998）

・大浦宏邦：『社会科学者のための進化ゲーム理論 — 基礎から応用まで』（勁草書房，2008）

・岡田 章：『ゲーム理論』（有斐閣，1996）
・川越敏司：『行動ゲーム理論入門（第 2 版）』（NTT 出版，2020）
・神取道宏：『人はなぜ協調するのか ―くり返しゲーム理論入門』（三菱経済研究所，2015）
・神取道宏：『見間違えのあるくり返し囚人のジレンマ ―私的不完全観測下の実験とトーナメント』（三菱経済研究所，2016）
・グレーヴァ香子：『非協力ゲーム理論』（数理経済学叢書，知泉書館，2011）
・鈴木光男：『ゲーム理論のあゆみ』（有斐閣，2014）
・中山幹夫，船木由喜彦，武藤滋夫：『協力ゲーム理論』（勁草書房，2008）
・生田目 章：『ゲーム理論と進化ダイナミクス ―人間関係に潜む複雑系』（2004）
・船木由喜彦：『ゲーム理論講義』（新経済学ライブラリ，新世社，2012）
・渡辺隆裕：『図解雑学 ゲーム理論』（ナツメ社，2004）
・渡辺隆裕：『ゼミナール ゲーム理論』（日本経済新聞出版社，2008）

演習問題解答

◆ 第1章

1.1 (1) ゲーム1：プレイヤー1は「なし」，プレイヤー2は「なし」．ゲーム2：プレイヤー1は「なし」，プレイヤー2は L．ゲーム3：プレイヤー1は「なし」，プレイヤー2は「なし」．

(2) ゲーム1：プレイヤー1は「なし」，プレイヤー2は R．ゲーム2：プレイヤー1は C，プレイヤー2は L．ゲーム3：プレイヤー1は「なし」，プレイヤー2は L．

(3) ゲーム1：プレイヤー1は「なし」，プレイヤー2は L．ゲーム2：プレイヤー1は A と B，プレイヤー2は R．ゲーム3：プレイヤー1は B，プレイヤー2は M と R．

1.2 (1) 演習問題1.1の図1.19のゲーム1となる．

(2) 演習問題1.1の図1.19のゲーム2となる．

1.3 ゲーム1：(D, R)．ゲーム2：(A, R)，(C, L)．ゲーム3：(A, M)，(B, R)，(C, L)，(C, R)．

1.4 (1) ゲーム1：プレイヤー1は D，プレイヤー2は R．ゲーム2：プレイヤー1は D，プレイヤー2は「なし」．ゲーム3：プレイヤー1は「なし」，プレイヤー2は R．

(2) ゲーム1：プレイヤー1は D，プレイヤー2は R．ゲーム2：プレイヤー1は D，プレイヤー2は L．ゲーム3：プレイヤー1は「なし」，プレイヤー2は R．

(3) ゲーム1：(D, L)，(D, R)．ゲーム2：(D, L)，(D, R)．ゲーム3：(D, R)．

(4) C, D, F.

1.5 (1) ゲーム1：プレイヤー1と3はなし，プレイヤー2の支配戦略は R．ゲーム2：プレイヤー1の支配戦略は C，プレイヤー2の支配戦略は E，プレイヤー3はなし．

(2) ゲーム1：(U, R, B)，(D, R, A)．ゲーム2：(C, E, G)．

1.6 (1) U と D のどちらを削除しても，プレイヤー2には強支配された戦略はない（弱支配された戦略はある）．よって，プレイヤー1の強支配された戦略を引き続き削除し，U と D のどちらを削除しても，最後に残るのは (M, L) と (M, R) である．

(2) U を削除した場合，プレイヤー1の D とプレイヤー2の R が弱支配された戦略となる．D を削除した場合は最後に残るのは (M, L) と (M, R) であり，R を削除した場合は次に D が削除されるので，最後に残るのは (M, L) だけである．

一方，D を削除した場合，プレイヤー1の U とプレイヤー2の L が弱支配された戦略となる．U を削除した場合は最後に残るのは (M, L) と (M, R) であり，L を削除した場合は次に U が削除されるので，最後に残るのは (M, R) だけである．弱支配された戦略の削除を認めると，$U \Rightarrow R \Rightarrow D$ と削除すると (M, L) だけが残り，$D \Rightarrow L \Rightarrow U$ と削除すると (M, R) だけが残る．

弱支配された戦略の削除を認めると，強支配だけのときに比べて結果を絞り込める反面，「いくつの戦略をどの順番で削除するか」によって結果が異なってしまうことがあり，問題がある．

1.7 （1）　アリスの支配戦略は Z，文太には支配戦略はない．

（2）　アリスの支配戦略は Z，文太の支配戦略はない．（文太の S と Z は戦略的同等で，支配関係はない）．

（3）　双方とも支配戦略はない．

（4）　0円．

（5）　1万円．

1.8 （1）　「アリスも文太も禅寺へ行く」．

（2）　「アリスも文太も禅寺へ行く」，「アリスも文太もショッピングに行く」の2つ．

（3）　両者とも低価格で売る．

（4）　「秋葉社は参入し，馬場社は参入しない」，「秋葉社は参入しないで，馬場社は参入する」の2つ．

（5）　「アリスも文太も PC9 を買う」，「アリスも文太も SW を買う」の2つ．

（6）　このゲームは確率を用いないナッシュ均衡がない（第3章で学ぶ混合戦略を用いたナッシュ均衡はある）．

1.9 （1）　ゲーム1：(U, R), (D, L). ゲーム2：(A, L), (A, R), (B, R). ゲーム3：(A, M), (B, R), (C, L), (C, R).

（2）　ゲーム1：(U, R). ゲーム2：(A, L), (A, R). ゲーム3：(B, R), (C, L), (C, R).

◆ 第2章

2.1 （1）　ゲーム1：(U, L), (D, R). ゲーム2：(B, R), (C, L). ゲーム3：(A, M), (C, L), (C, R).

（2）　ゲーム1：(U, L). ゲーム2：(A, L), (A, R), (C, L). ゲーム3：(A, M), (B, L).

2.2 均衡における企業の製品の価格は $p_1 = p_2 = a + c$，需要は $q_1 = q_2 = a$，利益は a^2.

2.3 企業1と2のクールノー均衡における生産量はそれぞれ $(a - 2c_1 + c_2)/3$, $(a - 2c_2 + c_1)/3$，価格は $(a + c_1 + c_2)/3$，利益はそれぞれ $\{(a - 2c_1 + c_2)/3\}^2$, $\{(a - 2c_2 + c_1)/3\}^2$.

2.4 （1）　$x_1 = 1 - x_2 \, (0 \leq x_2 < 1)$，$x_2 = 1$ ではすべての $0 \leq x_1 \leq 1$ が最適反応．

（2）　$x_1 + x_2 = 1$，$0 \leq x_1, x_2 \leq 1$ を満たす (x_1, x_2)，および $(1, 1)$.

2.5 （1）　$x = 2y$, $y = 3x + 14$.

（2）　$x = 4$, $y = 2$.

2.6 （1）　グラフは図 S.1 の左図．ナッシュ均衡は2つあり，$x = 0$, $y = 0$ と $x = 1$, $y = 1$ である．

（2）　グラフは図 S.1 の右図．ナッシュ均衡は2つあり，$x = 1/2$, $y = 0$ と $x = 1$, $y = 1$ である．

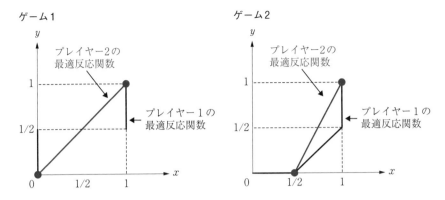

図 S.1　演習問題 2.6 の最適反応関数

◆ **第 3 章**

3.1　ナッシュ均衡は，プレイヤー 1 が U を 7/8，D を 1/8 で選び，プレイヤー 2 が L を 5/6，R を 1/6 で選ぶ．プレイヤー 1 の期待利得は 5/3，プレイヤー 2 の期待利得は 7/2.

3.2　ゲーム 1：$((1/2, 1/2), (1/2, 1/2))$. ゲーム 2：ナッシュ均衡は 3 つあり，$((1, 0), (1, 0))$, $((0, 1), (0, 1))$, $((1/2, 1/2), (5/6, 1/6))$. ゲーム 3：ナッシュ均衡は 3 つあり，$((1, 0), (0, 1))$, $((0, 1), (1, 0))$, $((3/4, 1/4), (1/4, 3/4))$. ゲーム 4：$((0, 1), (0, 1))$（このゲームは両プレイヤーに支配戦略があるため，ナッシュ均衡は，その支配戦略を選ぶ 1 つしかない）.

3.3　(1)　プレイヤー 1 は C（A が C を強支配している），プレイヤー 2 は R（L が R を強支配している）が強支配されている．

(2)　均衡は 1 つで $((p_A, p_B, p_C), (p_L, p_M, p_R))$（$p_j$ は戦略 j を選ぶ確率）と表すと，$((2/5, 3/5, 0), (1/3, 2/3, 0))$.

3.4　(1)　カニがグーを 2/3，ネコがパーを 1/3 で選ぶ．

(2)　カニの期待利得は $-1/3$，ネコの期待利得は 1/3.

(3)　カニの勝つ確率は 1/9.

3.5　(1)　アリス，文太，キャサリンをプレイヤー A, B, C とし，禅寺，ショッピングセンターに行くことを Z, S で表すと，利得行列は図 S.2 となる．

C	Z		S	
B / A	Z	S	Z	S
Z	(6,0,6)	(4,5,0)	(7,4,0)	(5,1,6)
S	(0,0,6)	(2,5,0)	(−1,4,0)	(1,1,6)

図 S.2　演習問題 3.5 の利得行列

(2)　アリスの S は強支配されている．他のプレイヤーには強支配されている戦略はない．

(3) アリスは Z を確率 1 で選ぶ. 文太は Z を $1/2$, S を $1/2$ で選ぶ. キャサリンは Z を $3/8$, S を $5/8$ で選ぶ.

◆ 第4章

4.1 表 S.1 のようになる.

表 S.1　演習問題 4.1 のバックワードインダクション解

プレイヤー1		ゲーム1	ゲーム2	ゲーム3	ゲーム4
プレイヤー1	x_{11}	A	A	B	A
プレイヤー1	x_{12}	$*$	$*$	C	F
プレイヤー1	x_{13}	$*$	$*$	$*$	C
プレイヤー2	x_{21}	A	D	F	D
プレイヤー2	x_{22}	B	F	E	F
プレイヤー3	x_{31}	$*$	F	C	$*$
プレイヤー3	x_{32}	$*$	C	$*$	$*$

4.2 (1)　戦略形ゲームにおいて, Q の支配戦略は A. ゲームの解では, Q も K も A を選ぶ.

(2)　ゲームの解は図 S.3.

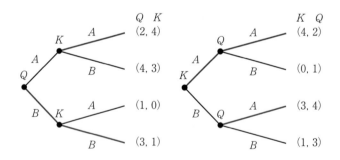

図 S.3　演習問題 4.2 のゲームの解

(3)　戦略形ゲームでは Q も K も A を選ぶ. Q が先手では, Q も K も B を選ぶ. Q が後手では, Q も K も A を選ぶ.

(4)　いえない.

4.3 図 S.4 のようになる.

ゲーム1

1＼2	CE	CF	DE	DF
A	(4,2)	(4,2)	(0,1)	(0,1)
B	(1,3)	(3,5)	(1,3)	(3,5)

ゲーム2

1＼2	AL	AR	BL	BR
A	(4,0)	(4,0)	(5,8)	(3,3)
B	(4,0)	(4,0)	(1,4)	(6,5)

ゲーム3

1＼2	LD	LE	RD	RE
A	(5,6)	(5,6)	(3,3)	(3,3)
B	(2,4)	(2,4)	(6,5)	(6,5)
C	(7,1)	(1,2)	(7,1)	(1,2)

ゲーム4

1＼2	L	R
AC	(3,2)	(3,3)
AD	(0,1)	(3,3)
BC	(2,4)	(6,5)
BD	(2,4)	(6,5)

図 S.4　演習問題 4.3 の利得行列

4.4　ゲーム 1：ナッシュ均衡 (YA,C), (YB,C), 部分ゲーム完全均衡 (YB,C). ゲーム 2：ナッシュ均衡 (YA,C), (YB,C), (NB,D), 部分ゲーム完全均衡 (NB,D). ゲーム 3：ナッシュ均衡 (NA,C), (NB,C), 部分ゲーム完全均衡 (NA,C). ゲーム 4：ナッシュ均衡 (Y,C), (B,D), 部分ゲーム完全均衡 (Y,C), (B,D).

4.5　利得行列は図 S.5 となる. ナッシュ均衡と部分ゲーム完全均衡は次の通り. ゲーム 1：ナッシュ均衡 (N,R), (Y,L), 部分ゲーム完全均衡 (Y,L). ゲーム 2：ナッシュ均衡

ゲーム1

1＼2	L	R
N	(1,2)	(1,2)
Y	(2,1)	(0,0)

ゲーム2

1＼2	C	D
AE	(1,9)	(1,9)
AF	(1,9)	(1,9)
BE	(0,1)	(8,2)
BF	(0,1)	(7,0)

ゲーム3

	LD	LE	RD	RE
AP	(1,1)	(1,1)	(0,3)	(0,3)
AQ	(3,0)	(3,0)	(7,7)	(7,7)
BP	(6,4)	(2,2)	(6,4)	(2,2)
BQ	(6,4)	(2,2)	(6,4)	(2,2)
CP	(5,5)	(5,5)	(5,5)	(5,5)
CQ	(5,5)	(5,5)	(5,5)	(5,5)

図 S.5　演習問題 4.5 の利得行列

(AE, C), (AF, C), (BE, D), 部分ゲーム完全均衡 (BE, D). ゲーム 3：ナッシュ均衡は，(AQ, RD), (AQ, RE), (BP, LD), (BQ, LD), (CP, LE), (CQ, LE), 部分ゲーム完全均衡は (AQ, RD).

4.6 （1） ナッシュ均衡は「プレイヤー 1 が A を $1/2$，B を $1/2$ で選び，プレイヤー 2 が C を $2/3$，D を $1/3$ で選ぶ」．

（2） プレイヤー 1 の期待利得は 2.

（3） N を選ぶ．

4.7 ゲーム 1：(YA, D)，(NB, C). ゲーム 2：(AA, CC)，(BA, DC)，(BB, CD).

4.8 （1） 部分ゲーム完全均衡は (BCE, CF)，(BCF, CE)，(BDE, DF)，(ADF, DE).

（2） 起こりうる結果は以下の 3 つ：①第 1 段階でプレイヤー 1 が A を選んで，第 2 段階 (a) に進み，そこでは戦略の組 (D, D) が選ばれる．②第 1 段階でプレイヤー 1 が B を選んで，第 2 段階 (b) に進み，そこでは戦略の組 (E, F) が選ばれる．③第 1 段階でプレイヤー 1 が B を選んで，第 2 段階 (b) に進み，そこでは戦略の組 (F, E) が選ばれる．

◆ 第 5 章

5.1 企業 1, 2 のシュタッケルベルグ競争における生産量はそれぞれ $(a - 2c_1 + c_2)/2$, $(a + 2c_1 - 3c_2)/4$ であり，価格は $(a + 2c_1 + c_2)/4$，利益はそれぞれ $(a - 2c_1 + c_2)^2/8$, $(a + 2c_1 - 3c_2)^2/16$.

5.2 企業 1 と 2 の製品価格は $p_1 = 3a/2 + c$，$p_2 = 5a/4 + c$. 利益は $9a^2/8$, $25a^2/16$.

5.3 （1） $q_2 = -q_1/2 + a/2$，$\pi_2 = \{(-q_1/2 + a/2)\}^2 - F$.

（2） $q_1^E = a - 2\sqrt{F}$.

（3） $q_1^M = a/2$. $F \geq a^2/16$.

（4） $\pi_1^E = 2\sqrt{F}(a - 2\sqrt{F})$.

（5） $q_1^S = a/2$ であり，$\pi_1^S = a^2/8$.

（6） $F < (3 - 2\sqrt{2})a/32$.

（7） $F \geq a^2/16$ のとき参入封鎖，$(3 - 2\sqrt{2})a/32 \leq F < a^2/16$ のとき参入阻止，$F < (3 - 2\sqrt{2})a/32$ のとき参入許容となる．

5.4 （1） $(C, D)(D, C)(C, D)(D, C)(C, D)$

（2） $2m$ 回繰り返したとき，履歴は $(C, D)(D, C)(C, D)(D, C)\cdots(C, D)(D, C)$，プレイヤー 1, 2 の利得は，それぞれ $5\delta(1 - \delta^{2m})/(1 - \delta^2)$，$5(1 - \delta^{2m})/(1 - \delta^2)$.

（3） プレイヤー 1, 2 の利得は，それぞれ $5\delta/(1 - \delta^2)$，$5/(1 - \delta^2)$.

5.5 （1） （ⅰ）$((A, A), (C, B))$，（ⅱ）$((B, B), (A, A))$，（ⅲ）$((C, B), (C, B))$，（ⅳ）$((C, B), (A, A))$，（ⅴ）$((C, B), (C, B))$.

（2） （ⅰ）$(7, 3)$，（ⅱ）$(6, 6)$，（ⅲ）$(4, 4)$.

（3） （ⅰ），（ⅱ），（ⅳ）.

（4） （ⅱ）では 1 回目に部分ゲームナッシュ均衡ではない (C, B) が実現している．

5.6 （1） $v_C = 4/(1 - \delta p)$. （2） $v_D = 1/(1 - \delta p)$. （3） $p \geq 1/4\delta$. （4） $p \geq 1/3$.

5.7 （1） 両プレイヤー共に A を選ぶ確率は $1/2$，期待利得は 0.

（2） 1 は A を $1/3$，2 は A を $2/3$ で選ぶ．1 の期待利得は $1/3$，2 は $-1/3$.

（3） 1 は A を $1/4$，2 は A を $1/2$ で選ぶ．1 と 2 の期待利得は 0.

5.8 (1)　$p_1 = 1/2$, $v_1 = 0$, $w_1 = 1/2$.　(2)　$p_2 = 1/3$, $v_2 = 1/3$, $w_2 = 2/3$.
(3)　$p_{n+1} = (1 - v_n)/(3 - v_n)$.　(4)　$v_{n+1} = (v_n + 1)/(3 - v_n)$.
(5)　$v_4 = 3/5$, $w_4 = 4/5$.

◆ 第6章

6.1 (1)　$P(M) = 24/30 (= 4/5)$.　(2)　$P(M \cap A) = 18/30 (= 3/5)$.
(3)　$P(\overline{M} \cap A) = 4/30 (= 2/15)$.　(4)　$P(M \,|\, A) = 9/11$.
(5)　$P(M \,|\, \overline{A}) = 3/4$.

6.2　$12/29$（約 0.41）.

6.3　$P(B_1 | A) = 1/3$, $P(B_3 | A) = 2/3$ なので変えた方が良い.

6.4 (1)　ゲームの木は図 S.6.

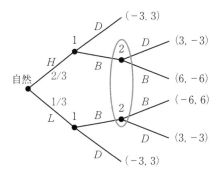

図S.6　演習問題 6.4 の
ゲームの木

(2)　利得行列は図 S.7 の左側. 弱支配された戦略 *DB* と *DD* を削除すると, 図 S.7 の右側の利得行列になる. ナッシュ均衡は, プレイヤー 1 は *BB* を 2/3, *BD* を 1/3, *DB*, *DD* は確率 0 で選ぶ. プレイヤー 2 は *B* を 2/3, *D* を 1/3 で選ぶ.

2 / 1	*B*	*D*
BB	$(2, -2)$	$(3, -3)$
BD	$(3, -3)$	$(1, -1)$
DB	$(-4, 4)$	$(-1, 1)$
DD	$(-3, 3)$	$(-3, 3)$

2 / 1	*B*	*D*
BB	$(2, -2)$	$(3, -3)$
BD	$(3, -3)$	$(1, -1)$

図S.7　演習問題 6.4 の利得行列

(3)　*H* を引いたときは *B* を選ぶ確率は 1. *L* を引いたときは, *B* を確率 2/3, *D* を確率 1/3 で選ぶ.

（4）　事前の期待利得は 7/3, H を引いたときの事後の期待利得は 5, L を引いたときの事後の期待利得は -3.

6.5　（1）　ゲームの木は図 S.8.

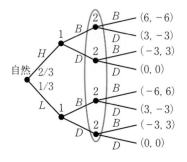

図S.8　演習問題 6.5 の
ゲームの木

（2）　利得行列は図 S.9 の左図. 強支配された DB と DD を削除すると, 図 S.9 の右側のような利得行列になる. ナッシュ均衡は, プレイヤー1は BB を 1/2, BD を 1/2, DB, DD は確率0で選ぶ. プレイヤー2も B を 1/2, D を 1/2 で選ぶ.

1 ＼ 2	B	D
BB	$(2, -2)$	$(3, -3)$
BD	$(3, -3)$	$(2, -2)$
DB	$(-4, 4)$	$(1, -1)$
DD	$(-3, 3)$	$(0, 0)$

1 ＼ 2	B	D
BB	$(2, -2)$	$(3, -3)$
BD	$(3, -3)$	$(2, -2)$

図S.9　演習問題 6.5 の利得行列

（3）　H を引いたときは, B を確率1で選ぶ. L を引いたときは, B を確率 1/2, D を確率 1/2 で選ぶ.

（4）　H を引いたときの事後の期待利得は 9/2, L を引いたときの事後の期待利得は $-3/2$, 事前の期待利得は 5/2.

◆ 第7章

7.1　ゲーム1：(UU, L). ゲーム2：(UD, L) と (DU, R).

7.2　(DU, LL), (DD, LR).

7.3　（1）　ベイズナッシュ均衡は1つで, 一ノ瀬はケース L でも M でも B を選び, 二子山は A を選ぶ.

（2）　ケース L のとき一ノ瀬の利得は 300, 二子山の利得は 600. ケース M のとき一ノ瀬

の利得は 750, 二子山の利得は 600.

(3)　事前においては, 一ノ瀬と二子山の期待利得は 390 と 600 である.

7.4　(1)　企業 1 の高費用タイプ, 低費用タイプの利益はそれぞれ $-p_{1H}^2 + (156 + p_2)p_{1H} - 48p_2 - 5184$, $-p_{1L}^2 + (132 + p_2)p_{1L} - 24p_2 - 2592$.

(2)　企業 1 の高費用タイプ, 低費用タイプの最適反応関数はそれぞれ $p_{1H} = p_2/2 + 78$, $p_{1L} = p_2/2 + 66$.

(3)　企業 2 の期待利益は

$$\pi_2 = p_2\left(72 - p_2 + \frac{1}{4}p_{1H} + \frac{3}{4}p_{1L}\right) - 24\left(72 - p_2 + \frac{1}{4}p_{1H} + \frac{3}{4}p_{1L}\right).$$

(4)　企業 2 の最適反応関数は $p_2 = p_{1H}/8 + 3p_{1L}/8 + 48$.

(5)　企業 1 の高費用タイプの価格は 133, 低費用タイプは 121, 企業 2 の価格は 110.

(6)　企業 1 の高費用タイプの需要量は 85, 企業 2 の需要量は 95.

7.5　(1)　企業 1 の高費用タイプ, 低費用タイプの最適反応関数はそれぞれ $x_{1H} = -x_2/2 + 36$, $x_{1L} = -x_2/2 + 48$.

(2)　企業 2 の最適反応関数は $x_2 = -x_{1H}/8 - 3x_{1L}/8 + 48$.

(3)　ベイズナッシュ均衡における企業 1 の高費用タイプ, 低費用タイプ, 企業 2 の生産量は, それぞれ $x_{1H} = 19$, $x_{1L} = 31$, $x_2 = 34$.

(4)　企業 1 が高費用タイプの場合の財の価格は 67.

◆ 第 8 章

8.1　(1)　分離均衡では, プレイヤー 1 の戦略は LR で, プレイヤー 2 の戦略は UD である. プレイヤー 2 の信念は, プレイヤー 1 が L を選んだときは, タイプ A である確率が 1, プレイヤー 1 が R を選んだときは, タイプ A である確率が 0 となる.

(2)　一括均衡では, プレイヤー 1 の戦略は RR で, プレイヤー 2 の戦略は UU である. プレイヤー 2 の信念は, プレイヤー 1 が L を選んだときにタイプ A である確率を p とすると, $p \leq 1/2$ であれば何でもよい. また, R を選んだときは, タイプ A である確率が 3/4 となる.

8.2　ここで情報集合 h_{21} において x_{11} が実現するという信念を p (x_{12} を $1-p$), 情報集合 h_{22} において x_{21} が実現するという信念を q (x_{22} を $1-q$) とする. ゲーム 1 の完全ベイズ均衡は 3 つで, 表 S.2 となる. 均衡 1 は一括均衡で, 均衡 2 と均衡 3 は分離均衡である. ゲーム 2 の完全ベイズ均衡は 2 つで, 表 S.3 となる. 均衡 1 は一括均衡で, 均衡 2 は分離均衡である.

表 S.2　演習問題 8.2 のゲーム 1 の完全ベイズ均衡

	均衡 1	均衡 2	均衡 3
プレイヤー 1 の戦略	BB	AB	BA
プレイヤー 2 の戦略	NN	YN	NY
信　念	$0 \leq p \leq 1/2$ $q = 1/4$	$p = 1$ $q = 0$	$p = 0$ $q = 1$

表S.3　演習問題8.2のゲーム2の完全ベイズ均衡

	均衡1	均衡2
プレイヤー1の戦略	AA	AB
プレイヤー2の戦略	YN	YY
信　念	$p = 1/3$ $1/2 \leq q \leq 1$	$p = 1$ $q = 0$

8.3 (1)　完全ベイズ均衡は一括均衡1つだけであり，アリスの戦略はUU，双葉の戦略はNNである．

(2)　どちらの能力のアリスも資格をとらない．低能力のアリスの資格取得費用が下がったことで，高能力のアリスも資格をとらなくなるし，低能力のアリスも資格を取得しない．

(3)　$x \geq 3$.

(4)　完全ベイズ均衡は3つで表S.4となる．すべて一括均衡であり，直観的基準を満たす．均衡は3つあり，すべての均衡の結果として，低能力と高能力のどちらのアリスも採用される．

表S.4　演習問題8.3（4）の完全ベイズ均衡

	均衡1	均衡2	均衡3
アリスの戦略	QQ	UU	UU
双葉の戦略	YN	NY	YY
信　念	$p = 3/4$ $0 \leq q \leq 1/2$	$0 \leq p \leq 1/2$ $q = 3/4$	$1/2 \leq p \leq 1$ $q = 3/4$

8.4 (1)　図S.10のようになる．

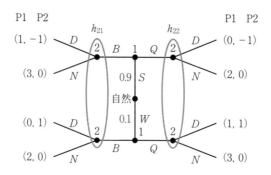

図S.10　演習問題8.4のゲームの木（Cho and Kreps（1987））

(2)　完全ベイズ均衡は2つで，表S.5となる．

表 S.5　演習問題 8.4 の完全ベイズ均衡

	均衡 1	均衡 2
プレイヤー 1 の戦略	BB	QQ
プレイヤー 2 の戦略	ND	DN
信　念	$p = 0.9$ $0 \leq q \leq 1/2$	$0 \leq p \leq 1/2$ $q = 0.9$

(3)　均衡 1 のみが直観的基準を満たす．均衡 2 は直観的基準を満たさない．

8.5　(1)　ゲームの木は図 S.11 となる．

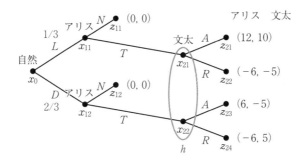

図 S.11　演習問題 8.5 のゲームの木

(2)　完全ベイズ均衡は，アリスが NN（タイプ L もタイプ D も N）を選び，文太が R を選び，信念は $0 \leq p \leq 2/5$ になる．

(3)　$p = 1/(1 + 2x)$.

(4)　$p = 2/5$.

(5)　$x = 3/4$.

(6)　$y = 1/2$.

(7)　混合戦略の完全ベイズ均衡では，タイプ L のアリスは確率 1 で T を選び，タイプ D のアリスは T と N を，それぞれ確率 3/4 と 1/4 で選び，文太は A と R を，それぞれ確率 1/2 で選ぶ．

◆ 第 9 章

9.1　ゲーム 1：$x_1 \geq 3$, $x_2 \geq 6$, $x_3 \geq 4$, $x_1 + x_2 \geq 20$, $x_2 + x_3 \geq 18$, $x_1 + x_3 \geq 14$, $x_1 + x_2 + x_3 = 36$. シャープレイ値は $(11, 14.5, 10.5)$, 仁は $(11, 15, 10)$.

ゲーム 2：$x_1 \geq 0$, $x_2 \geq 0$, $x_3 \geq 0$, $x_1 + x_2 \geq 27$, $x_2 + x_3 \geq 25$, $x_1 + x_3 \geq 8$, $x_1 + x_2 + x_3 = 36$. シャープレイ値は $(9.5, 18, 8.5)$, 仁は $(7, 24, 5)$. 図 S.12 の左側にゲーム 1, 右側のゲーム 2 にコアとシャープレイ値と仁を示した．赤茶色の領域がコア，丸はシャープレイ

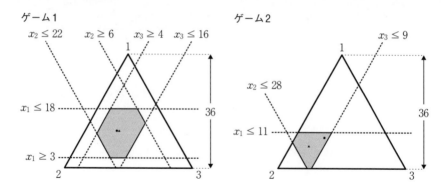

図 S.12 演習問題 9.1 のコアとシャープレイ値と仁

値，三角は仁である．

9.2 ゲーム 1：$x_3 = 10$，$10 \leq x_1 \leq 12$，$x_1 + x_2 = 26$.

ゲーム 2：$x_1 = 7$，$x_2 = 24$，$x_3 = 5$（最小コアは仁と一致）．

図 S.13 の左側にゲーム 1，右側にゲーム 2 の最小コアが図示されている．三角形が仁である．

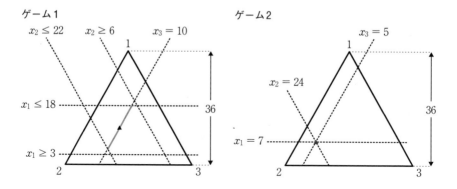

図 S.13 演習問題 9.1 の最小コアと仁

9.3 (1)　$v(\{A\}) = v(\{B\}) = v(\{C\}) = 0$，$v(\{A, B\}) = 12$，$v(\{B, C\}) = 0$，$v(\{A, C\}) = 9$，$v(\{A, B, C\}) = 18$.

(2)　コアは $x_A \geq 0$，$x_B \geq 0$，$x_C \geq 0$，$x_A + x_B \geq 12$，$x_B + x_C \geq 0$，$x_A + x_C \geq 9$，$x_A + x_B + x_C = 18$. 図は図 S.14 となる．

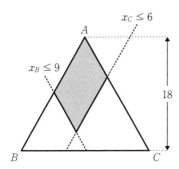

図 S.14 演習問題 9.3 のコア

(3) 均等な分配（3 人とも 6 千円）はコアに含まれる.

(4) シャープレイ値は $(9.5, 5, 3.5)$, 仁は $(10.5, 4.5, 3)$.

9.4 (1) $v(\{A\}) = v(\{B\}) = v(\{C\}) = 0$, $v(\{A, B\}) = 8$, $v(\{B, C\}) = 4$, $v(\{A, C\}) = 6$, $v(\{A, B, C\}) = 16$.

(2) シャープレイ値を (x_A, x_B, x_C) とすると, $x_A = 38/6 = 6.33$, $x_B = 32/6 = 5.33$, $x_C = 26/6 = 4.33$. 割り勘の金額を (d_A, d_B, d_C) とすると, $d_A = 16 - 38/6 = 9.67$, $d_B = 20 - 32/6 = 14.67$, $d_C = 20 - 26/6 = 15.67$.

(3) $v(\{A\}) = v(\{B\}) = v(\{C\}) = 0$ なので，特性関数は正規化しても同じ. 仁を (x_A, x_B, x_C) とすると, $x_A = 7$, $x_B = 5$, $x_C = 4$, 割り勘の金額を (d_A, d_B, d_C) とすると, $d_A = 9$, $d_B = 15$, $d_C = 16$.

索　　引

著者略歴

わた なべ たか ひろ
渡辺隆裕

東京都立大学経済経営学部教授　博士（工学）

1964 年　北海道生まれ
1987 年　東京工業大学工学部経営工学科卒業
1989 年　東京工業大学理工学研究科経営工学専攻修士課程修了
1989 年　東京工業大学工学部社会工学科助手
1998 年　岩手県立大学総合政策学部総合政策学科助教授
2002 年　東京都立大学経済学部経済学科助教授
2005 年　首都大学東京都市教養学部経営学系教授
2020 年より現職

主な著書

『図解雑学　ゲーム理論』（ナツメ社，2004 年）
『ゼミナール　ゲーム理論入門』（日本経済新聞出版社，2008 年）
『ビジュアル　ゲーム理論』（日本経済新聞出版社，2019 年）

一歩ずつ学ぶ　ゲーム理論 ― 数理で導く戦略的意思決定 ―

2021 年 11 月 15 日	第 1 版 1 刷発行
2023 年 6 月 20 日	第 3 版 1 刷発行

著作者　　渡辺隆裕

発行者　　吉野和浩

〒102-0081
発行所　　東京都千代田区四番町 8-1
電話 03 - 3262 - 9166
株式会社　裳華房

検印
省略

定価はカバーに表示してあります．

印刷所　株式会社　真興社

製本所　牧製本印刷株式会社

一般社団法人
自然科学書協会会員

ISBN 978-4-7853-1593-1

経済・経営のための **統計教室** －データサイエンス入門－

小林道正 著　Ａ５判／188頁／定価 2310円（税込）

　大学に入学して間もない経済学・経営学などを専攻する学生や，社会に出て経済・経営の現場で働き始めたビジネスパーソン等が，統計学を学び始める・学び直すための入門書．「統計学」の学習に必要な「確率論」のエッセンスもやさしく解説し，豊富な例題や問題を通して，理解を深めることができる．また本書では，あえて同じデータ（数値）を繰り返し用いることで，分析手法によって導かれる情報（得られる情報）が異なってくることを実感できるようにした．
【主要目次】1. 確率の考え方　2. 確率変数とは何か　3. データの構造を理解する　4. 標本の分布を知る　5. 統計的推定の考え方　6. 統計的検定の考え方　7. 相関分析とは何か　8. 回帰分析とは何か

データ科学の数理 **統計学講義**

稲垣宣生・吉田光雄・山根芳知・地道正行 共著

Ａ５判／176頁／定価 2310円（税込）

　統計学の授業では，「確率変数と確率分布」と「推定と検定」を講義の最終目標とする先生が多いが，基礎項目の解説に時間が割かれ，最終目標が手薄となる状況が多い．本書は，専門課程において式に基づく統計手法が求められる分野に進む大学初年級の読者向けに，確率の初歩から２標本問題の初歩までを，高校や大学で学ぶ微積の初歩を学んでいれば理解できるように解説した半期用教科書・参考書である．
【主要目次】1. 統計学と確率　2. データ処理　3. 確率変数と確率分布　4. 多変量確率変数　5. 母集団と標本　6. 推定　7. 検定　8. ２標本問題

データサイエンスの基礎 **Ｒによる統計学独習**

地道正行 著　Ｂ５判／256頁／定価 3520円（税込）

　データサイエンスの基礎となることを目指して，大学で学ぶ統計学の基礎をＲを使いながら独習することを目的に執筆した．全体をＲ自体を学ぶ部分，統計学の基礎を学ぶ部分，実際にＲを使ってデータ解析と統計的推測について学ぶ部分の三部構成にすることで，学習者の習得レベルや目的別にＲに関する事項を学べるようにした．
【主要目次】第Ⅰ部 データ解析環境Ｒ 1. Ｒ入門　2. Ｒの基礎知識　3. Ｒへのデータの読み込み　4. グラフィック環境　5. Ｒにおける関数の定義　第Ⅱ部 Ｒによる統計学の基礎　6. 確率変数と確率分布　7. 多変量確率変数と多変量確率分布　8. 母集団分布と標本分布　第Ⅲ部 Ｒによるデータ解析と統計的推測　9. データの要約と可視化　10. 推定　11. 検定　12. ２標本問題　13. 回帰分析

本質から理解する **数学的手法**

荒木 修・齋藤智彦 共著　Ａ５判／210頁／定価 2530円（税込）

　大学理工系の初学年で学ぶ基礎数学について，「学ぶことにどんな意味があるのか」「何が重要か」「本質は何か」「何の役に立つのか」という問題意識を常に持って考えるためのヒントや解答を記した．話の流れを重視した「読み物」風のスタイルで，直感に訴えるような図や絵を多用した．
【主要目次】1. 基本の「き」　2. テイラー展開　3. 多変数・ベクトル関数の微分　4. 線積分・面積分・体積積分　5. ベクトル場の発散と回転　6. フーリエ級数・変換とラプラス変換　7. 微分方程式　8. 行列と線形代数　9. 群論の初歩